金砖国家职业技能大赛-建筑信息建模赛项指导教材

智能建造 BIM建模技术 应用教程 | 中文版

谢 允　王秋菊　主编

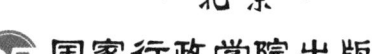

·北京·
国家行政学院出版社
NATIONAL ACADEMY OF GOVERNANCE PRESS

图书在版编目（CIP）数据

智能建造BIM建模技术应用教程/谢允，王秋菊主编. -- 北京：国家行政学院出版社，2024.7
ISBN 978-7-5150-2910-8

Ⅰ.①智… Ⅱ.①谢… ②王… Ⅲ.①建筑设计-计算机辅助设计-应用软件-教材 Ⅳ.①TU201.4

中国国家版本馆CIP数据核字（2024）第093699号

书　　名	智能建造BIM建模技术应用教程（中文版） ZHINENG JIANZAO BIM JIANMO JISHU YINGYONG JIAOCHENG（ZHONGWENBAN）
作　　者	谢　允　王秋菊　主编
责任编辑	马文涛
责任校对	许海利
责任印制	吴　霞
出版发行	国家行政学院出版社 （北京市海淀区长春桥路6号　100089）
综 合 办	（010）68928887
发 行 部	（010）68928866
经　　销	新华书店
印　　刷	北京盛通印刷股份有限公司
版　　次	2024年7月北京第1版
印　　次	2024年7月北京第1次印刷
开　　本	185毫米×260毫米　16开
印　　张	18.25
字　　数	405千字
定　　价	80.00元

本书如有印装问题，可联系调换，联系电话：（010）68929022

编委会

主　编　　谢　允　　阜阳职业技术学院
　　　　　　王秋菊　　杭州熙域科技有限公司

副主编　　石　静　　深圳职业技术大学
　　　　　　齐道正　　盐城工业职业技术学院
　　　　　　杨　沛　　安徽工业经济职业技术学院
　　　　　　常洁锐　　贵州建设职业技术学院
　　　　　　黄　敏　　四川建筑职业技术学院

参　编　　周　悦　　江苏工程职业技术学院
　　　　　　秦朝昭　　成都纺织高等专科学校
　　　　　　张　娅　　宜宾职业技术学院
　　　　　　孟　琴　　成都工业职业技术学院
　　　　　　李　杰　　九江职业大学
　　　　　　严世鑫　　江西建设职业技术学院
　　　　　　吴华君　　义乌工商职业技术学院
　　　　　　庄　严　　汕头职业技术学院
　　　　　　包海玲　　安徽水利水电职业技术学院
　　　　　　程　峰　　安徽审计职业学院
　　　　　　张　峰　　淮北职业技术学院
　　　　　　苗磊刚　　江苏建筑职业技术学院
　　　　　　鲍仙君　　阜阳职业技术学院
　　　　　　汪　力　　嘉兴市建筑工业学校
　　　　　　张　欣　　重庆工业职业技术学院
　　　　　　吴汉辉　　重庆化工职业学院
　　　　　　武新杰　　重庆建筑工程职业学院
　　　　　　靳丽莉　　广西建设职业技术学院
　　　　　　杨国平　　南京城市职业学院

前 言
Preface

目前，建筑行业工业化和信息化已经成为工程建设行业改革发展的主流，住房城乡建设部、国家发展改革委等13部门联合发布的《关于推动智能建造与建筑工业化协同发展的指导意见》指出，围绕建筑业高质量发展目标，以大力发展建筑工业化为载体，以数字化、智能化升级为动力，加大智能建造在工程建设各环节应用，形成涵盖科研、设计、生产加工、施工装配、运营等全产业链融合一体的智能建造产业体系。智能建造是工程建造过程信息化、智能化的创新建造方式，智能建造技术包括BIM技术、物联网技术、3D打印技术、人工智能技术等。智能建造的本质是使设计和管理实现动态配置的生产方式，从而对传统施工方式进行改造和升级。智能建造技术的产生使各相关技术之间急速融合发展，应用在建筑行业中使设计、生产、施工、管理等环节更加信息化、智能化。

为继续落实金砖国家《厦门宣言》、《约翰内斯堡宣言》、《巴西利亚宣言》、《莫斯科宣言》、《新德里宣言》和《北京宣言》中关于技能发展工作的相关精神，贯彻执行习近平主席在金砖国家领导人第十三次会晤上关于"举办职业技能大赛，为五国职业院校和企业搭建交流合作平台"的倡议，各金砖国家教育部门联合金砖国家工商理事每年共同举办金砖国家职业技能大赛。

BIM建模技术是在计算机辅助设计等技术基础上发展起来的多维建筑模型信息集成管理技术，金砖国家职业技能大赛-建筑信息建模赛项考核建筑信息建模行业的从业者应该掌握的重点知识和技能。通过竞赛，能够使职业院校完善人才培养方案、课程设置、课程建设标准，促进实践教学及实训基地建设，以聚焦行业发展需求，以行业标准、规范、人才需求为出发点，构建适合现代建设工程领域需求的应用型人才培养标准和课程体系。为建设建筑信息建模赛项的标准教学资源体系，适应当前以赛促学、以赛促教的教学需求，本教材应运而生。

本教材共分为 11 章。前 4 章为基础篇，简要介绍了智能建造及 BIM 技术的基本概念，让读者初步认识建筑信息建模赛项的技术支持软件，了解两款软件的通用基础操作；第 5 章至第 9 章为任务篇，以金砖大厦为案例图纸，结合 2023 年建筑信息建模赛项考点，详细介绍了如何通过软件创建各专业不同构件模型，并实现成果输出，包含出图、出量以及工艺、进度模拟视频等；最后 2 章为进阶篇，分别介绍了两款软件更深层次的应用，旨在帮助用户解决实际工程项目应用问题。

在本教材编写过程中，编写团队的所有人员兢兢业业，在组织编写的几个月时间里牺牲了大量休息时间及周末本该与家人团聚的时间。在本书即将付梓之际，首先要感谢编写团队中每一位成员以及他们的家人，正是各编写成员的辛苦付出及其家人的理解、支持，才让这本书能够及时顺利完稿。

同时，要特别感谢常州九曜信息技术有限公司总经理戴辉先生的鼎力支持，他为教材编写提供了大量的工程案例资料，并对教材框架提出了中肯的建议。

本教材在编写过程中虽然经过反复斟酌和校对，但由于时间及教材编写内容的实践检验有限，难免存在疏漏之处，还请广大读者不吝指正。

目 录
Contents

第一章 概述 ············· 1
1.1 智能建造 ············· 1
1.2 BIM 技术应用············ 10

第二章 软件介绍 ········· 17
2.1 Allplan 软件 ··········· 17
2.2 BIMPOP 软件··········· 30

第三章 Allplan 软件基础操作 ········ 39
3.1 创建制图文件············ 39
3.2 2D 功能及基础操作 ······· 44
3.3 3D 功能及基础操作 ······· 56

第四章 BIMPOP 软件基础操作 ····· 63
4.1 菜单功能·············· 63
4.2 动画功能·············· 68

第五章 结构建模 ········· 72
5.1 通用数据环境（CDE）设置 ··· 72
5.2 基础模型创建············ 82
5.3 结构柱模型创建··········· 95
5.4 结构梁模型创建··········· 104

5.5 结构墙模型创建··········· 110
5.6 结构板模型创建··········· 114
5.7 屋顶模型创建············ 118
5.8 楼梯模型创建············ 124

第六章 建筑建模 ········· 132
6.1 砌体墙模型创建··········· 132
6.2 幕墙模型创建············ 141
6.3 门窗模型创建············ 148
6.4 内装修模型创建··········· 158
6.5 零星构件模型创建·········· 164

第七章 工程深化 ········· 169
7.1 结构柱配筋············· 169
7.2 结构梁配筋············· 178
7.3 剪力墙配筋············· 182
7.4 结构板配筋············· 188
7.5 节点模型创建············ 192
7.6 碰撞检查·············· 194

第八章 施工模拟 ········· 197
8.1 场地布置·············· 197

8.2 进度模拟 …………… 205
8.3 工艺模拟 …………… 209

第九章 模型应用 …………… 214
9.1 工程量提取 …………… 214
9.2 出图 …………… 220
9.3 可视化表达 …………… 226

第十章 Allplan 软件应用进阶 …… 230
10.1 精装修布置 …………… 230
10.2 向导功能 …………… 236
10.3 异形构件模型创建 …………… 238
10.4 场地布置 …………… 243

第十一章 BIMPOP 软件进阶操作 … 246
11.1 工序模板序列封装 …………… 246
11.2 复杂动画工具的添加与使用 …………… 249
11.3 结构列表的使用 …………… 255
11.4 自定义工具使用 …………… 257
11.5 精细化视频制作 …………… 263

附录 A 2023 年金砖国家职业技能大赛-建筑信息建模（BIM）赛项真题 …… 271
附录 B 软件常用命令快捷键 ……… 279

第一章　概　述

📖 章节概述

本章主要讲解智能建造和建筑信息模型（Building Information Modeling，BIM）的基本概念及应用领域，并进一步阐述智能建造及 BIM 技术的行业应用现状及价值。

📘 学习目标

◎ 了解智能建造和 BIM 的基本概念及其在建筑全生命周期中的应用。
◎ 具备通过互联网搜集获取新知识的能力。

1.1　智能建造

1.1.1　智能建造的概念

新一轮的科技革命和产业变革对人类经济社会发展的方方面面产生了巨大的冲击和影响，为了应对此次冲击，全球主要工业化国家均因地制宜地制定了以智能制造为核心的制造业变革战略。如德国工业 4.0、美国工业互联网等。在这样的历史背景下，中国实施创新驱动发展、"中国制造 2025"、"互联网＋"等重大战略，为创新发展注入新活力、提供新动能，对现代工程技术人才的知识、技能、职业素质和视野提出了新要求。建筑行业作为国民经济传统四大行业之一，对国民经济和社会发展至关重要。在这样的变革时期，建筑业也迫切需要制定工业化与信息化相融合的智能建造发展战略，彻底改变碎片化、粗放式的工程建造模式。建筑设计可视化、生产工厂化、施工装配化、工种一体化、管理信息化、应用智能化、建筑智能化、城市智慧化已成为产业发展的必然需求。面对新时代数字技术引发的建筑行业深刻变革，如何培养适应建筑行业发展需要、满足产业转型升级的创新型智能建造工程技术人才，支撑中国迈向建造强国，已成为高校人才培养的重要挑战。这些需求也正是新工科所提出的"理念新、要求新、途径新"专业建设的基本要求，为土木建筑类高等工程教育专业建设和发展提供了重要的发展方向。

智能建造是新一代信息技术与工程建造融合形成的工程建造创新模式，即利用以"三化"（数字化、网络化、智能化）和"三算"（算据、算力、算法）为特征的新一代信息技术，在实现工程建造要素资源数字化的基础上，通过规范化建模、网络化交互、可视化认知、高性能计算及智能化决策支持，实现数字链驱动下的工程立项策

1

划、规划设计、施（加）工生产、运维服务一体化集成与高效率协同，不断拓展工程建造价值链、改造产业结构形态，向用户交付以人为本、绿色可持续的智能化工程产品与服务。

智能建造是面向过程产品全生命周期，实现泛在感知条件下的信息化建造。即根据过程建造要求，通过智能化感知、人机交互、决策实施，实现立项过程、设计过程和施工过程的信息、传感、机器人和建造技术的深度融合，形成在基于互联网信息化感知平台的管控下，按照数字化设计的战略研究的要求，在既定的时空范围内通过功能互补的机器人完成各种工艺操作的建造方式。

智能建造是新一代通信技术与先进设计施工技术深度融合，并贯彻于勘察、设计、施工、运维等工程活动各个环节，具有自感知、自学习、自决策、自适应等功能的新型建造方式。

另有学者从狭义和广义角度给出了智能建造的定义。狭义的智能建造指的是利用智能装备、智能施工机械或自动化生产设备进行制造与施工，如 3D 打印、智能施工机器人、机械手臂、无人机测绘等。广义的智能建造指的是基于人工智能控制系统、大数据中心、智能机械装备、物联网，能实现智能设计、智能制造、智能施工和智能运维的全生命周期的建造过程。不同于传统的建造方式，广义的智能建造在项目伊始，智能系统便进行生产规划、计算建造流水节拍、调配资源、监控调控建造过程，直至项目结束，是一种集设计、制造、施工建造于一体的新的项目建造体系和思维方式。

此外，也有学者将智能建造定义为以建筑信息模型（BIM）、物联网等先进技术为手段，以满足工程项目的功能性需求和不同使用者的个性化需求为目的，构建项目建造和运行的智慧环境，通过技术创新和管理创新对工程项目全生命周期的所有过程实施有效改进和管理的一种管理理念和模式。

互联网时代，数字化催生着各个行业的变革与创新，建筑行业也不例外。智能建造是解决建筑业低效率、高污染、高能耗的有效途径之一，已在很多工程中被提出并实践，因此有必要对智能建造的特征进行归纳。智能建造涵盖建设工程的设计、生产和施工 3 个阶段，借助人工智能、物联网、大数据、云计算、机器人、5G、BIM 等先进的信息技术，通过感知、识别、传递、分析、决策、执行、控制、反馈等建造行为，实现全产业链数据集成，为全生命周期管理提供支持。

智能建造是指在建造过程中充分利用信息技术、集成技术和智能技术，构建人机交互建造系统，提升建造产品的品质，实现安全绿色、精益优效的建造方式。即智能建造是以提升建造产品质量，实现建造行为安全健康、节能降污、质增、绿色发展为理念，以 BIM 技术为核心，将物联网、大数据、人工智能、智能设备、可信计算、云边端协同、移动互联网等新一代信息技术与勘察、规划、设计、施工、运维、管理服务等建筑业全生命周期建造活动的各个环节相互融合，实现具有信息深度感知、自主采集与迭代、知识积累与辅助决策、工厂化加工、人机交互、精益管控的建造模式。

智能建造的发展状况如图 1.1-1 所示。

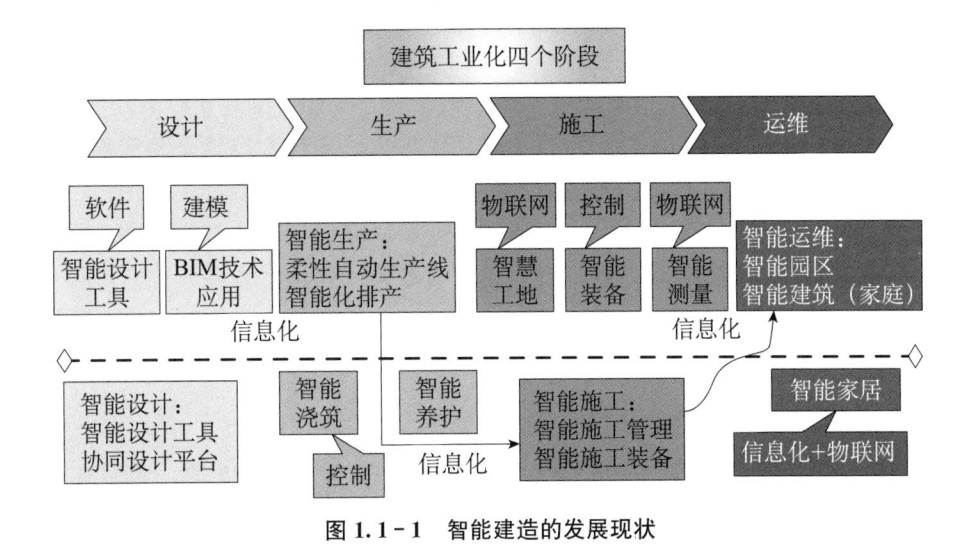

图 1.1-1　智能建造的发展现状

1.1.2　智能建造的关键技术

1. "数字建模＋仿真交互"关键技术群

"数字建模＋仿真交互"关键技术群的本质是数字驱动智能建造，物理世界通过数字镜像，形成建造实体的数字孪生。通过数字化手段进行建造设计、施工、运维全生命周期的建模、模拟、优化与控制，并创造新的建造模式与建造产品。智能建造的关键技术包括 BIM 技术、参数化建模、轻量化技术、工程数字化仿真、数字样机、数字设计、数字孪生、数字交互、模拟与仿真、自动规则检查、三维可视化、虚拟现实（VR）等，具体体现在数字化建模、数字设计与仿真、数据可视化三个方面。

（1）数字化建模

数字化建模技术是建造"数字建模＋仿真交互"的基石，数字化建模的核心是通过建立虚拟的建筑工程三维信息模型，提供完整的、与实际情况一致的建筑工程信息库，它颠覆了传统点、线、面的建模方法，从建筑的全生命周期源头就赋予信息属性，为数字信息在各阶段的流通、转换、应用提供了精细化、科学化的基础。数字化建模不仅包含描述建筑物构件的几何信息、专业属性及状态信息，还包含非实体（如运动行为、时间等）的状态信息，为建筑工程项目的相关方提供了一个工程信息交换和共享的平台。

（2）数字化设计与仿真

数字化设计与仿真技术基于建造实体的数字孪生，对特定的流程、参数等进行分析与可视化仿真模拟，依据仿真结果，修改、优化及生成技术成果。通过仿真的结果，可提前发现实际运营过程中可能存在的问题，从而制订可行方案，进一步控制质量、进度和成本，提高运营效率。

（3）数据可视化

数字化建模实现了建造实体的三维可视化特征，使设计理念和设计意图的表达立体化、直观化、真实化用于设计阶段，设计者可真实体验建筑效果，把握尺度感；用于施工阶段，结合施工仿真模拟，可直观预演施工进度，辅助方案制定；用于运维阶段，可提前发现建筑使用过程中的问题，辅助科学决策。通过"BIM＋VR""BIM＋AR"等高精度、实时渲染技术，建造场景接近真实，给建造的表达赋予新的生命力。

面对越来越庞大、复杂的建造数据，对其可视化已经成为建造全生命周期、全参与方、全过程信息传递和数据挖掘的重要手段。数据可视化是一个生成图形、图像符号的过程，即人脑通过人眼观察某个具体图形、图像来感知某个抽象事物，数据可视化是人类思维认知强化的过程，通过抽象化和可视化，建造信息在全生命周期、全参与方、全过程的传递更加高效、直观和快捷。通过大数据分析和数据挖掘，可提炼建造模式，判别建造主体、行为的复杂关系，寻找和发现建造过程的异常。

2."泛在感知＋宽带物联"关键技术群

"泛在感知＋宽带物联"关键技术群的本质是平台支撑智能建造。感知是智能建造的基础与信息来源，物联是智能建造的信息流通与传输媒介，平台是感知和物联在线化的技术集成。关键技术是指云边端工程建造平台、传感器、物联网、5G、3D激光扫描仪、无人机、摄像头、射频识别（RFID）等设备和技术，具体体现在感知技术、网络技术、平台技术三个方面。

（1）感知技术

感知技术是通过物理、化学和生物效应等手段，获取建造的状态、特征、方式和过程的一种信息获取与表达技术。智能建造中的感知设备包括传感器、摄像头、RFID设备、3D激光扫描仪、红外感应器等。

（2）网络技术

网络是支撑智能建造信息流通的媒介，它把互联网上分散的资源融为有机整体，实现资源的全面共享和有机协作，并按需获取信息。资源包括算力资源、存储资源、数据资源、信息资源、知识资源、专家资源、大型数据库资源等。

（3）平台技术

平台技术将工程建造领域的物联网、大数据、云计算、移动互联网等与建筑业全生命周期建造活动的各环节相互融合，实现信息感知、数据采集、知识积累、辅助决策、精细化施工与管理。在架构上，云边端、容器、云原生等新兴理念的引入，使建筑全生命周期数据流通的低延迟，共享数据的实时性、安全性及平台的高可用性得到保证，实现云端数据无缝协同。在功能上，将资源、信息、机器设备、环境及人员紧密地连接在一起，通过工程建造全流程的表单在线填报、流程自动推送、App施工现场电子签名、数据结构化存储等功能，实现了审批流程数字化、数据存档结构化、监督管理智能化，形成智慧化的工程建造环境和集成化的协同运作服务平台，可实现项目现场与企业管理的互联互通、资源合理配置、质量和设备的有效管控、各参与方之间的协同运作、安全风险的提前预控，大幅度提高了工程建造质量，降低了建造成本，提高了建造效率。

3."工厂制造＋机器施工"关键技术群

"工厂制造＋机器施工"关键技术群的本质是机器协同智能建造，人机协同工作是智能建造的主要建造方式，关键技术和设备是工厂化预制、数控 PC 生产线、装配式施工、建造机器人、焊接机器人、数控造楼机、无人驾驶挖掘机、结构打印机、混凝土 3D 打印等，具体体现在工厂化预制技术和现场智能施工技术两个方面。

（1）工厂化预制技术

工厂化预制技术是指建筑物的各种构件、部品部件在施工前由各专业工厂预先制造的行为，是现场智能施工的前提和基础，由数字建模与虚拟研发系统、生产制造与自动化系统、工厂运行管理系统、产品全生命周期管理系统和智能物流管控系统组成。

（2）现场智能施工技术

现场智能施工技术是利用 BIM 技术平台和建造机器人，基于工厂预制的构件、部品部件，采用装配式的技术方案，智能地完成现场施工的行为。智能建造不仅要求构件、部品部件的工厂化、机械化和自动化制造，而且，还要适应建筑工业 4.0 的要求，建立基于 BIM 的工业化智能建造体系。BIM 的工业化智能建造体系包括以下内容。

第一，基于 BIM 构件、部品部件制造生产，BIM 建模并进行建筑结构性能优化设计；构件深化设计，BIM 自动生成材料清单；BIM 钢筋数控加工与自动排布；智能化浇筑混凝土（备料、划线、模、布内模、吊装钢筋网、搅拌、运送、自动浇筑、振捣、养护、脱模、存放的机械化和自动化）。

第二，智慧工地通过三维 BIM 施工平台对工程项目进行精确设计和施工模拟，围绕施工过程管理，进行互联协同、智能生产和科学管理，并在虚拟现实环境下与物联网采集到的工程信息进行数据挖掘分析，提供过程趋势预测及专家预案，实施劳务、材料、进度、机械、方案与工法、安全生产、成本、现场环境的管理，实现工程施工可视化、智能化和绿色化。

第三，采用建造机器人，形成人机协同的施工模式，主要包括建造机器人、测量机器人、塔式起重机智能监管技术、施工电梯智能监控技术、混凝土 3D 打印、GPS/北斗定位的机械物联管理系统、智能化自主采购技术、环境监测及降尘除霾联动应用技术等。

4. "人工智能＋辅助决策"关键技术群

"人工智能＋辅助决策"关键技术群的本质是算法助力智能建造，算法是智能建造的"智能"来源。关键技术是大数据、机器学习、深度学习、专家系统、类脑科学等，具体体现在智能规划、智能设计和智能决策三个方面。

（1）智能规划

规划是关于动作的推理，通过预估动作的效果选择和组织一组动作，以尽可能实现一些预先制定的目标。智能规划是人工智能的一个重要研究领域，其主要思想是对周围环境进行认识与分析，基于状态空间搜索、定理证明、控制理论、机器人技术等，对复杂的、带有约束限制的建造场景、建造任务和建造目标，对若干可供选择的路径及所提供的资源限制和相关约束进行推理，综合制定出实现目标的动作序列，每一个动作序列即称为一个规划。智能建造中常用的智能规划包括基于多智能体的三维城市规划、基于智能算法的消防疏散与火灾救援路径规划、基于遗传算法的塔式起重机布置规划等。

（2）智能设计

智能设计是计算机化的人类设计智能，即应用现代信息技术，采用计算机模拟人类思维的设计活动。智能设计系统的关键技术包括设计过程的再认识、设计知识表示、多专家系统协同技术、再设计与自学习机制、多种推理机制的综合应用、智能化人机接口等。智能设计按设计能力可以分为常规设计、联想设计和进化设计三个层次。在智能建造中，智能设计按照给定的建筑设计要求，如邻接偏好、风格、噪声、日光、视野等，模仿人类的经验设计，基于人工智能、专家系统、机器学习、迭代算法，自我学习众多已有的解决方案，生成最佳设计方案。设计图纸的自动合规检查是按照规范和经验进行规则解析和知识表示，通过推理方法与推理控制策略获取规则的检查方法。

（3）智能决策

智能决策是通过决策支持系统与专家系统相结合形成的智能决策支持系统来实施的。智能决策支持系统充分既发挥了专家系统以知识推理形式分析解决定性问题的特点，又发挥了决策支持系统以模型计算为核心的分析解决定量问题的特点，充分做到了定性分析和定量分析的有机结合。智能决策支持系统把数据库、联机分析处理、数据挖掘、模型库、知识库结合起来，充分发挥数据的作用，从数据中获取辅助决策的信息和知识，使得解决问题的能力和范围得到了很大的发展。

5. "绿色低碳＋生态环保"关键技术群

"绿色低碳＋生态环保"关键技术群的本质是以绿色建造引领智能建造。绿色建造是着眼于建筑全生命周期，在保证质量和安全的前提下，践行可持续发展理念，通过科学管理和技术进步，最大限度地节约资源和保护环境，实现绿色施工要求，生产绿色建筑产品的工程活动。绿色建造无论是建造行为还是建造产品，都应当是绿色、循环和低碳的，它体现了智能建造的价值取向和最终目标。关键技术包括被动节能、低能耗建筑、资源化利用、建造污染控制、再生混凝土、可拆卸建筑、个性化定制建筑等，具体体现在绿色施工、绿色建筑和建筑再生三个方面。

（1）绿色施工

绿色施工是指工程建设中，在保证质量、安全等基本要求的前提下，通过科学管理和技术进步，最大限度地节约资源与减少对环境负面影响的施工生产活动，全面实现"四节一环保"（建筑企业节能、节地、节水、节材和环境保护）。绿色施工技术包括以下内容。

第一，减少场地干扰，维护施工场地环境，保护施工场地的土壤，减少施工场地占用。节约材料和能源，减少材料的损耗，提高材料的使用效率，加大资源和材料的回收利用、循环利用，使用可再生的或含有可再生成分的产品和材料。尽可能采用重新利用雨水或施工废水等措施，降低施工用水量。安装节能灯具和设备、利用声光传感器控制照明灯具、采用节电型施工机械、合理安排施工时间等降低用电量。

第二，减少环境污染，控制施工扬尘，控制施工污水排放，减少施工噪声和振动，减少施工垃圾的排放。

（2）绿色建筑

绿色建筑是指在全生命周期内，节约资源、保护环境、减少污染，为人们提供健康、适用、高效的使用空间，最大限度地实现人与自然和谐共处的高质量建筑。绿色建筑主要体现在以下几个方面。

第一，节约能源，充分利用太阳能，采用节能的建筑围护结构，减少采暖和空调的使用。根据自然通风的原理设置风冷系统，使建筑能够有效地利用夏季的主导风向。建筑采用适应当地气候条件的平面形式及总体布局，应用被动式节能技术，降低建筑能耗，在建筑规划设计中通过对建筑朝向的合理布置、遮阳的设置，采用建筑围护结构的保温隔热技术，有利于自然通风的建筑开口设计等，实现建筑采暖、空调、通风等能耗的降低。

第二，节约资源，在建筑设计、建造和建筑材料的选择中，均考虑资源的合理使用和处置。要减少资源的使用，力求使资源可再生利用。

第三，绿色建筑外部要强调与周边环境相融合，和谐一致、动静互补，做到保护自然生态环境。建筑内部不使用对人体有害的建筑材料和装修材料，室内空气清新，温湿度适当，使居住者感觉良好，身心健康。

（3）建筑再生

建筑再生是将即将失去功能价值的建筑再次利用的技术，包括修缮技术、再生混凝土技术、建筑可拆卸技术。修缮技术是指对已建成的建筑进行拆改、翻修和维护，保障建筑安全，保持和提高建筑的完好程度与使用功能。再生混凝土技术是指将废弃的混凝土块经过破碎、清洗、分级后，按一定比例与级配混合，部分或全部代替砂石等天然集料（主要是粗集料），再加入水泥、水等配制而成的新混凝土。将废商品混凝土重复利用，将产生社会效益和经济效益。建筑可拆卸技术是将大小不同的方形盒子（模块），通过堆叠组合与拼装，形成一个完整的建筑体系，这种可拆卸式的模块化建筑具有环保、便捷、可移动等特性，可拆卸建筑大幅减少了资源浪费，最大限度地减少了对环境的干预和影响，实现了建筑的循环利用。

1.1.3 智能建造的技术优势及应用效果

1. 智能建造技术的技术优势

（1）更高的产量

智能建造通过更好的控制方法来控制生产施工，效率比传统制造业更高。另外，智能建造中大数据的应用既可以帮助各参与方更有效地了解生产流程，也有利于改进生产运营。因此，智能建造会带来更高的产量。

（2）更高的精度

在施工流程上，利用机器视觉等方式能够带来更高精度的辨别能力。另外，在整个施工流程中，传统建造业一般通过使用更好的设备、定期培训操作人员等方式来减少失败率，而智造建造的大数据技术能够通过数据分析来减少失误率。

（3）更容易自定义和个性化

自定义和个性化是智能建造的一大魅力所在，传统建造业的工作流程难以实现客户的自定义或个性化定制，而智能建造的工作流程能够实现实时控制，根据客户需求随时调整工作进程，从而让自定义和个性化的操作更为容易。与传统建造模式相比，智能建造的自定义和个性化能够利用大数据整理工作数据，带来新的自定义和个性化产品，也可以帮助参与方采取逆向工程，为熟悉的问题提出新的解决方案。

（4）更高的盈利回报

更高的产量能够更好地满足生产需求，更高的精度能够保证产品的质量，更好的自定义和个性化则会扩大市场。利用智能建造的大数据技术，可以更好地了解建造运营的效率，同时也可以统计智能升级转型过程的投资回报率（ROI），建造业可以更好地制订未来建造计划。

我国建筑业规模约占全球的 50%，建筑用钢材、水泥共约占全世界的 50%，建筑业是资源能耗、能源消耗和污染产业最大的行业。建筑业高速发展了 20 余年，传统建造模式带来的工程腐败、质量事故、利润低、拖欠款、管理粗放等问题却难以解决，严重制约产业发展；而推动行业进入智能建造模式，是改善产业发展环境的关键举措。

2. 智能建造技术预期应用效果

（1）设计阶段预期应用效果

在未来，计算机全面梳理所有设计规则，根据周边环境、功能等输入条件自动生成推荐设计方案，同时人工指定有限条件来自动优化设计模型，实现参数快速化修改。基于海量 BIM 数据和算法为基础的机器学习，通过构件库数量增加、设计案例推演学习，不断优化设计模型；根据现场实际施工数据反馈，自动调整模型，保证模型与现场实体一致，得出后续更优设计模型；最大限度将设计工作由设计人员转变为软件，根据相关设计规则进行智能分析设计，大大减少人力劳动，提高设计效率和设计质量。

（2）施工阶段预期应用效果

智能建造在施工阶段可以产生以下效果：

第一，通过智能建造的应用可以做到 3D 施工工况展示，4D 虚拟建造为施工进度提供依据。

第二，实现施工作业的系统管理。施工任务往往由不同专业的施工单位和不同工种的工人，使用各种不同的建筑材料和施工机械共同完成。

第三，提高施工质量。运用智能建造技术能够把各种机械、材料、建筑体通过传感网和局域网进行系统处理和控制，同步监控土建施工的各个分项工程。

第四，保证施工安全。通过 RFID 技术对人员和车辆的出入进行控制，保证人员和车辆出入的安全；通过对人员和机械的网络管理，使之各就其位、各尽其用，防止安全事故的发生。

第五，提高施工的经济效益。通过采用 RFID 技术对材料进行编码，实现建筑原材料的供应链的透明管理，可以便于消费单位选取最合适的材料，省去中间环节，减少材料的浪费。在物联网技术的支持下，材料成本可以得到最大限度的控制。物联网技术可以实现对人和机械的系统化管理，使施工过程井井有条，有效缩短工期。

（3）运维管理阶段预期应用效果

打造出基于 BIM 的信息的物联网、大数据、云计算的运维管理平台，构建完善的可视化智慧管理运维体系，为结构安全监测、设备维护、管理决策、空间管理提供技术支持和保障。

在结构安全监测方面，以物联网为基础、结构安全监测为行业依托、互联网融合为形式建立"结构安全监测云"。从客户角度出发，使非专业用户能够对结构安全监测数据有更深入的理解，全方位地了解各个结构物的安全状态。站在企业的角度，有了这种全方位的服务平台，既能提供结构安全数据分析与维护，同时也能解决企业无专业安全监测分析队伍的后顾之忧，更为客户带来便捷。

在设备维护方面，将实现设备管理的集成化、全员化、计算机化、网络化、智能化，设备维修的社会化、专业化、规范化，设备要素的市场化、信息化。在现今企业转换经营机制、建立现代企业制度的形势下，机构在改革、人员在减少、要求在提高，克服困难与迎接挑战的重要工作之一是使用现代化的管理工具与技术手段，提升自身的管理实力与水平。因此，建立设备集成化管理体系具有重要的现实意义和社会经济效益。

具体智能建造技术体系及应用场景如图 1.1-2 所示。

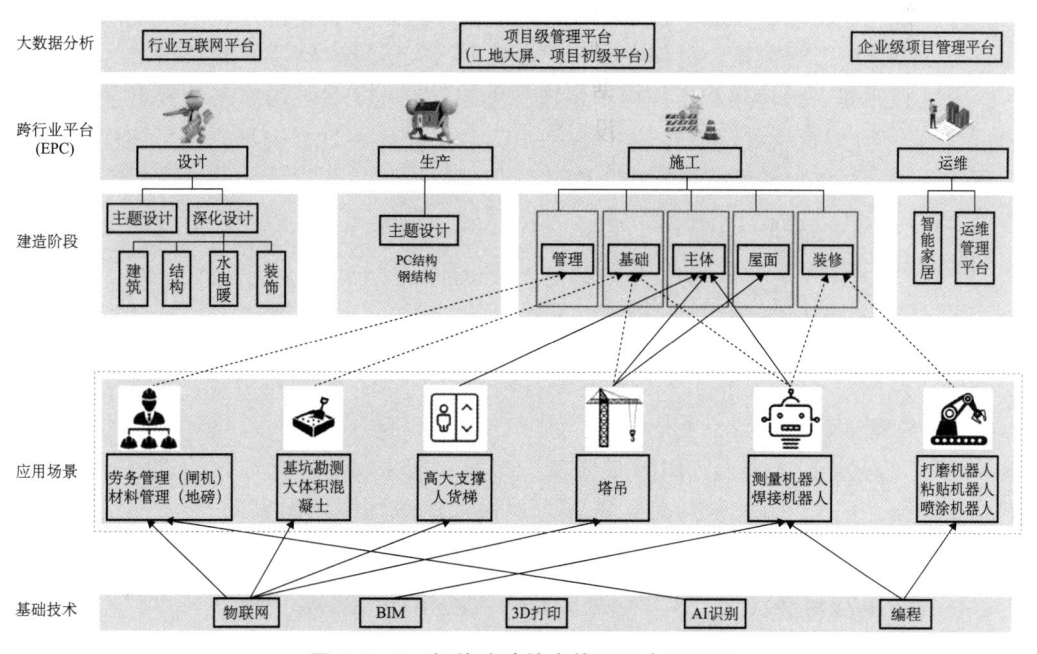

图 1.1-2 智能建造技术体系及应用场景

1.2 BIM技术应用

1.2.1 BIM技术概述

BIM是建筑学、工程学及土木工程的新工具。建筑信息模型一词是由Autodesk公司所创。它是来形容那些以三维图形为主，与物件导向、建筑学有关的计算机辅助设计。在《建筑信息模型应用统一标准》（GB/T 51212—2016）中对BIM的定义为：在建筑工程及施工生命期内，对其物理和功能特性进行数字化表达，并依此设计、施工、运营的过程和结果的总称。

美国BIM标准（NBIMS）对BIM的定义由以下三部分组成：第一，BIM是一个设施（建设项目）物理和功能特性的数字表达；第二，BIM是一个共享的知识资源，是一个分享有关这个设施的信息，为该设施从建设到拆除的全生命周期的所有决策提供可靠依据的过程；第三，在项目的不同阶段，不同利益相关方通过在BIM中插入、提取、更新和修改信息，以支持和反映其各自职责的协同作业。

BIM是以建筑工程项目的各项相关信息数据作为基础，建立起三维的建筑模型，通过数字信息仿真，模拟建筑物所具有的真实信息。其具有可视化、协调性、模拟性、优化性、可出图性、一体化、参数化和信息完备性八大特点，将建设单位、设计单位、施工单位、监理单位等项目参与方在同一平台上共享同一建筑信息模型，有利于项目可视化、精细化建造。

BIM设计过程能从资源、行为、交付三个基本维度，给出设计企业实施标准的具体方法和实践内容。BIM不是简单地将数字信息进行集成，而是一种数字信息的应用，并可以用于设计、建造、管理的数字化方法。这种方法支持建筑工程集成管理环境，可以使建筑工程在整个进程中显著提高效率、大量减少风险。

BIM技术是一种应用于工程设计建造管理的数据化工具，通过参数模型整合各种项目的相关信息，在项目策划、运行和维护的全生命周期过程中进行共享和传递，使工程技术人员对各种建筑信息作出正确理解和高效应对，为设计团队以及包括建筑运营单位在内的各方建设主体提供协同工作的基础，在提高生产效率、节约成本和缩短工期方面发挥重要作用。

1.2.2 BIM技术的应用现状

BIM技术自从2002年引入工程建设行业，至今已有20多年历程，目前已经在全球范围内得到业界的广泛认可，被誉为建筑业变革的革命性力量。但BIM的理念早在40多年前就被提出来了。BIM最先从美国发展起来，随着全球化的进程，逐渐扩展到了欧洲、日本、新加坡等地区或国家，目前这些地区或国家的BIM发展和应用都达到了一定水平。

1. 国外的应用现状

（1）美国的应用现状

美国是较早启动建筑业信息化研究的国家，发展至今，BIM研究与应用都位居世界前列。目前，美国大多数建筑项目在应用 BIM 技术，BIM 应用点也种类繁多，而且成立了各种协会，出台了各种 BIM 标准。

(2) 英国的应用现状

与大多数国家相比，英国政府要求强制使用 BIM。2011 年 5 月，英国内阁办公室发布了《政府建设战略》文件，其中有一整个关于 BIM 的章节，章节中明确要求，到 2016 年，政府要求全面协同的 3D BIM，并将全部的文件以信息化管理。

英国的设计公司在 BIM 实施方面已经相当领先了，因为伦敦既是众多全球领先设计企业的总部（如 Foster and Partners、Zaha Hadid Architects、BDP 和 Arup），也是很多领先设计企业的欧洲总部（如 HOK、SOM 和 Gensler）。在这样背景下，政府发布的强制使用 BIM 的文件可以得到有效执行。因此，英国的建筑-工程-施工（AEC）企业与世界其他地方相比，发展速度更快。

(3) 北欧的应用现状

北欧的挪威、丹麦、瑞典和芬兰是一些主要的建筑业信息技术的软件厂商所在地，如 Tekla 和 Solibri，而且对发源于匈牙利的 ArchiCAD 的应用率也很高。因此，这些国家是全球最先一批采用基于模型设计的国家，也在推动 BIM 技术的互用性和开放标准，主要指工程数据交换标准（IFC）。北欧国家冬天漫长多雪，这使得建筑的预制化非常重要，也促进了包含丰富数据、基于模型的 BIM 技术的发展，同时促进了这些国家及早进行 BIM 的部署。

北欧四国政府并未强制要求使用 BIM，但由于当地气候的要求以及先进建筑信息技术软件的推动，企业自觉发展 BIM 技术。

(4) 日本的应用现状

在日本，有"2009 年是日本的 BIM 元年"之说。大量日本设计公司、施工企业开始应用 BIM，而日本国土交通省也在 2010 年 3 月表示，已选择一项政府建设项目作为试点，探索 BIM 在设计可视化、信息整合方面的价值及实施流程。

日本软件业较为发达，在建筑信息技术方面也拥有较多的国产软件，日本 BIM 相关软件厂商认识到，BIM 需要多个软件互相配合，因此多家日本 BIM 软件商在 IAI 日本分会的支持下，以福井计算机株式会社为主导，成立了日本国产解决方案软件联盟。另外，日本建筑学会于 2012 年 7 月发布了日本 BIM 指南，从 BIM 团队建设、BIM 数据处理、BIM 设计流程、应用 BIM 进行预算和模拟等方面为日本的设计院和施工企业应用 BIM 提供了指导。

(5) 新加坡的应用现状

新加坡负责建筑业管理的国家机构是建筑管理署（BCA）。在 BIM 这一术语引进之前，新加坡政府注意到信息技术对建筑业的重要作用。2011 年，BCA 发布了新加坡 BIM 发展路线规划，规划对整个建筑业在 2015 年前广泛使用 BIM 技术起到了推动作用。为了实现这一目标，BCA 分析了面临的挑战，并制定了相关策略。

在创造需求方面，新加坡政府部门在所有新建项目中明确提出 BIM 需求。2011 年，BCA 与一些政府部门合作，确立了示范项目。BCA 强制要求提交建筑 BIM 模型（2013 年起）、结构与机电 BIM 模型（2014 年起），并且最终在 2015 年前实现所有建筑面积大于 5000m^2 的项目都提交 BIM 模型的目标。

在建立 BIM 能力与产量方面，BCA 鼓励新加坡的大学开设 BIM 课程，为毕业学生组织密集的 BIM 培训课程，为行业专业人士建立 BIM 专业学位。

（6）韩国的应用现状

韩国在 BIM 技术运用方面也做了许多尝试。多个政府部门都致力制定 BIM 的标准，例如，韩国公共采购服务中心和韩国国土交通海洋部。

韩国公共采购服务中心（PPS）是韩国所有政府采购服务的执行部门。2010 年 4 月，PPS 发布了 BIM 路线图，内容包括 BIM 发展的中长期计划。

韩国主要的建筑公司都已经在积极采用 BIM 技术，如现代建设、三星建设、空间综合建筑事务所、大宇建设、GS 建设、Daelim 建设等公司。其中，Daelim 建设公司将 BIM 技术应用到桥梁的施工管理中，BMIS 公司利用 BIM 软件的 Digital Project 对建筑设计阶段以及施工阶段的一体化进行研究和实施等。

2. 国内的应用现状

2015 年，住房城乡建设部发布《关于加快推进建筑信息模型应用的指导意见》，明确提出"到 2020 年末，建筑行业甲级勘察、设计单位以及特级、一级房屋建筑工程施工企业应掌握并实现 BIM 与企业管理系统和其他信息技术的一体化集成应用"的目标。此后，各地政府也相继出台了相关政策文件，鼓励和支持 BIM 技术的应用。例如，北京市发布了《北京市推进建筑信息模型应用工作的指导意见》，上海市发布了《关于进一步加强上海市建筑信息模型技术推广应用的通知》等，这些政策的出台，为 BIM 技术在国内的应用提供了有力的政策保障。

2020 年 7 月 3 日，住房城乡建设部联合国家发展改革委、科技部、工业和信息化部、人力资源社会保障部、交通运输部、水利部等 13 个部门印发的《关于推动智能建造与建筑工业化协同发展的指导意见》提出："加快推动新一代信息技术与建筑工业化技术协同发展，在建造全过程加大建筑信息模型（BIM）、互联网、物联网、大数据、云计算、移动通信、人工智能、区块链等新技术的集成与创新应用。"

BIM 技术在建筑设计领域的应用已经相对成熟。许多大型设计院已经开始使用 BIM 软件进行建筑设计，并取得了一定的成效。例如，中国建筑设计研究院、中铁工程设计院等单位已经将 BIM 技术应用于多个重大项目的设计中。此外，一些小型设计公司也开始积极尝试使用 BIM 技术来提高设计效率和质量。

1.2.3　BIM 技术应用价值

随着科技的不断发展，建筑行业也在不断地变革和创新。BIM 技术的应用价值不仅体现在提高建筑设计、施工和管理的效率和质量上，还可以为建筑业带来更多的商业价值和社会价值。

（1）提高建筑设计效率和质量

传统的建筑设计方式通常需要建筑师手工绘制平面图、立面图等图纸，然后再进行修改和调整。这种方式不仅耗时耗力，而且容易出现错误和遗漏。而 BIM 技术则可以通过数字化的方式将建筑设计过程中的各种信息进行整合和展示，帮助建筑师更好地理解和把握设计要求，减少设计错误和变更。此外，BIM 技术还可以通过模拟和预测建筑物的性能和能耗等方面情况，为建筑师提供更多的设计参考和决策支持。

(2) 提高施工效率和质量

在传统的建筑施工中，由于存在各种信息不对称和管理混乱等问题，往往出现工期延误、成本超支和质量问题等不良后果。而 BIM 技术可以通过数字化的方式将施工过程中的各种信息进行整合和协调，帮助施工单位更好地掌握工程进度、质量和安全等方面的信息，从而优化施工方案和管理流程，提高施工效率和质量。例如，在机电安装领域，利用 BIM 技术可以实现设备参数化建模、碰撞检测等功能，避免现场安装时出现的错误和冲突。

(3) 提高建筑管理效能和水平

在传统的建筑管理中，由于存在各种信息孤岛和管理不规范等问题，往往会出现资源浪费、安全隐患和环境污染等不良后果。而 BIM 技术可以通过数字化的方式将建筑管理过程中的各种信息进行整合和分析，帮助物业管理人员更好地掌握建筑物的使用情况、维护需求和能源消耗等方面的信息，从而提高管理效能和水平。例如，在楼宇自控领域，利用 BIM 技术可以实现对建筑物内部环境的实时监测和调控，提高能源利用效率和环境舒适度。

(4) 为建筑业带来更多的商业价值和社会价值

通过 BIM 技术的推广应用，可以促进建筑业的数字化转型和智能化升级，提高行业的核心竞争力和发展速度。同时，BIM 技术还可以为城市规划、房地产开发、环境保护等领域带来更多的创新和发展机会。例如，在城市规划领域，利用 BIM 技术可以实现对城市空间结构的可视化分析和优化设计；在房地产开发领域，利用 BIM 技术可以实现对房屋质量和售后服务等方面的信息化管理和控制；在环境保护领域，利用 BIM 技术可以实现对建筑物碳排放和节能性能等方面的评估和优化。

(5) 实现智慧城市建设目标

随着城市化进程的不断推进，城市面临日益复杂的挑战。而 BIM 技术的应用可以为智慧城市建设提供有力支撑。通过 BIM 技术可以将城市各类设施和服务进行数字化建模和管理，从而实现城市信息的集成与共享。例如，在智慧交通领域，利用 BIM 技术可以实现对城市交通流量、道路状况等信息的实时监测和分析，为交通管理部门提供科学决策依据；在智慧能源领域，利用 BIM 技术可以实现对城市能源消耗情况进行可视化监测和管理，为能源部门提供节能减排方案。

(6) 促进产业升级和转型发展

BIM 技术的推广应用不仅可以提高建筑业的效率和质量，还可以促进相关产业的升级和转型发展。例如，在建筑材料领域，利用 BIM 技术可以实现对建筑材料生产过程的数字化管理和优化控制；在建筑设计软件领域，利用 BIM 技术可以提高软件的功能性和易用性；在建筑教育培训领域，利用 BIM 技术可以为学生提供更加直观生动的学习体验和实践机会。这些举措都将有助于推动整个产业链的升级和发展。

1.2.4　BIM 技术对装配式建筑的应用

BIM 技术能够提高装配式建筑协同设计效率、减少设计误差，提升预制构件的生产流程，改进预制构件库存管理、模拟优化施工流程，利用装配式建筑运维阶段的质量管理和能耗管理，有效提高装配式建筑设计、生产和施工的效率。

(1) 装配式建筑设计阶段

提高装配式建筑设计效率。在装配式建筑设计中，由于需要对预制构件进行各类预埋和预留的设计，因此更加需要各专业的设计人员密切配合。使用BIM技术构建的设计平台，装配式建筑设计中的各专业设计人员能快速地传递各自专业的设计信息，并对设计方案进行同步修改。依靠BIM技术与云技术，各专业设计人员能够将包含各自专业的设计信息的BIM模型统一上传至BIM设计平台，利用碰撞与自动纠错功能，自动筛选出各专业之间的设计冲突，帮助各专业设计人员及时找出专业设计中存在的问题。装配式建筑中预制构件的种类和样式繁多，出图量大，利用BIM技术的协同设计功能，某一专业设计人员修改的设计参数可以同步、无误地被其他专业设计人员调用，这方便了配套专业设计人员进行设计方案的调整，节省各专业设计人员因为设计方案调整所耗费的时间和精力。

实现装配式预制构件的标准化设计。通过对预制混凝土（PC）构件的拆分获取有关信息为PC构件出产供给准确的信息。BIM技术能够实现设计信息的开放与共享。设计人员能够将装配式建筑的设计方案上传到项目的云服务器上，在"云"中做好尺寸、样式等信息的整合，并构建装配式建筑的各类预制构件（如门、窗等）的"族"库。随着云服务器中"族"的不断积累与丰富，设计人员能够将同类型"族"进行对比优化，以形成装配式建筑预制构件的标准形状和模数尺寸。预制构件"族"库的建立有利于装配式建筑通用设计规范和设计标准的设立。使用各类标准化的"族"库，设计人员还能积累和丰富装配式建筑的设计户型，节省户型设计和调整的时间，有益于丰富装配式建筑户型规格，更好地满足居住者多样化的需求。

降低装配式建筑的设计误差。设计人员能够利用BIM技术对装配式建筑结构和预制构件进行精细化设计，减少装配式建筑在施工阶段可能出现的装配偏差问题。利用BIM技术，对预制构件的几何尺寸及内部钢筋直径、间距、钢筋保护层厚度等重要参数进行精准设计、定位。在BIM模型的三维视图中，设计人员能够直观地观察待拼装预制构件之间的契合度，并利用BIM技术的碰撞检测功能，细致分析预制构件结构连接节点的可靠性，排除预制构件之间的装配冲突，从而避免因为设计粗糙影响预制构件的安装就位，降低因为设计误差带来的工期延误和材料资源的浪费。

(2) 装配式建筑预制构件生产阶段

优化整合预制构件生产流程。装配式建筑的预制构件生产阶段既是装配式建筑生产周期中的重要环节，也是连接装配式建筑设计与施工的关键环节。为了保证预制构件生产中所需加工信息的准确性，预制构件生产厂家能够从装配式建筑BIM模型中直接调取预制构件的几何尺寸信息，制订相应的构件生产计划，并在预制构件生产的同时，向施工单位传递构件生产的进度信息。

加快装配式建筑模型试制过程。为了保证施工的进度和质量，在装配式建筑设计方案完成后，设计人员将BIM模型中所包括的各种构配件信息与预制构件生产厂商共享，生产厂商能够直接获取产品的尺寸、材料、预制构件内钢筋的等级等参数信息；所有的设计数据及参数能够利用条形码的形式直接转换为加工参数，实现装配式建筑BIM模型中的预制构件设计信息与装配式建筑预制构件生产系统直接对接，提高装配式建筑预制构件生产的自动化程度和生产效率。还可以通过3D打印的方式，直接将装配式建筑BIM模型打印出来，从而极大地加快装配式建筑的试制过程，并可根据打印出的装配式建筑模型校验原有设计方案的合理性。

(3) 装配式建筑施工阶段

改善预制构件库存和现场管理。运用BIM技术和RFID技术，通过在预制构件出产的过程中嵌入富含装置部位及用处信息等构件信息的RFID芯片，存储查验人员及物流配送人员可以直接读取预制构件的有关信息，实现电子信息的主动对照，减少传统的人工查验和物流形式下出现的查验数量误差、构件堆积方位误差、出库记录不精确等问题，避免返工。提高施工现场管理效率。装配式建筑吊装工艺复杂、施工机械化程度高、施工安全保证措施要求高，在施工开始之前，施工单位能够借助BIM技术实现装配式建筑的施工模拟和仿真，模拟现场预制构件吊装及施工过程，对施工流程进行优化；还可以模拟施工现场安全突发事件，完善施工现场安全管理预案，排除安全隐患，进而避免和减少质量安全事故的发生。运用BIM技术可以对施工现场的场地布置和车辆开行路线进行优化，减少预制构件和材料场地内二次搬运，提高垂直运输机械的吊装效率，加快装配式建筑的施工进度。

5D施工模拟优化施工、成本计划。使用BIM技术，在装配式建筑的BIM模型中引入时间和资源维度，将3D BIM模型转化为5D BIM模型，施工单位能够根据5D BIM模型来模拟装配式建筑整个施工过程和各种资源投入情况，建立装配式建筑的动态施工规划，直观地了解装配式建筑的施工工艺、进度计划安排和分阶段资金、资源投入情况，还可以在模拟的过程中发现原有施工规划存在的问题并进行优化，防止因为考虑不周引起的施工成本增加和进度拖延。使用5D BIM进行施工模拟使施工单位的管理和技术人员对整个项目的施工流程安排、成本资源的投入有了更加直观的了解，管理人员可以在模拟过程中优化施工方案和顺序、合理安排资源供应、优化现金流，实现施工进度计划及成本的动态管理。

(4) 装配式建筑运维阶段

提高运维阶段的设备维护管理水平。利用BIM技术和RFID技术搭建的信息管理平台，能够组建装配式建筑预制构件及设备的运营维护系统。以BIM技术的资料管理与应急管理功能为例，在发生突发性火灾时，消防人员使用BIM信息管理系统中的建筑和设备信息能够直接对火灾发生位置进行准确定位，并掌握火灾发生部位所采用的材料，有针对性地实施灭火工作。除此之外，运维管理人员在进行装配式建筑和附属设备的维修时，能够直接从BIM模型中调取预制构件、附属设备的型号、参数和生产厂家等信息，提高维修工作效率。

加强运维阶段的质量和能耗管理。BIM技术可实现装配式建筑的全寿命信息化，运维管理人员利用预制构件中的RFID芯片，获取保存在芯片中预制构件生产厂商、安装人员、运输人员等重要信息。一旦后期发生质量问题，可以将问题从运维阶段追溯至生产阶段，明确责任的归属。BIM 技术还可以实现预制装配式建筑的绿色运维管理，借助预埋在预制构件中的 RFID 芯片，BIM 软件可以对建筑物使用过程中的能耗进行监测和分析，运维管理人员可以根据 BIM 软件的处理数据在 BIM 模型中准确定位高耗能所在的位置并设法解决。此外，预制建筑在拆除时可以利用 BIM 模型筛选出可回收利用的资源，节约资源，避免浪费。

第二章　软件介绍

章节概述

本章分别对 Allplan 和 BIMPOP 两款软件的价值特点、安装流程和基本界面布局进行介绍。

学习目标

◎ 了解两款软件的功能特点及使用场景。
◎ 掌握软件的安装方法。
◎ 熟悉软件功能布局。

扫码，看视频教程

2.1　Allplan 软件

2.1.1　厂家及软件介绍

Allplan 界面介绍

1. 内梅切克（Nemetschek）集团介绍

内梅切克集团是全球领先的建筑-工程-施工（AEC）市场软件供应商，总部位于德国慕尼黑，在全球 40 个国家的 60 多个驻地经营着 16 个品牌，服务遍布 142 个国家的约 270 万用户。公司于 1963 年由果尔格·内梅切克（Georg Nemetschek）教授创立，于 1999 年在德意志交易所 TecDAX 上市，目前市值已超过 30 亿欧元。

其主要经营的品牌包括 Allplan、ArchiCAD、SCIA、Vectorworks、RISA、Solibri、Bluebeam、dRofus 和 Maxon 等，Nemetschek 集团是全球数字化的推动者，涵盖建筑和基础设施项目的整个生命周期，通过创造可持续的智能化解决方案、可信赖的合作伙伴关系带领客户迈向数字化的未来。

2. Allplan 介绍

Allplan 是 Nemetschek 集团的一个品牌，是用于建筑、工程和市政等不同专业的跨学科 BIM 综合解决方案，涵盖了从设计到建造的整个过程。从建筑、结构、室内设计到机电和桥梁工程，Allplan 的精度和协作流程为项目的设计、交付提高了生产效率。

该软件有明晰的视觉界面，以便用户在 2D 视图、3D 视图或这两种模式混合的方式下工作，工作界面能让用户轻易地以各种方式将构件可视化。基于云的 BIM＋工具能让用户共享本地和 IFC 模型及构件。软件有大量的内置标准 SmartParts（智能部件）库，用户既能自己创建定制的 SmartParts；也有基于 Python 的 API，包括进入

Parasolid3D 建模函数运算，做一点小小的定制化，就能轻松把报告工程量提取及进度规划导出可读文件格式。

3. 软件特点

第一，Allplan 软件内含大量 SmartParts 库（见图 2.1-1a），SmartParts 是参数化的，用户使用时可直接在库中调取，修改基本参数后即可使用；也可应用 Python 编程技能做定制化。

第二，Allplan 软件建模方式大不同于其他 BIM 平台，它以一种独特的项目架构来整合项目信息，独有的制图文件能通过开闭可见性轻易地展示想要显示的构件（见图 2.1-1b）。

第三，Allplan 软件拥有无限的 3D 自由曲面建模功能（见图 2.1-1c），可轻松创建任何形状的物体，支持用户自由表达创造力和想象力。

第四，Allplan 软件能非常好地支持深化结构设计，包含详细且复杂的钢筋处理、数量和成本统计等（见图 2.1-1d）。

第五，借助 BIM 云，可以在任何位置同时协作和处理项目数据，并在项目团队中有效地传达任务、管理和记录变更（见图 2.1-1e）。

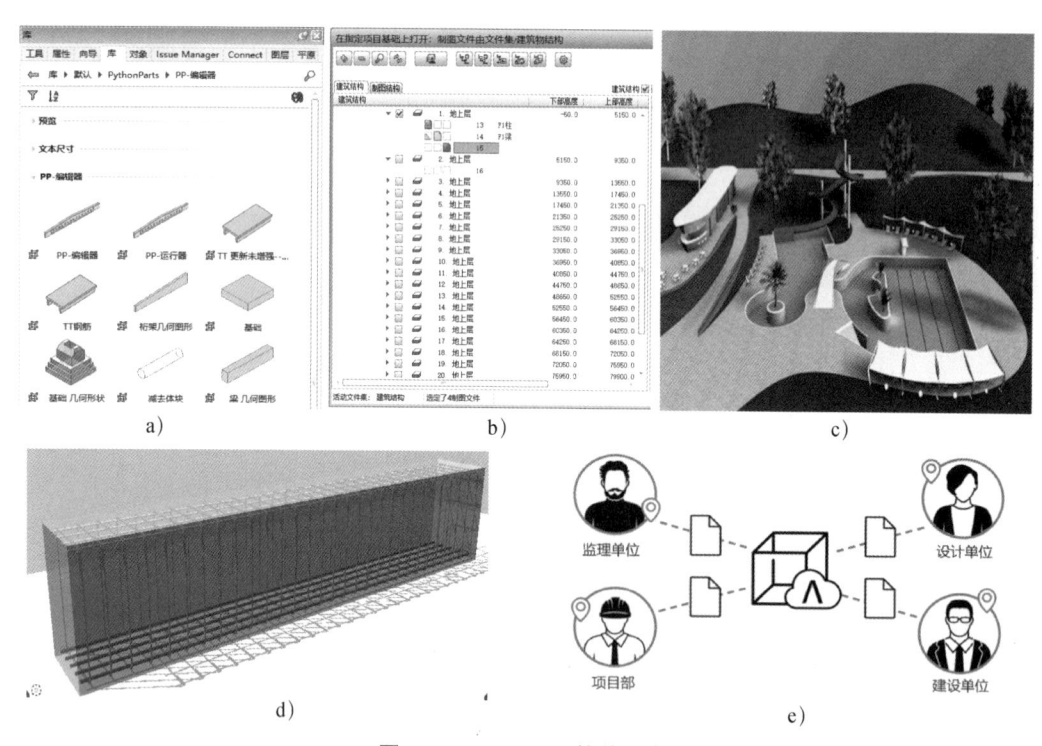

图 2.1-1　Allplan 软件特点

2.1.2　软件安装

1. 安装过程

1️⃣ 在软件安装包文件夹中双击"Allplan_2023_1_0_Installer.exe"应用程序（这

里以2023_1_0版本为例），程序启动开始安装，如图2.1-2、图2.1-3所示。

图2.1-2　软件安装程序

图2.1-3　启动安装

❷选择"新安装（New installation）"，然后单击"开始安装（Start Setup）"，如图2.1-4所示。

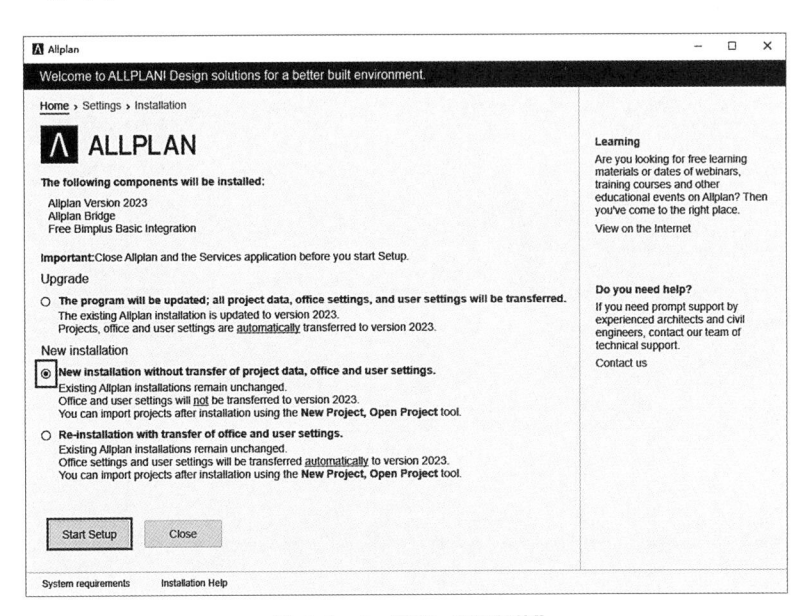

图2.1-4　选择"新安装"

19

❸ 在许可条款中直接选择"同意（Agree）"（见图 2.1-5）。

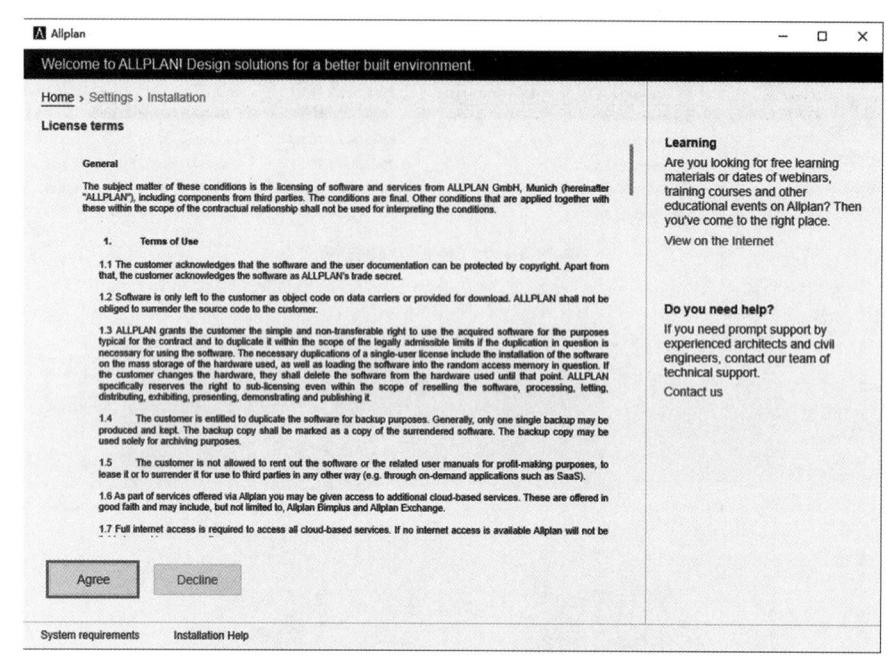

图 2.1-5　选择"同意（Agree）"安装

❹ 在"一般设置（General）"中，国家和语言默认为中国和中文，这里不需要改动。"程序文件夹（Program folder）"及"中央文件存储文件夹（Central file storage folder）"既可以按照默认路径直接安装，也可以自定义路径进行安装（见图 2.1-6）。

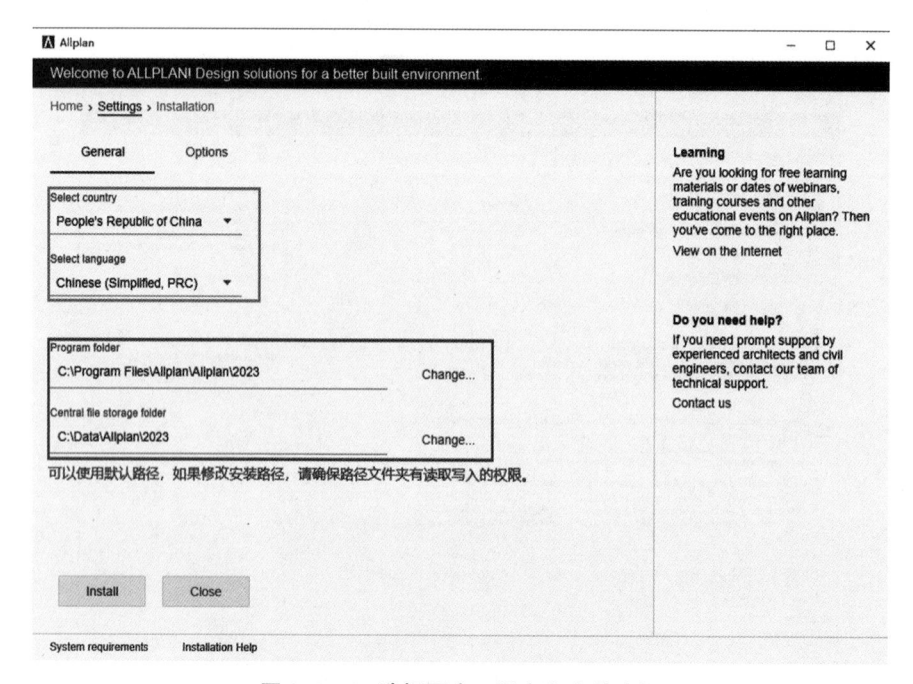

图 2.1-6　选择国家、语言和安装路径

在"选项设置（Options）"的"语言（Languages）"拓展栏中可以添加中文以外的其他语言（见图 2.1-7）。

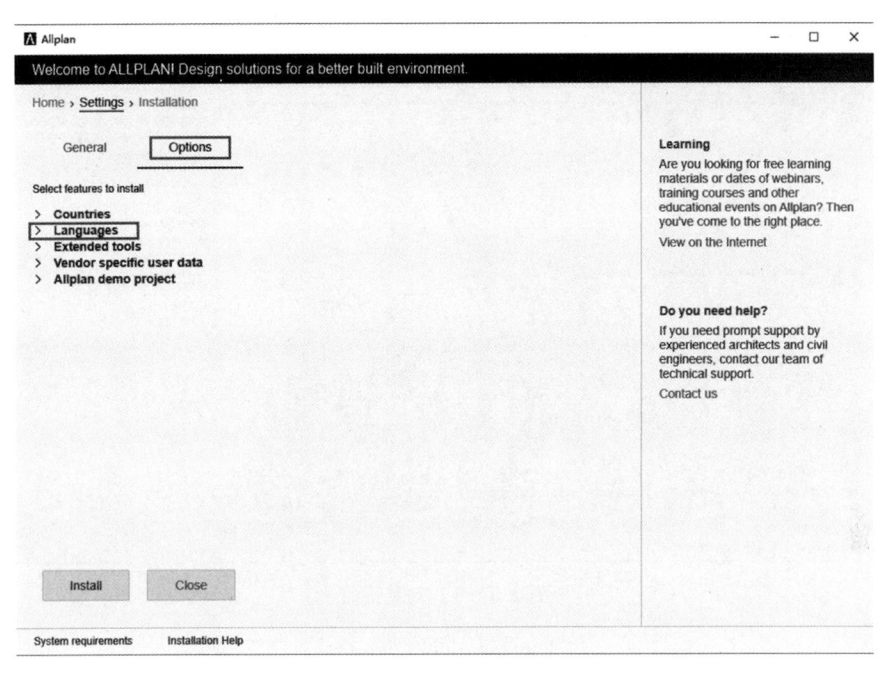

图 2.1-7　添加语言

如英语、德语，最后选择"安装（Install）"（见图 2.1-8），Allplan 开始在当前计算机中的安装（见图 2.1-9）。

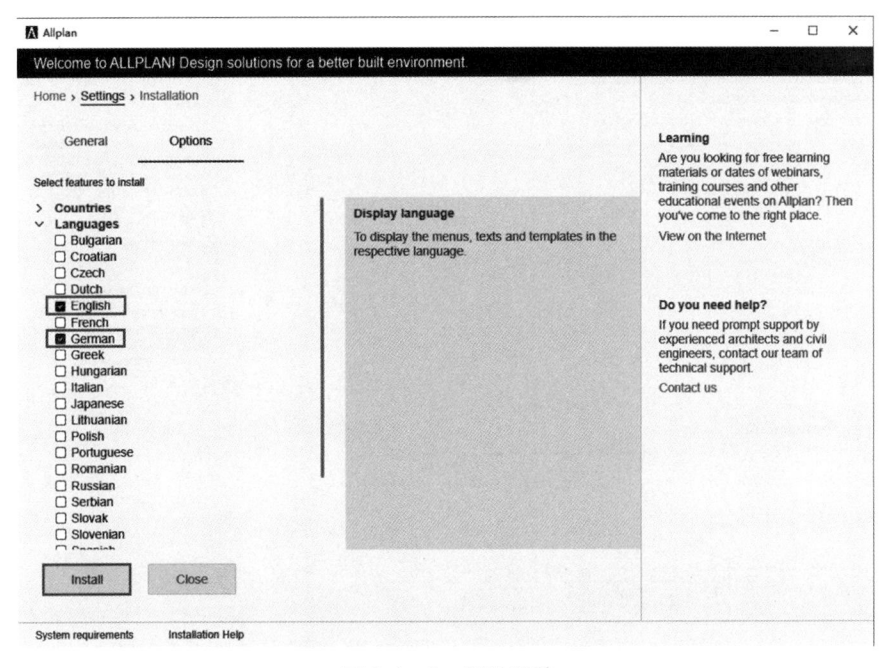

图 2.1-8　开始安装

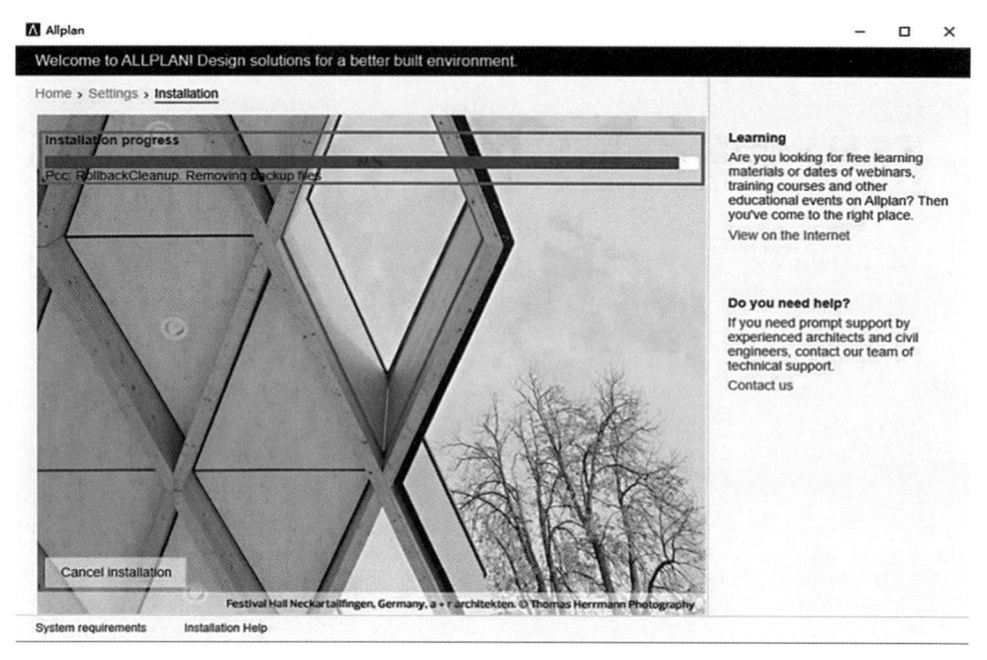

图 2.1-9　安装进度

⑤ 安装完成后出现安装成功提示，这里先不勾选"打开软件（and start Allplan）"，因为现在还没有激活许可。直接单击"完成安装（Comple ieinstallation）"关闭此窗口，如图 2.1-10 所示。

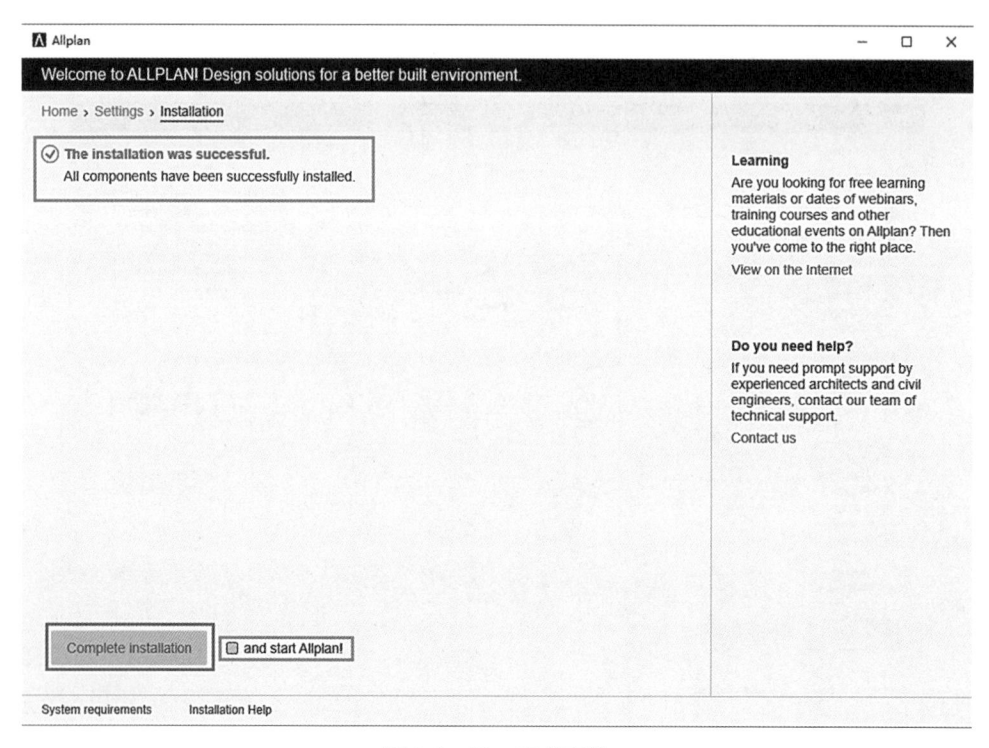

图 2.1-10　完成安装

安装完成后计算机桌面出现：Allplan 2023 软件程序图标、Allmenu 2023 设置图标和 Allplan Bridge 2023 单独的桥梁模块图标（见图 2.1-11）。

图 2.1-11　桌面图标

2. 激活许可证

① 双击"服务 2023（Allmenu 2023）"图标。

② 在"实用工具"中单击"许可证设置"（见图 2.1-12）。

图 2.1-12　许可证设置

③ 在新的窗口中选择"选择许可激活（License activation）"，然后在右侧输入激活码，最后单击"激活许可（Activate license）"完成此许可在当前计算机中激活（见图 2.1-13）。

提示： 输入许可后会自动读取许可判断是否有效，如许可码有效则出现绿色小"√"及对应操作，若输入许可码后出现红色"!"，则说明该许可码无效。

图 2.1-13　软件激活

④ 激活许可后，页面跳转，单击"关闭（Close）"退出当前窗口（见图 2.1-14）。

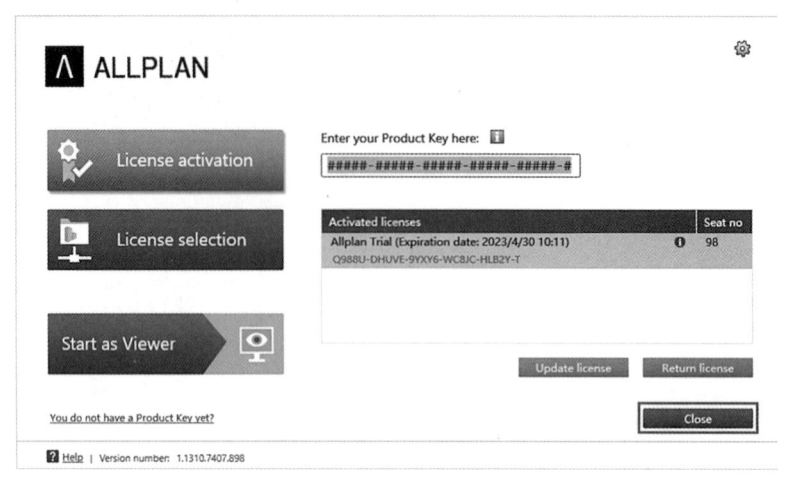

图 2.1-14 关闭激活

3. 软件界面设置

① 双击"Allplan 2023"图标 ，启动软件（见图 2.1-15）。

图 2.1-15 软件启动页面

② 第一次打开既可以通过"添加"新建项目"打开"项目，也可以双击"Hello Allplan！2023"进入示例项目，如图 2.1-16 所示。

图 2.1-16 示例项目

❸ 在界面顶部单击拓展按钮,然后选择"显示菜单栏"(见图 2.1-17)。

图 2.1-17 显示菜单栏

❹ 在菜单栏中选择"查看",然后在"默认配置"中选择"托盘配置"(见图 2.1-18)。

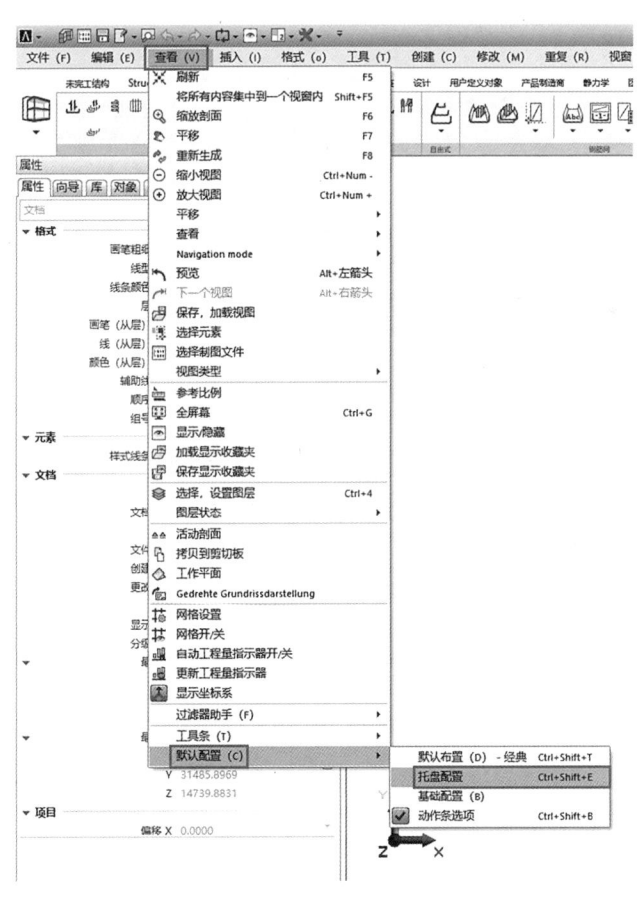

图 2.1-18 托盘配置

❺ 此时软件界面切换为"托盘配置",但是在托盘中只有功能图标没有文本。通过在托盘空白位置单击鼠标右键,在出现的"选项卡"中选择"图标+文本",就可

25

以看到托盘中出现了文本，如图 2.1-19 所示，软件初始设置即完成。

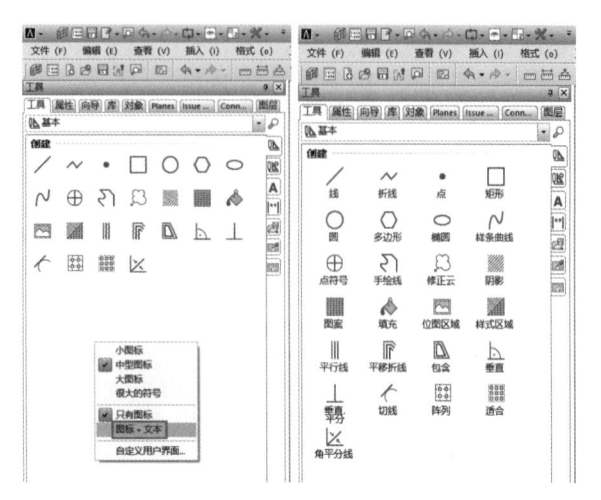

图 2.1-19　更改图标

2.1.3　界面介绍

Allplan 软件的界面分为 Allmenu 2023 界面和 Allplan 2023 界面，Allmenu 2023 界面分为服务菜单栏和信息栏，Allplan 2023 界面分为欢迎界面和工作界面，以下分别介绍每个界面的详细功能。

1. Allmenu 2023 服务菜单栏简介

服务菜单栏中包括"文件""界面""实用工具""数据备份""配置""服务""信息""帮助"选项（见图 2.1-20），主要用途如表 2.1-1 所示。

图 2.1-20　服务菜单栏

表 2.1-1　服务菜单栏用途简介

选项	用途
文件	转换 Allplan 的各种版本的文档
实用工具	删除备份，分配许可证信息
数据备份	创建备份，导入备份
配置	设置备份文件的路径，切换 Allplan 的语言环境
服务	其中的热线工具可实现软件的重置，Windows 资源管理器可快速进入软件对应的相关文件夹
信息	查看软件的版本号
帮助	打开帮助文档

2. Allmenu 2023 信息栏简介

信息栏内容的主要功能如表 2.1-2 所示。

表 2.1-2　信息栏功能简介

用户名，计算机名称	安装时自动提取电脑的用户信息
文档大小	软件打开多文件时，最大能显示多少数据（2017 版本可以显示的最大文档是 1024MB）一般情况下 512MB 便足够用了
用户文件夹，程序文件夹，一般程序数据	软件安装的路径
中央文件存储文件夹	项目保存的路径
办公室标准	一个公司标准的（STD）的保存路径
工作组管理	显示是否为工作组模式
Allplan 记录	需要时可以打开对话框查看 Allplan 运行时的记录信息

3. Allplan 2023 欢迎界面介绍

打开 Allplan 后会出现如图 2.1-21 所示的欢迎界面。

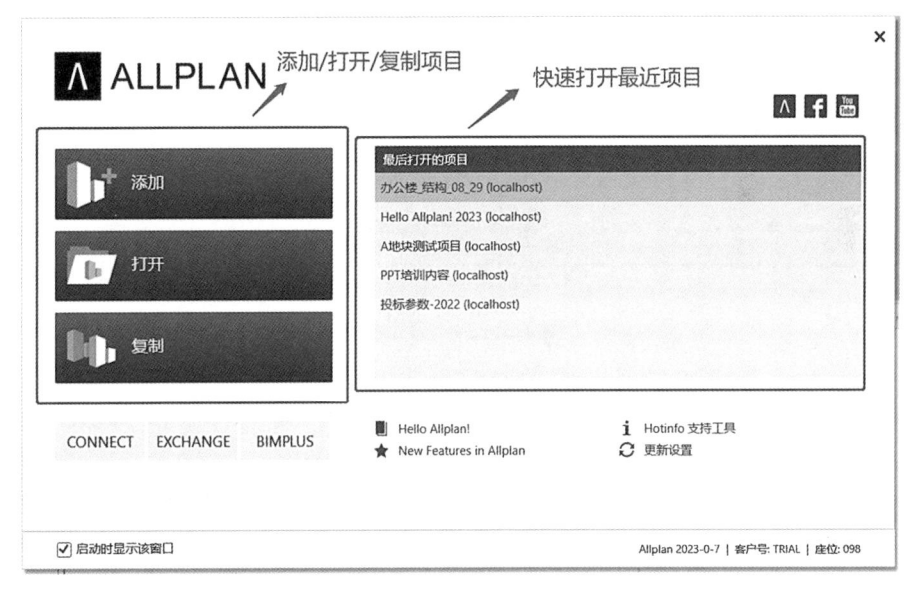

图 2.1-21　欢迎界面

4. Allplan 2023 工作界面介绍

进入 Allplan 2023 工作界面，如图 2.1-22 所示。

标题栏：提示目前所在的项目，建筑结构/制图结构，制图文件信息（见图 2.1-23）。

命令栏：位于软件操作界面顶部，所有命令都可以在"工具栏"中找到（见图 2.1-24）。

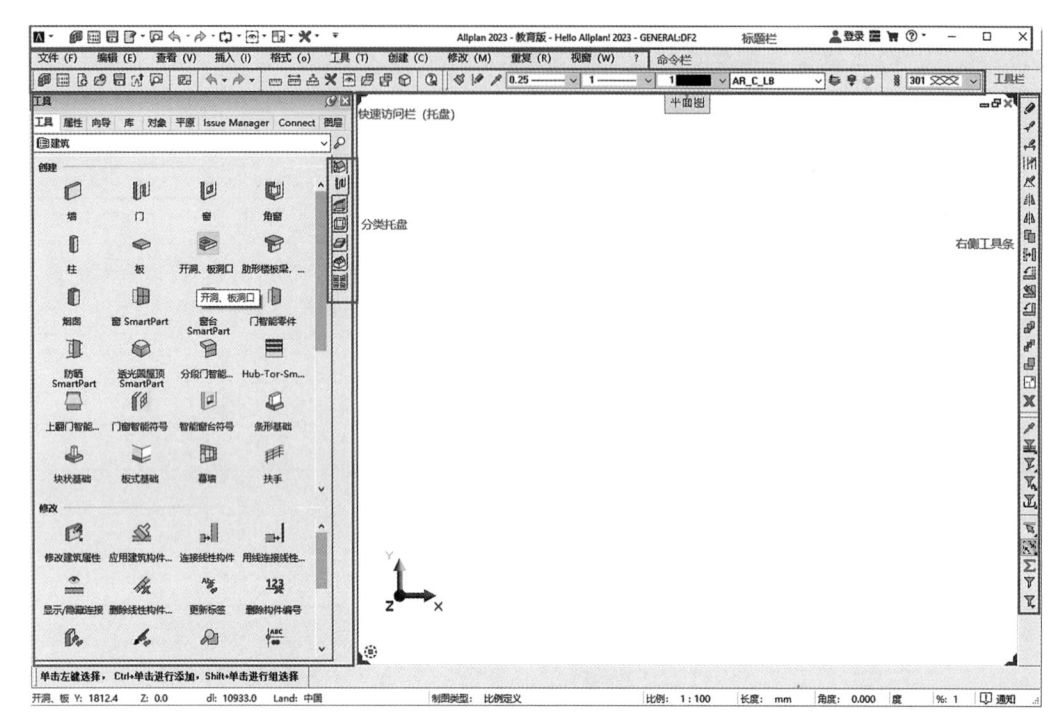

图 2.1-22　工作界面

图 2.1-23　标题栏

图 2.1-24　命令栏

工具栏：有一些常使用的工具并可以根据自己的喜好需求调整位置（见图 2.1-25）。

图 2.1-25　工具栏

快速访问栏（托盘）：是 Allplan 2023 非常重要的控制面板（见图 2.1-26），它提供非常清晰的使用界面，可以大大提升工作效率，具体功能如表 2.1-3 所示。

图 2.1-26　快速访问栏

表 2.1-3 快速访问栏主要功能简介

功能	说明
工具	快速切换模块
属性	查看所有对象的属性信息
向导	使用和管理"向导",实现快速建模
对象	快速确认对象或者对象组
库	使用和管理符号、智能符号、智能构件
图层	查看图层信息
Connect	直接连接到 Allplan Connect,获取各种资料

提示:在实际应用中,用户可根据自己的需求隐藏/锁定托盘,如图 2.1-27、图 2.1-28 所示。还可以移动/拼装托盘。拖动"快速访问栏(托盘)"时会出现图标 。

图 2.1-27 锁定托盘

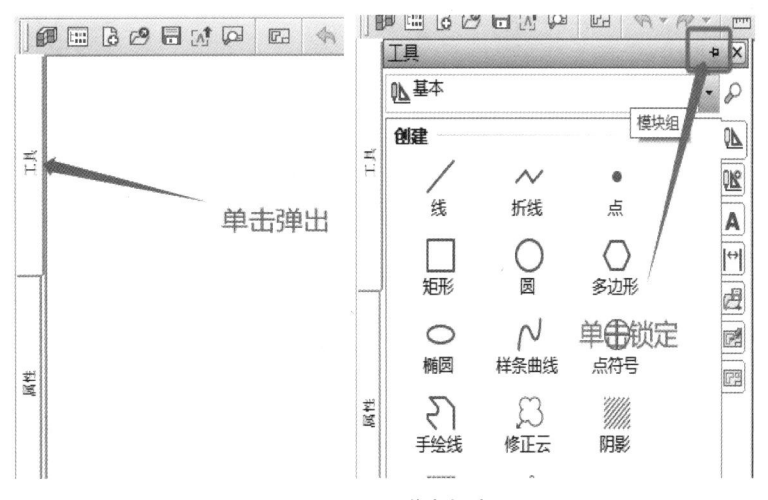

图 2.1-28 弹出托盘

提示:在工具和向导中注意右侧的"分类托盘",如图 2.1-29 所示。

如果将鼠标移动到工作界面的底部将会出现"底部工具栏",如图 2.1-30 所示,具体功能如表 2.1-4 所示。

图 2.1-29 分类托盘

图 2.1-30 底部工具栏

表 2.1-4 底部工具栏主要功能简介

功能	说明
投影	可切换视图方向
刷新	将工作界面的所有东西全部显示出来。快捷键〈F5〉或者双击鼠标滚轮
确定图像区	局部放大，按住鼠标右键框选，快捷键〈F6〉
导航模式	允许旋转视图
前一个图像区	
后一个图像区	
保存，加载视图	
3D 视图	定点定位显示 3D 视图
选择元素	局部显示，如显示某个构件
选择制图文件	
剖面显示	显示建筑模型的剖面视图，可以是 2D 和 3D
显示比例	
视图类型	选择视图的类型，如动画、线框、隐藏、草图等

2.2 BIMPOP 软件

扫码，看视频教程

BIMPOP 界面介绍

2.2.1 软件简介

1. 软件介绍

BIMPOP 是一款专为建筑行业设计的软件系统，它利用了 BIM 技术结合影像级实时渲染引擎，通过构建丰富的 BIM 施工模型库、可视化工艺工法库、案例工程集库，为建筑类高校及建筑工程行业技术人员提供了一个进行 BIM 施工组织模拟推演的平台。

BIMPOP 易学、易用、专业，具备界面简洁、素材库丰富、内置可定义动画、实时渲染输出等显著特点（见图 2.2-1），可广泛用于建设工程领域招投标技术方案可视化展示、施工方案评审可视化展示、施工安全技术可视化交底、教育培训课程制作等领域；同时，为建筑工程的规划、设计、施工和管理提供了强大的工具和平台，促进了建筑行业信息化和数字化的发展。

2. 软件特点

（1）便捷搭建场景

第一，软件自带 BIM 模型库，内含 15000 多个专业模型。第二，软件支持行业通用软件模型导入，包含 REVIT、SketchUp、Tekla、Glodon 等，支持的格式有 FBX、

第二章 软件介绍

影像级实时渲染引擎	多模板个性化定制	机械设备动作参数化
人物施工动作内置封装	打通常见BIM模型导入接口	2类14种场景动作实现功能

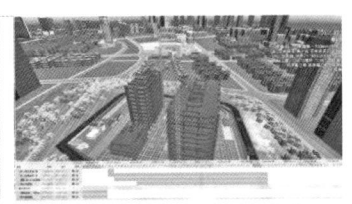

图 2.2-1 软件特点介绍

OBJ、3DS、IFC、DAE。第三，软件支持快速进行地形编辑、湖海布置、便捷绿植布置、高质场地布置。

（2）轻松制作动画

第一，内置 15 种类型模型动画，直接引用，无须编辑。自定义动画功能可参数化制作动画，所见即所得，高质量展示项目 3D 施工动画。第二，支持导入 project 快速搭建 WBS 工作分解结构，制作项目 4D 进度动画。可轻松将时间节点与构件关联，多种生长动画类型快速定义，直观体现项目形象进度。

（3）高质量输出成果

第一，内置 1000 多种材质库，可预制 28 种天气效果，可调昼夜变化，轻松实现昼夜交替、四季变化效果。第二，快速生成效果图，边播放边输出动画，可调整输出超清画质。第三，在线语音合成技术 TextToSpeech，输入文字即可配音。

2.2.2 软件安装

1️⃣ 鼠标右键单击安装程序，然后鼠标左键单击"以管理员身份运行"按钮，如图 2.2-2 所示。

图 2.2-2 "以管理员身份运行"安装程序

② 在弹出的安装窗口中选择"我同意此协议",单击"下一步"。

③ 选择安装路径后,单击"下一步",如图 2.2-3 所示。

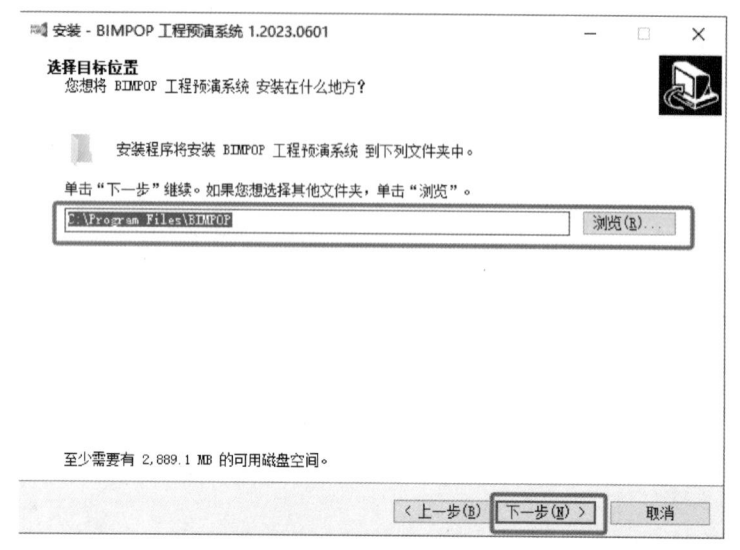

图 2.2-3　选择安装路径

④ 在弹出的对话框中,勾选"创建桌面快捷方式",然后单击"下一步",如图 2.2-4 所示。

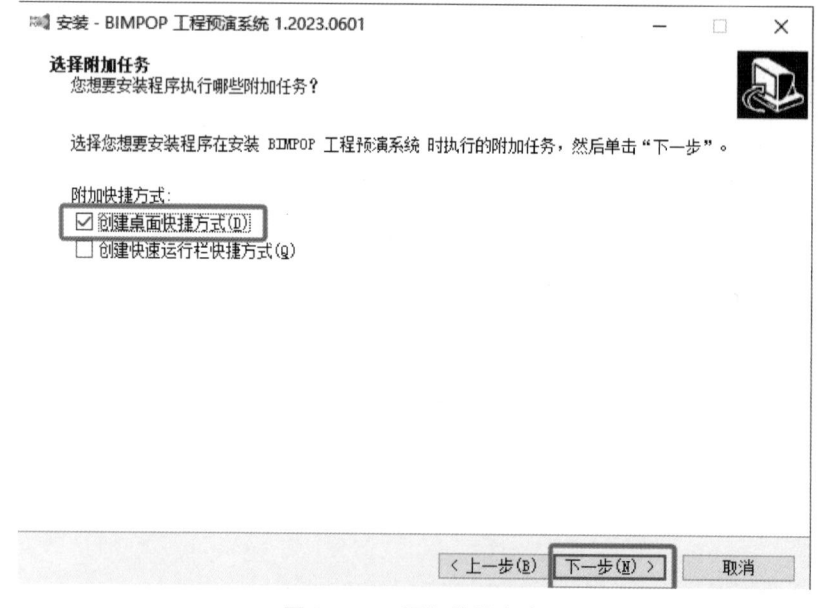

图 2.2-4　添加快捷方式

⑤ 进入"准备安装"界面后,单击"安装"按钮开始安装软件,如图 2.2-5 所示。

第二章　软件介绍

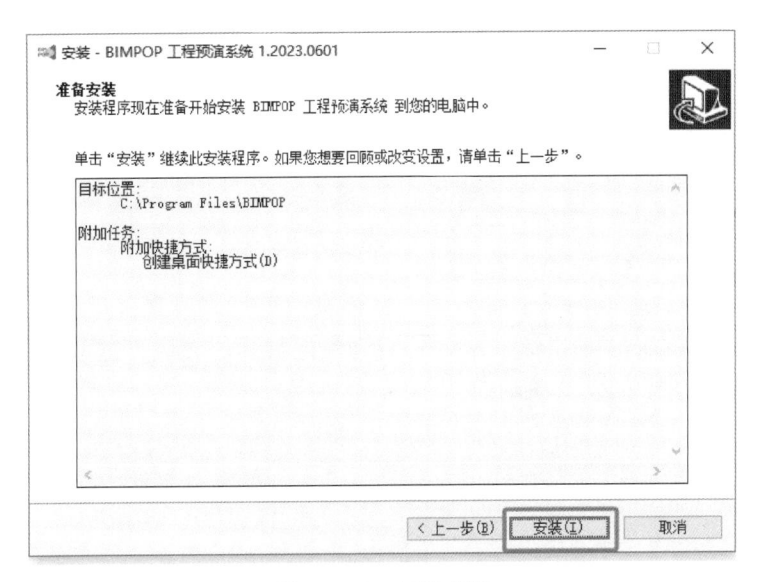

图 2.2-5　开始安装

❻ 单击右下角"完成"按钮，结束安装，如图 2.2-6 所示。

图 2.2-6　安装完成

2.2.3　界面介绍

1. 菜单栏

菜单栏主要有"文件"、打开、保存、另存为、"地形地貌"、"施工部署"、"环境部署"、"成果输出"和"实验功能"按钮，如图 2.2-7 所示。

33

图 2.2-7　菜单栏

（1）文件界面

登录软件后首先看到的是文件页面。在该页面里可以对文件进行一些常规操作，如新建、打开、保存、另存为等。还可以看到最近打开的文件，也可根据需要新建地貌和样例场景，如图 2.2-8 所示。

图 2.2-8　文件页面

（2）五大功能模块菜单栏

❶ 地形地貌：主要进行一些常规改变地形地貌的操作（见图 2.2-9）；主要包括"创建""操作""地貌""编辑""笔刷"等常用命令，具体功能如表 2.2-1 所示。

表 2.2-1　菜单栏功能简介

命令	功能
创建	创建地形和海洋
操作	进行删除地形、移动地形和隐藏地形的操作
地貌	进行地形、树、草的地貌描绘
编辑	进行上升高度、降低高度、平整地面、平滑地面、地形标高的编辑
笔刷	调整笔刷的范围和力度

图 2.2-9　地貌工具页面

❷ 施工部署：是动画制作的主要区域（见图 2.2-10），大部分动画是在本界面中进行制作。主要包括"导入导出""BIM 模型库""自定义""SpeedTree""布置排列""模型组合""工具"等常用命令，具体功能如表 2.2-2 所示。

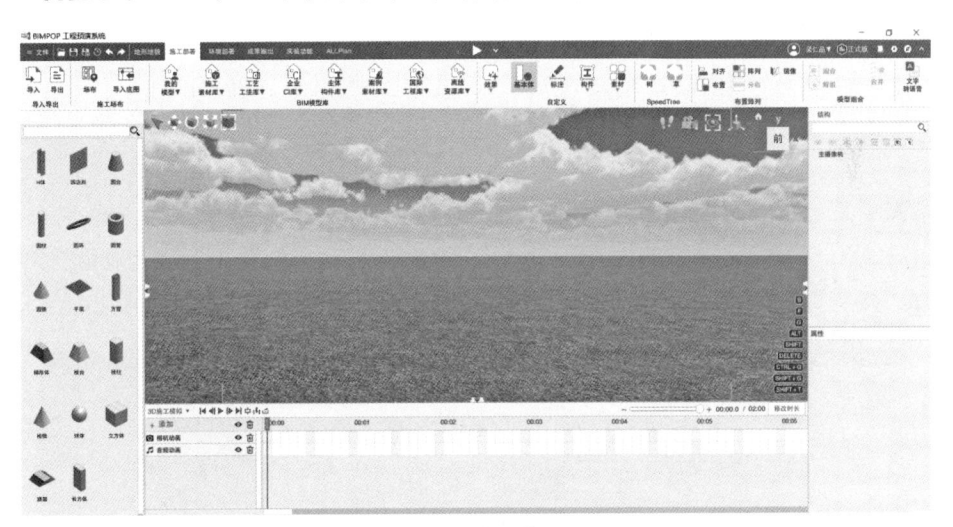

图 2.2-10　施工部署页面

表 2.2-2　"施工部署"功能简介

命令	功能
导入导出	进行模型的导入和导出
BIM 模型库	主要包含我的模型、施工素材库、主体构件库、企业识别（CI）库、样板节点库、案例素材库和一些内置模型素材
自定义	可以进行效果、基本体、标注、构件和素材的自定义

续表

命令	功能
SpeedTree	在"地形地貌"里面添加的树和草是不可以被选中的，但是在"SpeedTree"界面可以单独导入树或草，单独对树、草进行编辑
布置排列	模型的场布和分布的操作，如对齐、分布、布置、圆形等
模型组合	多个模型组合成一个模型，组合模型亦可进行分解
工具	包含文字转语音、调整中心点、点吸附、画线等常用工具

③ 环境部署：该命令主要调节场景里面的环境（见图 2.2-11），主要包括"时间""当前天气""风向风力""阳光朝向"等常用命令，可以根据场景需要进行设置和调整。

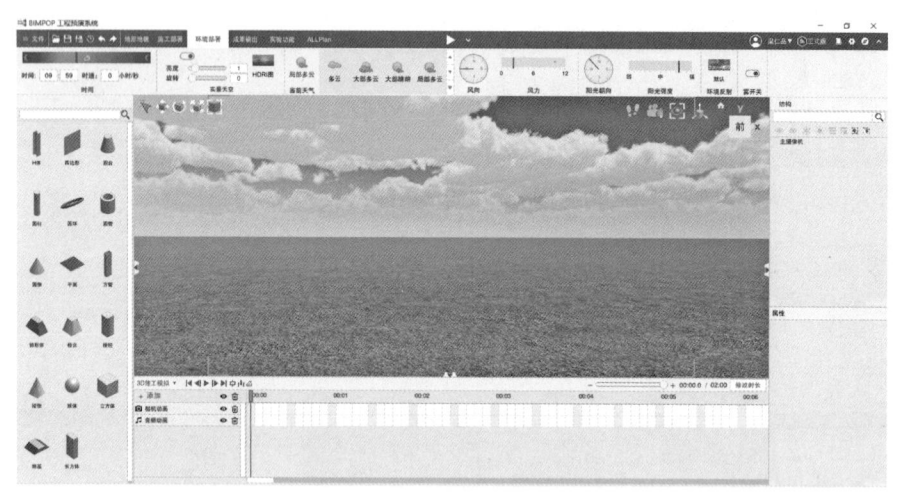

图 2.2-11 环境部署页面

④ 成果输出：动画制作完成后需要输出时，可在"成果输出"菜单完成（见图 2.2-12）。主要包括"输出""录制类型""录制模式""录制设置""纹理设置""字幕""Logo""编辑""开始"等常用命令。根据动画输出需要对动画进行各类输出设置。

图 2.2-12 成果输出页面

⑤ 实验功能：一般是新添加的一些特殊但稳定性有待商榷的功能，放进来进行测试（见图 2.2-13）。

图 2.2-13 实验功能页面

2. 模型菜单栏

模型菜单栏左下方是菜单里的所有模型，可以通过选中后拖入的方式将模型导入场景中，如图 2.2-14 所示。

图 2.2-14 模型菜单栏

模型菜单栏下方是时间轴区域，如图 2.2-15 所示，包含动画列表和动画帧区域。

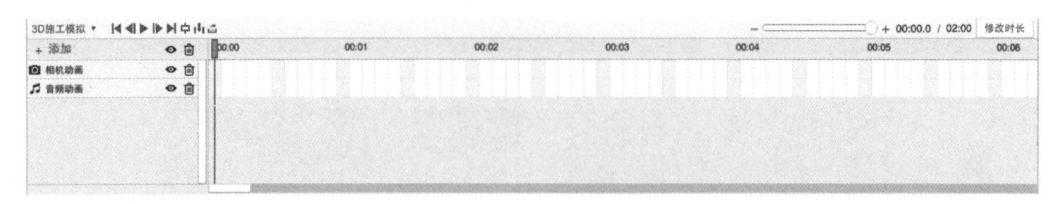

图 2.2-15　时间轴

模型菜单栏右侧是导入模型后的"结构"列表，如图 2.2-16 所示，可以显示所有模型的名称，还可以对此区域的子集进行调整，控制临时显影和模型锁定等效果。

图 2.2-16　"结构"列表

模型菜单栏右下角是"属性"显示区，可选中任意一个模型查看其"属性"，如图 2.2-17 所示。

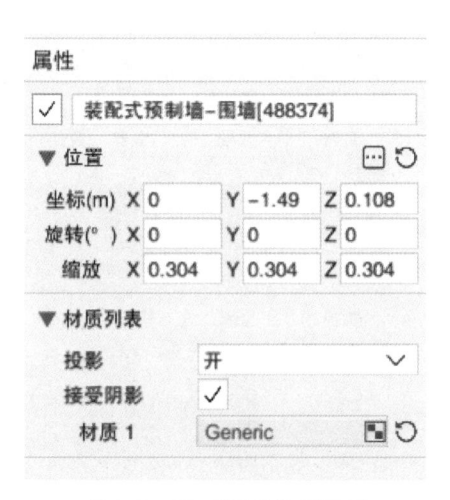

图 2.2-17　"属性"显示区

第三章　Allplan 软件基础操作

章节概述

第二章节我们介绍了 Allplan 软件的用途、界面以及安装方法，本章我们正式开始学习 Allplan 的基础操作，熟悉 Allplan 软件的基础环境设置，以及 2D 和 3D 功能，掌握制图文件、2D 平面、3D 模型的创建方法。

学习目标

◎ 了解软件基础环境设置包含的内容。
◎ 掌握软件 2D、3D 绘图的基本操作方法。

扫码，看视频教程

制图文件的应用

3.1　创建制图文件

3.1.1　知识导入

什么是制图文件？我们可以将 Allplan 的制图文件理解为图层，Allplan 的设计和数据创建过程均在若干图层中完成，这些图层相当于传统建筑设计中使用的透明胶片。在项目信息管理上，每个图层都单独作为一个文件进行存储，我们把它们称为制图文件。在 Allplan 中，可以同时打开、显示和编辑 80 个文件，一个项目最多可以包含 9999 个制图文件，如图 3.1-1 所示。

3.1.2　重点解析

为了编辑图形元素，其所在的制图文件必须被激活（打开），制图文件可以在文件集/建筑结构中创建。

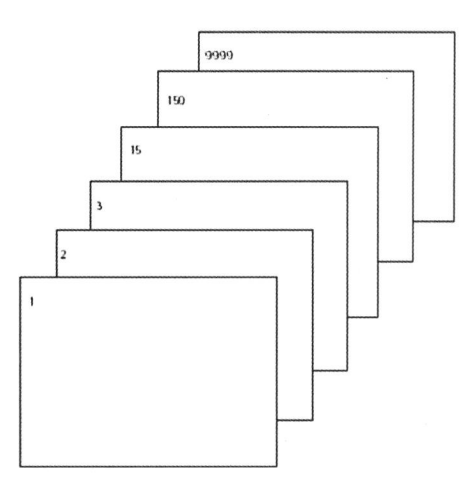

图 3.1-1　制图文件图层示意

针对制图文件中图形的编辑需要，Allplan 把制图文件分为以下几种状态模式：激活模式、编辑模式、参考模式、隐藏模式以及空白模式，如图 3.1-2、表 3.1-1 所示。

根据图形编辑需要，可以定义所画的制图文件为可见/可修改/冻结，单击鼠标右键可以修改制图文件的状态及属性。

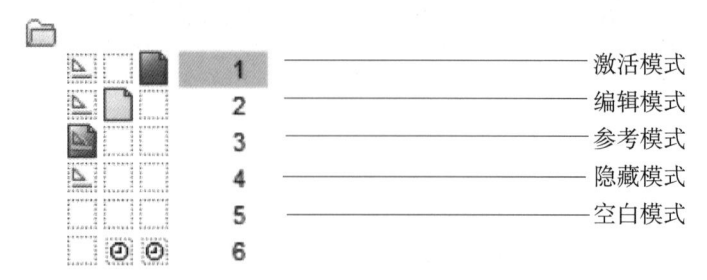

图 3.1-2 制图文件三种状态

表 3.1-1 制图文件状态模式说明

序号	状态模式	说明
1	激活模式（红色）	在软件操作过程中，必须有一个激活绘图文件。激活模式下当前制图文件的内容可见、可添加、可修改
2	编辑模式（黄色）	在编辑模式下打开文件的元素是可见的，可以进行修改。可以同时打开多个绘图文件（不管它们是否激活，在编辑和/或参考模式）。编辑模式下当前制图文件内容可见、可修改，但不可添加
3	参考模式（灰色）	在参考模式下打开文件的元素是可见的，但不能被修改，也不可添加
4	隐藏模式（无色）	在隐藏模式中，图纸文件的元素是不可见的
5	空白模式	空白的图形文件，没有图形元素

3.1.3 步骤说明

❶ 在命令栏单击"文件"按钮，下拉选项中单击"在指定项目基础上打开" 按钮，如图 3.1-3 所示。

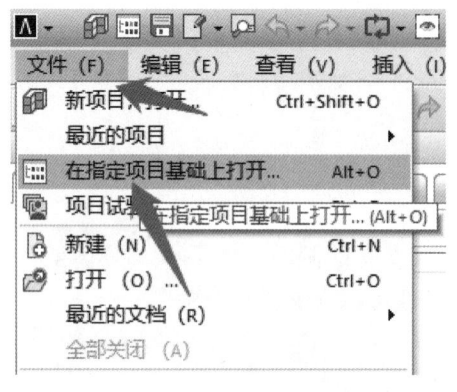

图 3.1-3 打开项目文件

❷ 如果是第一次打开制图文件，则会弹出如图 3.1-4 所示窗口，选择"手动创建建筑结构"，单击"OK"按钮。

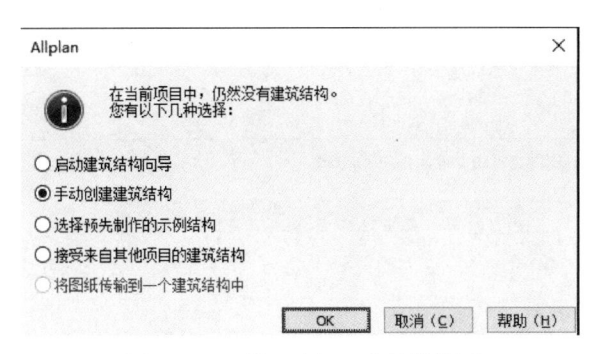

图 3.1-4　第一次打开文件的设置

❸在管理制图文件的窗口中，区分制图文件状态，对应模式编辑特征见表 3.1-1。

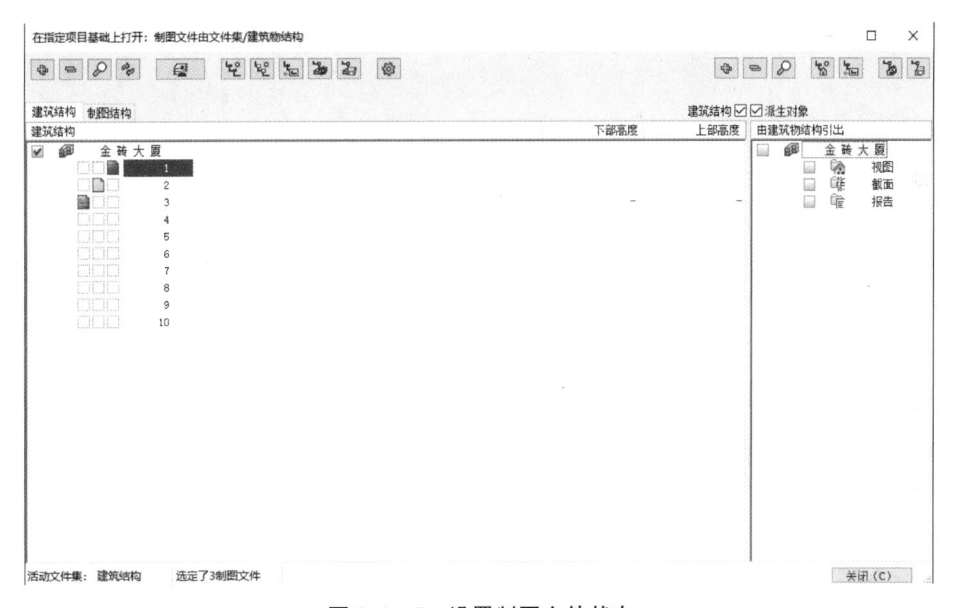

图 3.1-5　设置制图文件状态

❹在管理制图文件窗口的"制图结构"选项卡中，按照不同的专业情况将制图文件进行归纳，单击切换至"制图结构"标签，如图 3.1-6 所示。

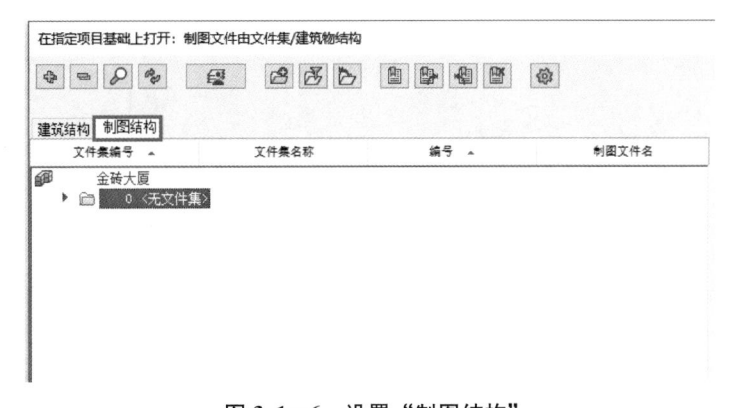

图 3.1-6　设置"制图结构"

⑤ 在管理制图文件窗口中，单击"创建文件集"按钮，按专业进行文件集创建，如图3.1-7所示。

图3.1-7　创建文件集

⑥ 在弹出的"创建文件集"窗口中，输入文件集的名称后单击"确定"按钮，如图3.1-8所示。按照此操作依次创建"结构模型""建筑模型""机电模型"文件集，创建完成后如图3.1-9所示。

图3.1-8　输入文件集的名称

第三章　Allplan 软件基础操作

图 3.1-9　创建完成

7 将右侧制图文件按照专业类别拖入文件集中进行归类，如图 3.1-10 所示。按照此操作依次将建筑专业制图文件、机电专业制图文件拖入左侧对应文件集中，完成后如图 3.1-11 所示。

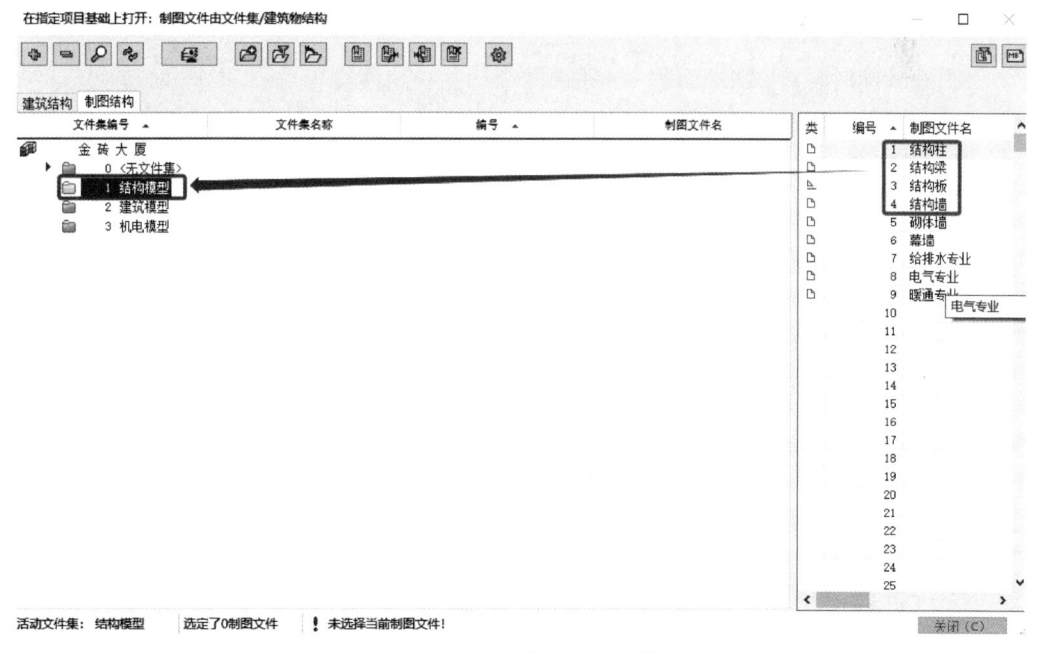

图 3.1-10　分配制图文件

43

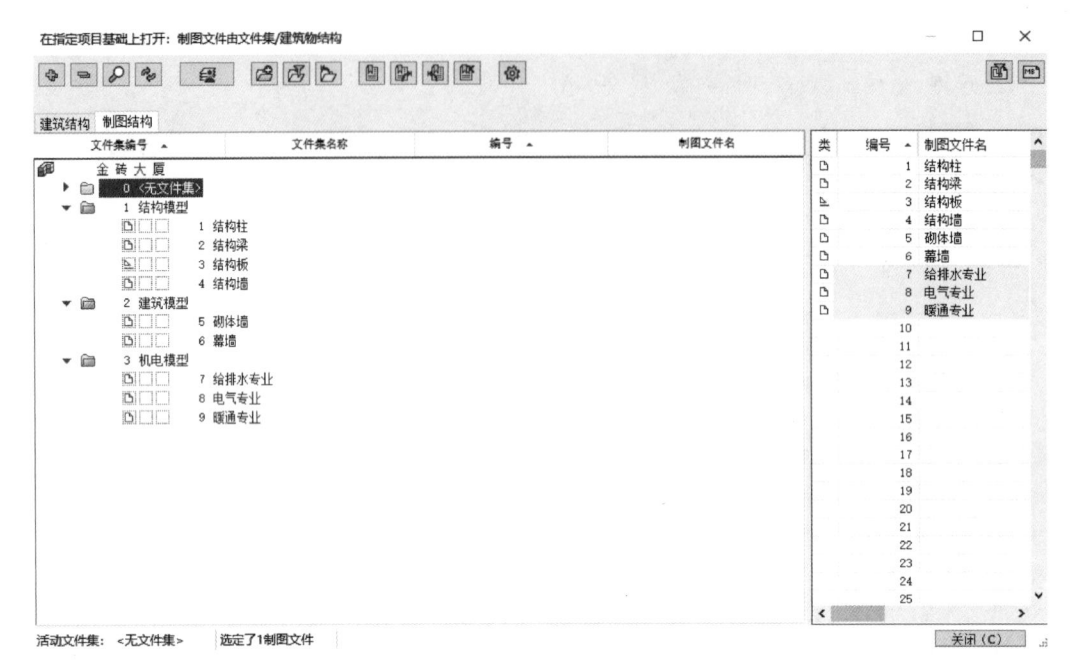

图 3.1-11 分配完成

3.2 2D 功能及基础操作

扫码，看视频教程

2D 功能

3.2.1 知识导入

Allplan 同时含有 2D 平面和 3D 建模两个相关功能模块，采用 2D 平面转换 3D 模型的方式创建立体模型，在同一平台中实现 2D 信息和 3D 模块的创建和修改，可以提高绘图工作效率，实现快速、精准、规范地创建三维模型。本节内容通过实例介绍在 Allplan 的 2D 视图中如何进行图形绘制。

3.2.2 重点解析

2D 平面图形的创建只需准确抓取图形的位置和尺寸信息。根据提供的 2D 的平面图，从中获取各个边的尺寸，运用软件当中的基础功能准确快速地绘制出 2D 窗模型。

3.2.3 步骤说明

1. 绘制（2D）窗模型

（1）获取图纸信息

根据所提供的 2D 窗图纸[①]，如图 3.2-1 所示。可知该窗为一个左右对称模型，

---

① 图中数据的单位是 mm，本书中工程图纸和软件输入的数据，若无特殊说明，数据的单位均为 mm。

而且各个位置与尺寸均已经标注清楚，接下来运用软件的绘制以及修改命令完成2D窗模型的创建。

（2）绘制过程

❶使用"矩形"命令绘制外矩形轮廓。

①单击"工具"，选择下拉选项中的"基本"模块组，单击切换至"草图"模块，然后单击"矩形"命令，如图3.2-2、图3.2-3所示。

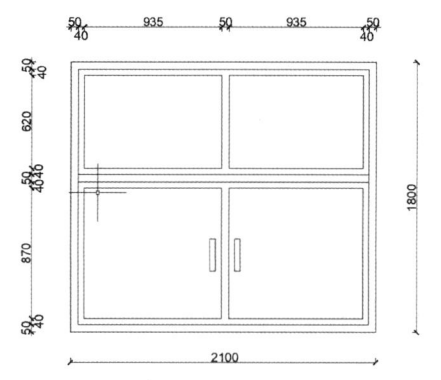

图3.2-1　2D窗绘制图纸

图3.2-2　选择"矩形"命令

图3.2-3　单击"矩形"按钮

②在绘图区空白处任意位置单击右键，确定矩形左下角的起始点，基于起始点作为原点，在输入框中输入长度值"2100"，按〈Tab〉键切换输入框，输入宽度值"1800"，如图3.2-4所示。

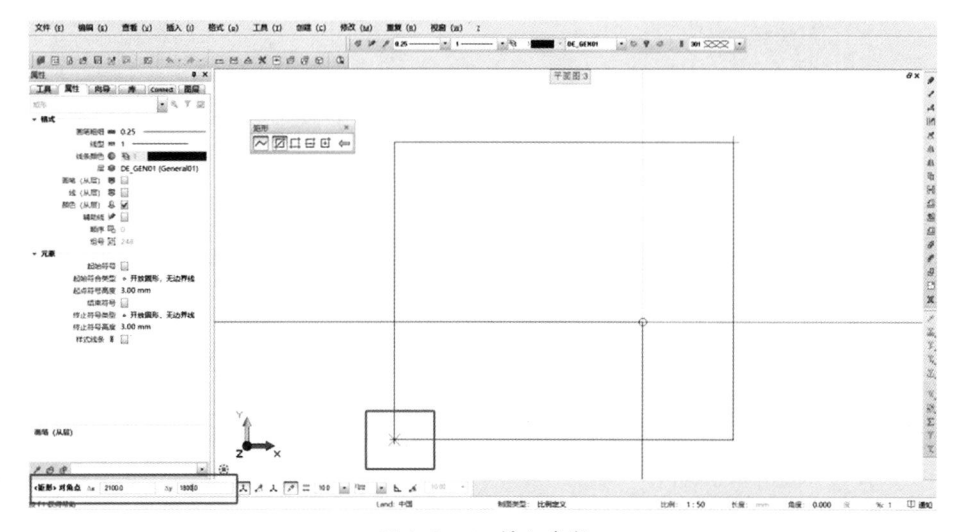

图3.2-4　输入参数

❷ 运用"平移折线"命令绘制内矩形轮廓。

①单击"工具"托盘,选择下拉选项中的"基本"模块组,单击切换至"草图"模块,然后单击"平移折线"命令,如图3.2-5所示。

②在单击"平移折线"命令之后,左下角出现"平行线的数目"输入框,输入"1"后按〈Enter〉键切换为"偏移"输入框,根据图纸标注尺寸输入"50",如图3.2-6、图3.2-7所示。

图 3.2-6 输入线数目

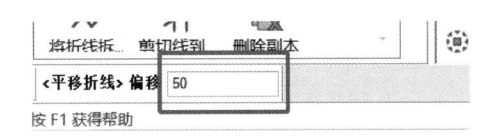

图 3.2-7 输入偏移值

③根据自己外轮廓描边顺序,选择偏移曲线于参照线的位置,以矩形外轮廓为参照线描取四条边绘制出内轮廓线,如图3.2-8、图3.2-9所示。

图 3.2-5 选择"平移折线"

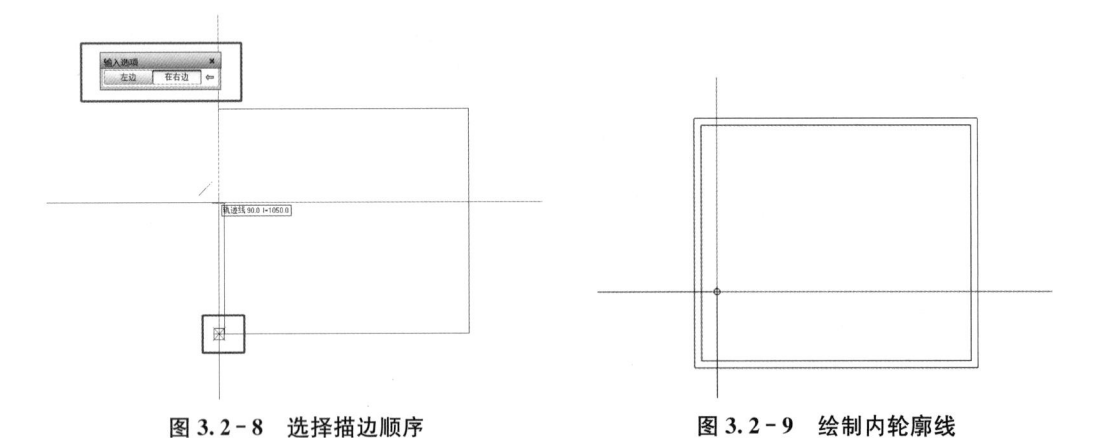

图 3.2-8 选择描边顺序

图 3.2-9 绘制内轮廓线

❸ 绘制玻璃矩形轮廓。

①选择"矩形"命令,将光标放置于内轮廓左上角端点(不进行单击),在软件界面左下角出现偏移值输入框,由于需要绘制的玻璃矩形轮廓位于光标右下方,所以 x 轴偏移值为"40",y 轴偏移值为"-40",如图3.2-10所示。

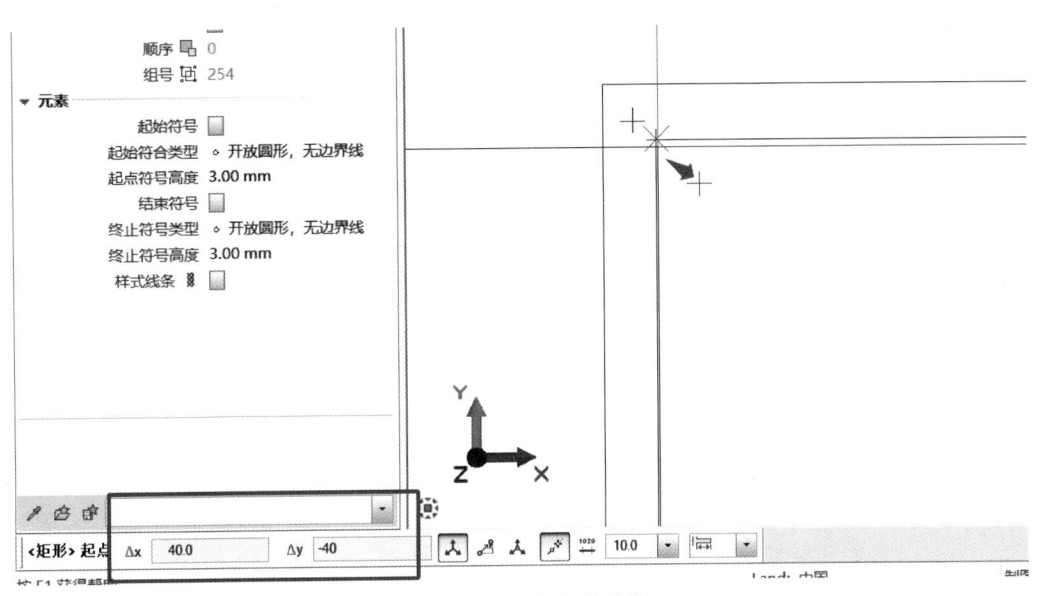

图 3.2-10　输入偏移值

②输入偏移值后单击确定起始点，根据 2D 窗的数据标注，输入矩形尺寸 x 轴方向长度为"935"，y 轴方向长度为"-620"，移动光标将矩形调整到正确位置，如图 3.2-11 所示。

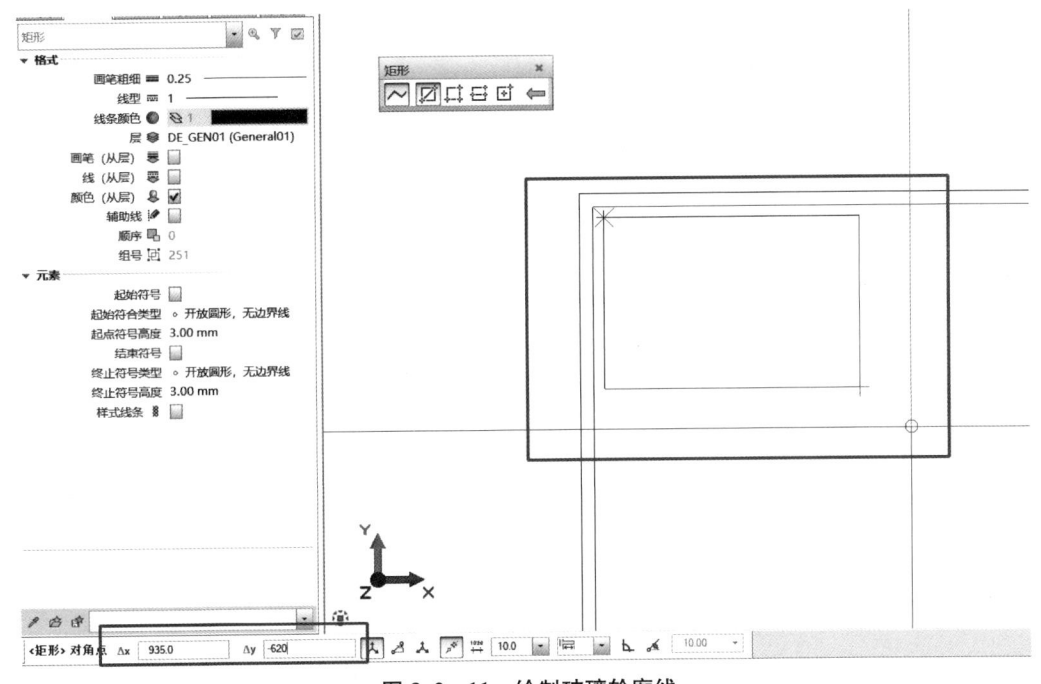

图 3.2-11　绘制玻璃轮廓线

4 运用"复制和旋转"命令绘制出左边玻璃矩形轮廓。

①框选需要复制和旋转的模型，单击右侧工具条当中"复制和旋转"命令，在绘制区域空白处单击右键，在弹出的选项当中选择"中点"，如图 3.2-12 所示。

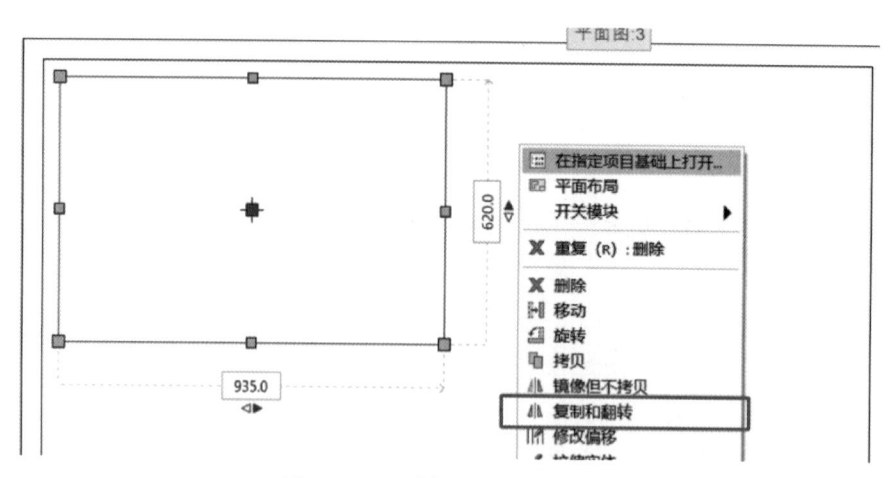

图 3.2-12 "复制和旋转"操作

②分别单击外轮廓上边线的两端,找到该边线的中点,向下移动光标,找到垂直轨迹线并单击,完成右边玻璃矩形的绘制,如图 3.2-13 所示。

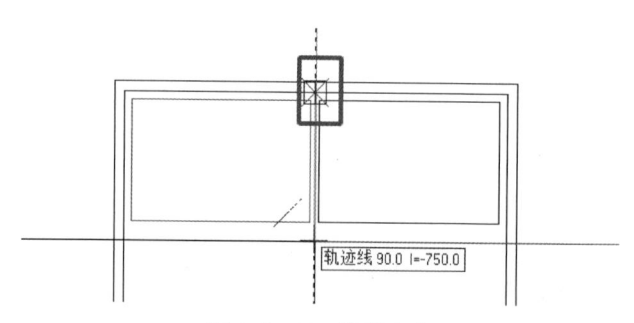

图 3.2-13 选择中点

5️⃣ 通过矩形偏移及右侧工具条中的修改命令,将 2D 窗剩余模型绘制完成,如图 3.2-14 所示。

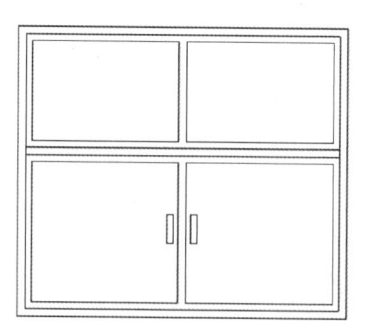

图 3.2-14 绘制完成

2. 2D 线修改命令介绍

(1)"相交 2 个实体"命令

将不平行且不相交的两条直线延长直至相交。

① 单击"工具"托盘，选择下拉选项中的"基本"模块组，单击切换至"草图"模块，然后单击"相交 2 个实体"命令，如图 3.2－15 所示。

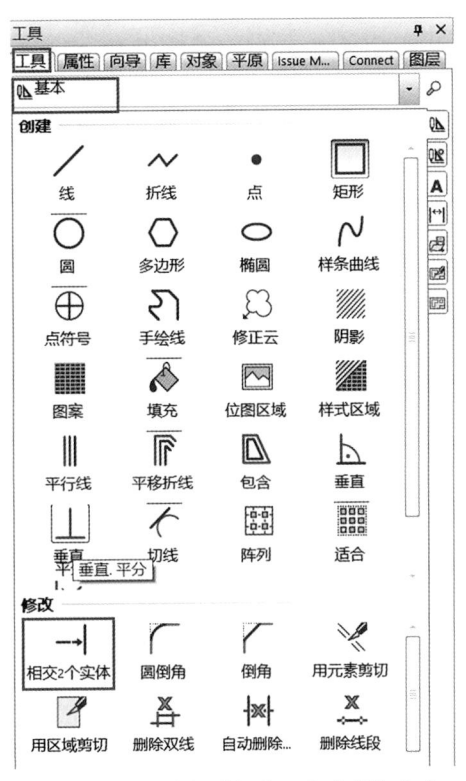

图 3.2－15　选择"相交 2 个实体"命令

② 依次选择需要相交的 2 条直线，如图 3.2－16 所示，完成后如图 3.2－17 所示。

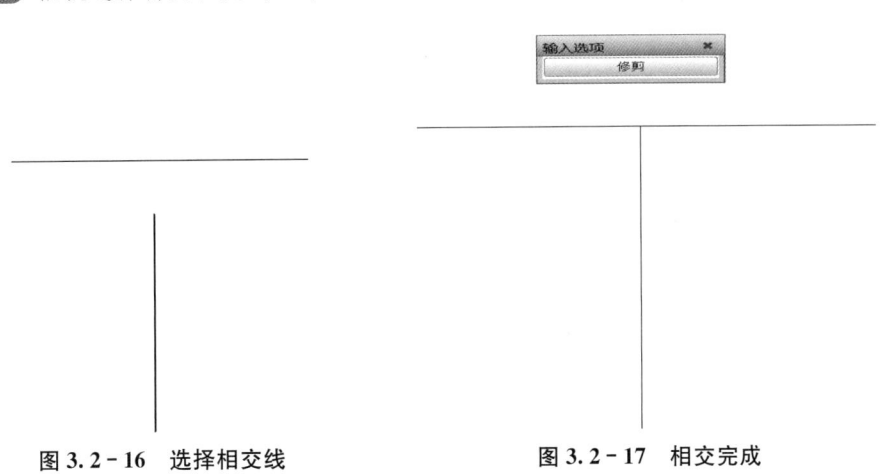

图 3.2－16　选择相交线　　　　图 3.2－17　相交完成

（2）"圆倒角"命令

将两条直线的棱角地方改成圆弧。

① 单击"工具"托盘，选择下拉选项中的"基本"模块组，单击切换至"草图"模块，然后单击"圆倒角"命令，如图 3.2－18 所示。

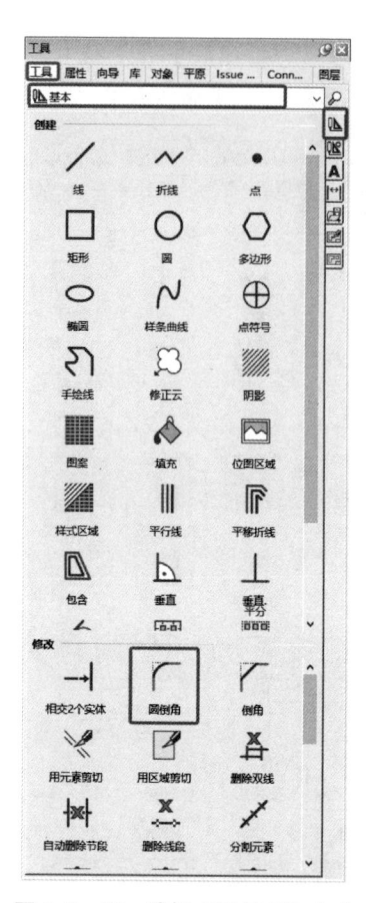

图 3.2-18 选择"圆倒角"命令

❷ 选择形成棱角的两条直线，在左下方弹出的圆半径输入框中输入尺寸，输入完成后按〈Enter〉键确定，如图 3.2-19、图 3.2-20 所示。

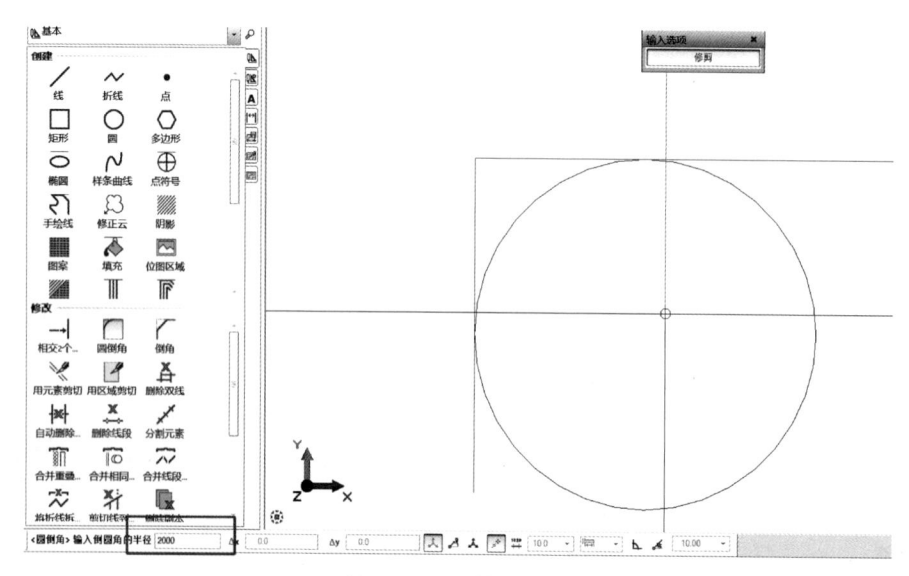

图 3.2-19 输入尺寸

图 3.2 - 20　修改完成

(3)"用区域剪切"命令

将整条直线通过框选的方式进行裁剪,分成多段。

❶ 单击"工具"托盘,选择下拉选项中的"基本"模块组,单击切换至"草图"模块,然后单击"用区域剪切"命令,如图 3.2 - 21 所示。

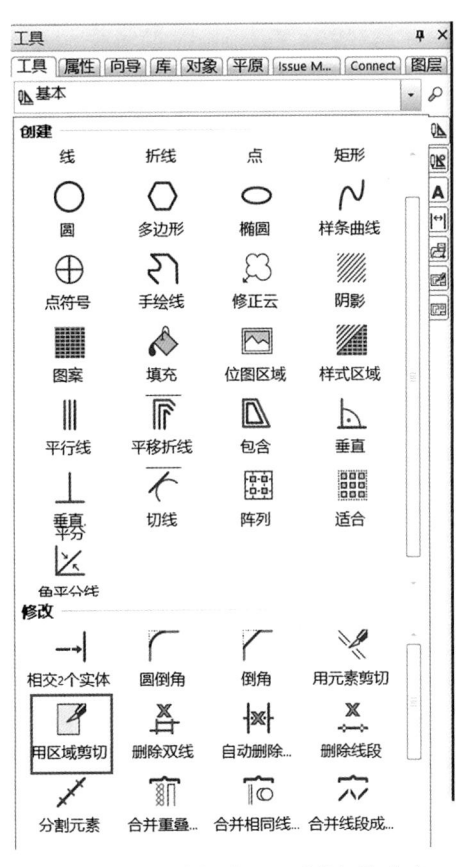

图 3.2 - 21　选择"用区域剪切"命令

❷ 单击框选中的线段,可发现被框选部分的线段从整直线当中被裁剪出来了,可以将框选栏中的线段单独进行命令操作(如"移动""旋转"等),如图 3.2 - 22、图 3.2 - 23 所示。

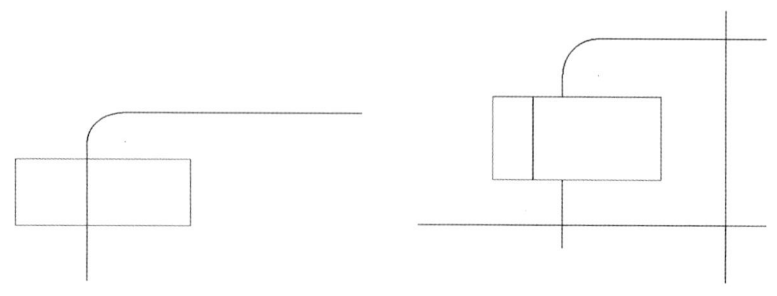

图 3.2-22　框选线段　　　　图 3.2-23　裁剪完成

(4)"自动删除节段"命令

自动查找线段当中所不需要的节段并进行删除。

① 单击"工具"托盘,选择下拉选项中的"基本"模块组,单击切换至"草图"模块,然后单击"自动删除节段"命令,如图 3.2-24 所示。

图 3.2-24　选择"自动删除节段"命令

❷ 单击直线当中所不需要的节段,软件会自动进行识别,将不需要部分删除,如图 3.2-25、图 3.2-26 所示。

图 3.2-25　框选线段　　　　　图 3.2-26　删除完成

(5)"删除线段"命令

根据需求,能够准确地删除一段直线当中的一小段。

❶ 单击"工具"托盘,选择下拉选项中的"基本"模块组,单击切换至"草图"模块,然后单击"删除线段"命令。

❷ 选择需要删除线段的直线,既可以通过单击选取线段的两个端点进行选择,也可以通过在左下方输入两个点偏移的方式进行选择,如图 3.2-27、图 3.2-28 所示。

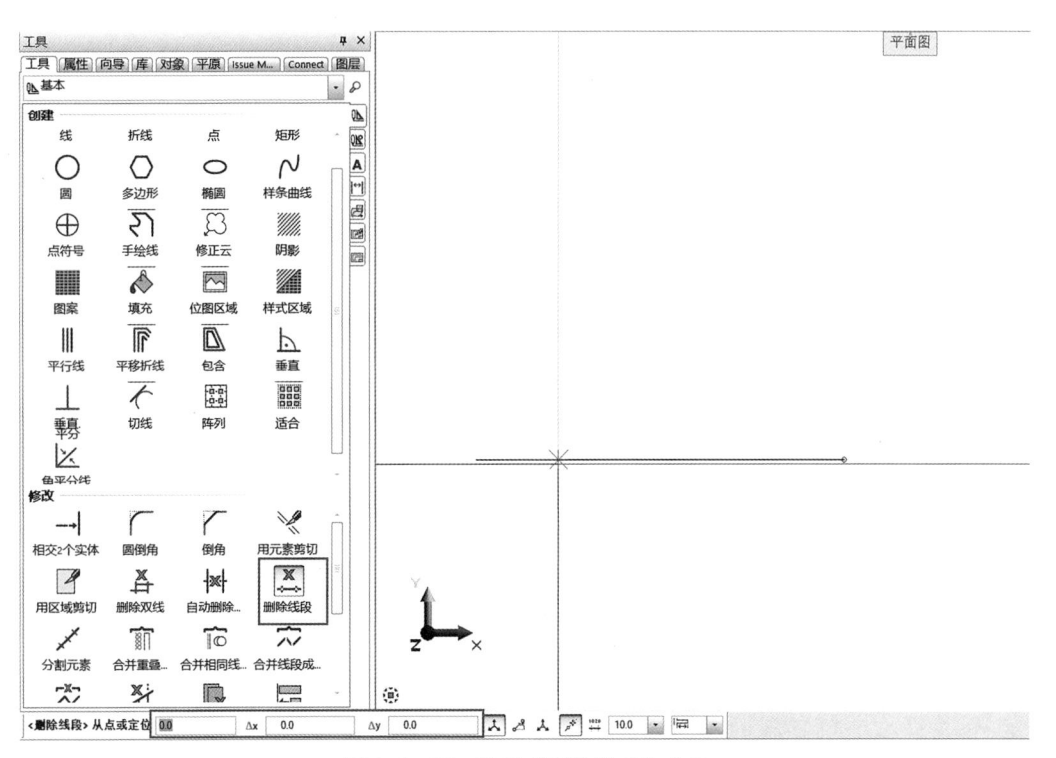

图 3.2-27　选择"删除线段"命令

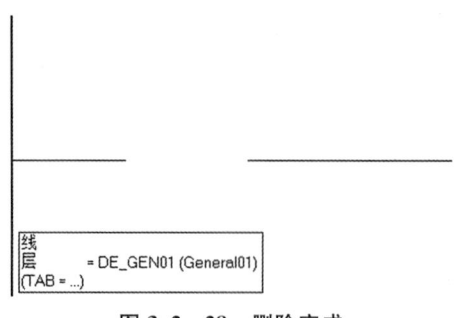

图 3.2-28 删除完成

(6)"合并线段成为折线"命令和"将折线拆分为线段"命令

用于折线与线段之间的转换,当需要选的线段数量增多时折线会比线段更容易选中,而线段在修改时会比折线更加的方便。

❶ 单击"工具"托盘,选择下拉选项中的"基本"模块组,单击切换至"草图"模块,然后找到"合并线段成为折线"和"将折线拆分为线段"命令。

❷ 单击"合并线段成为折线"命令,选择其中一段线,会发现线段转为红色便说明成功转换为折线(这里的线段必须为头尾相接的几段线),如图 3.2-29 所示;而"将折线拆分为线段"与"合并线段成为折线"命令操作相同,只选择需要转换的折线即可,如图 3.2-30 所示。

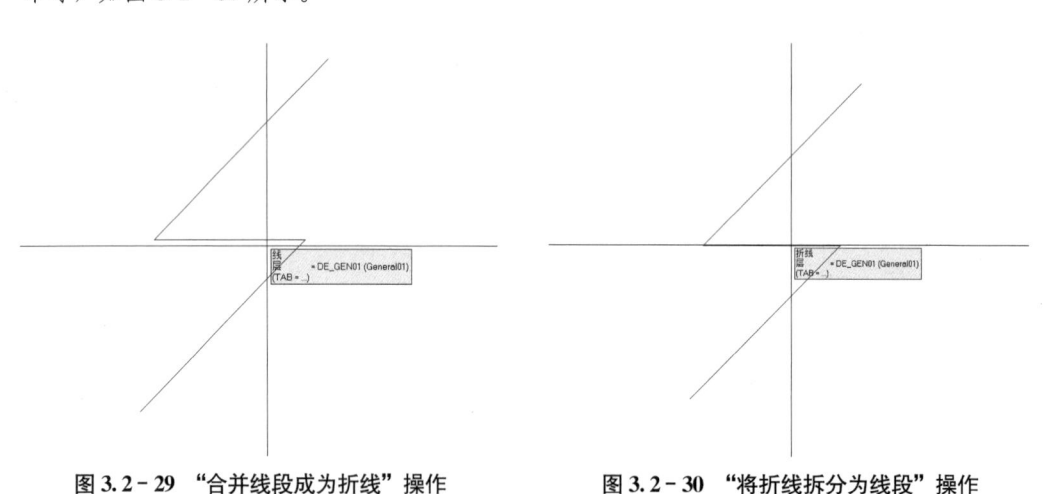

图 3.2-29 "合并线段成为折线"操作　　　　图 3.2-30 "将折线拆分为线段"操作

3. 尺寸标注

(1)尺寸标注的方法

❶ 尺寸数字应该写在尺寸线的中间,在水平尺寸线上的,应从左到右写在尺寸线上方,在竖直尺寸线上的,应从下到上写在尺寸线左方。在绘制过程中错误的情况是把尺寸数字写在水平尺寸线的下方和竖直尺寸线的右方。

❷ 大尺寸在外,小尺寸在内,反之的做法是错误的,轮廓线和中心线可以作为尺寸界线但不能作为尺寸线,绘制的时候要杜绝用尺寸界线作为尺寸线。

③ 在断面图中写数字处应留空不画剖面线；同一张图纸内尺寸数字的大小应一致。

④ 当两尺寸界线之间较窄时，尺寸数字可注在尺寸界线的外侧，或上下错开，或用引出线引出标注。

⑤ 尺寸线倾斜时，数字写在尺寸线的向上一侧，尽量避免在30度斜线范围内注写尺寸。这样既美观，又不利于研究施工。

（2）对2D窗图形进行标注

① 单击"工具"托盘，选择下拉选项中的"基本"模块组，单击切换至"尺寸标注线"模块，然后找到"标注线"命令。

② 单击"标注线"命令，在标注线弹窗中，先选择标注对象的方向按钮，然后单击"√"按钮对标注线属性进行修改，如图3.2-31所示。

③ 在弹出的标注线属性窗口中，根据项目的内容可以修改标注线箭头的样式以及"尺寸"；根据要求修改"标注线""延长线""符号""编号/文本"等线型以及颜色类型；选择"文本"选项，在下方修改文本的大小和样式，以及文本在整个标注当中的位置，按照同样的方法将"标注文本"和"输入选项"中的属性进行修改，完成后如图3.2-32所示。

图3.2-31 选择"标注线"命令

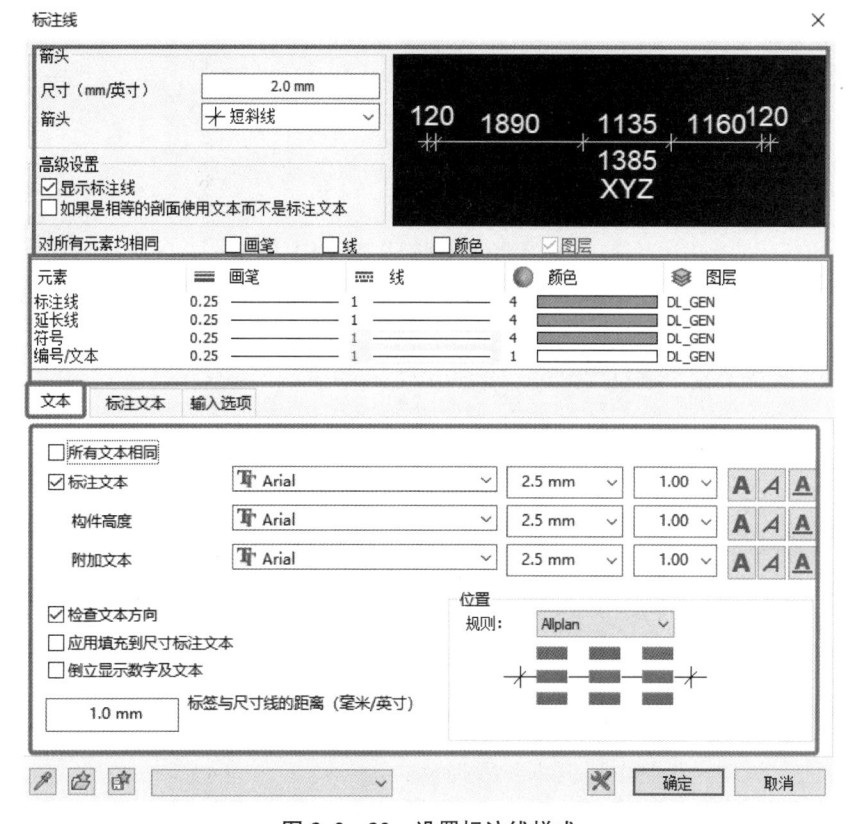

图3.2-32 设置标注线样式

图 3.2-33 选择参考点

④ 绘制 x 轴方向的标注时，需使用水平关联至参考点；绘制 y 轴方向的标注时，需使用竖直关联至参考点，如图 3.2-33 所示。

⑤ 在绘制标注时，将光标放置于需要标注的位置，在下方输入栏中输入标注线位置偏移量，标注位置在水平方向就在 y 轴偏移，标注位置在竖直方向就在 x 轴偏移。在 x 方向输入"-500"时，光标会向左偏移 500 的参数，效果如图 3.2-34 所示。

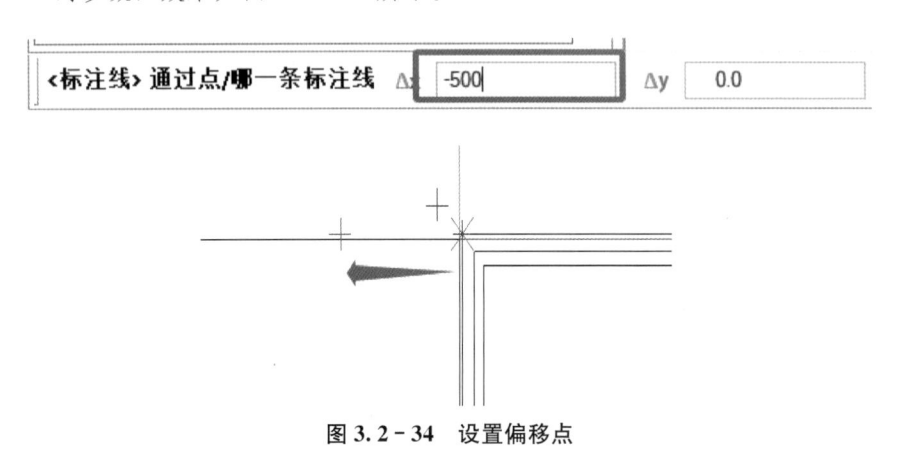

图 3.2-34 设置偏移点

⑥ 输入偏移量之后，选择需要标注的直线，然后选择直线的两个端点，即可绘制出标注。

⑦ 绘制完线段的标注后，若标注文字偏大或偏小，可通过修改右下角"比例"进行调整，比例的大小不会影响模型，只会影响文字显示的大小。

扫码，看视频教程

3.3　3D 功能及基础操作

3D 功能

3.3.1　知识导入

3D 功能是 Allplan 重要的功能之一，通过 3D 功能可以方便地将绘制好的 2D 平面图形转换成 3D 立体图形，并根据自己的需求进行修改。熟练地运用该功能可以绘制出建筑项目中许多不规则构件，尤其是在室外装饰布置上，Allplan 强大的无限 3D 自由曲面建模功能意义重大。

3.3.2　重点解析

通过 3D 块功能可以将平面图纸创建成立体模型，且不限制任何形状。熟练运用 3D 块功能需要学会对构件形状进行分析、分解，能够在后期使用过程中选择更合适的创建方法，从而提高绘图速度。

3.3.3 步骤说明

1. 规则矩形块的创建

利用块命令创建一个长为 500mm、宽为 500mm、高为 1000mm 的立方体模型。

①单击"工具"托盘，选择下拉选项中的"附加工具"模块组，单击切换至"3D 建模"模块，然后单击"块"命令。

②在弹出的"输入选项"窗口中选择"基于对角线输入"方式，如图 3.3-1 所示。在需要绘制块位置单击左键，在左下方输入框中按〈Tab〉键跳过对角线输入，在 x 轴方向输入"500"，y 轴方向输入"500"，z 轴方向输入"1000"，如图 3.3-2 所示。

图 3.3-1 选择"基于对角线输入"命令

图 3.3-2 输入参数

③按〈Enter〉键确定，矩形 3D 块的创建完成，创建好的模型如图 3.3-3 所示。

2. 路径挤出命令绘制加腋梁 3D 块

根据下面所提供的加腋梁三视图的尺寸（见图 3.3-4），使用沿路径挤出的方式绘制加腋梁模型。

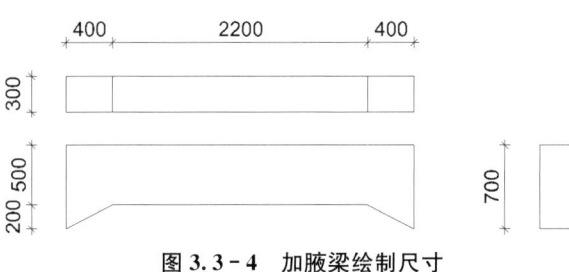

图 3.3-3 模型绘制完成

图 3.3-4 加腋梁绘制尺寸

①单击"工具"托盘，选择下拉选项中的"基本"模块组，单击切换至"草图"模块，然后单击"线"命令。

②根据图中的尺寸利用偏移点等方式绘制出加腋梁正视图轮廓。

③从图中可知梁的宽度为 300，在梁右上侧端点绘制出一条长 300 的直线，作为路径线，如图 3.3-5 所示。

④将 2D 截面和 2D 路径线转换为 3D 线。

①单击"工具"托盘，选择下拉选项中的"附加工具"模块组，单击切换至"3D

建模"模块,然后单击"转换元素"命令。

②在弹出的"转换模式"窗口中选择"2D 结构到 3D 线/曲线"命令,单击"确定",如图 3.3-6 所示。

图 3.3-5　绘制路径线

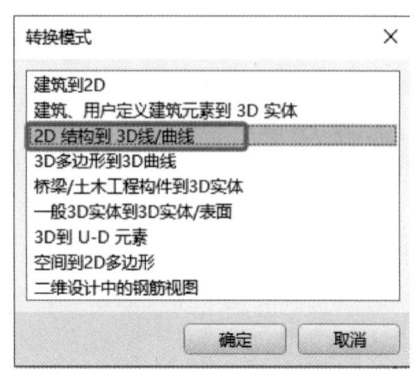

图 3.3-6　选择转换命令

③框选加腋梁截面,截面从框选后的红色变成白色说明转换完成如图 3.3-7 所示。以同样的方法将路径线进行转换(使用"线"命令绘制截面再转 3D,而不是直接用"3D 线"命令绘制,因为 2D 线更便于修改)。

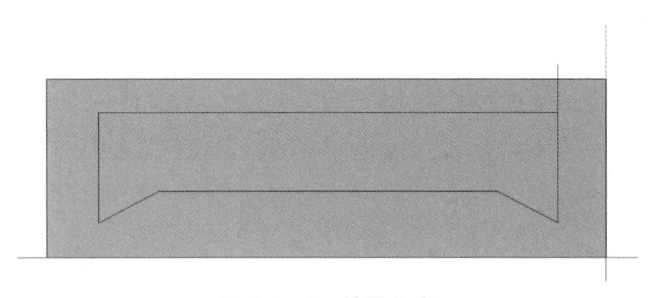

图 3.3-7　转换完成

5 在 3D 中旋转加腋梁截面。

①加腋梁与路径线分别转换完成后,选择右侧工具条中的"旋转"命令,在弹出的"输入选项"窗口中选择"自由 3D",如图 3.3-8 所示。

图 3.3-8　选择 3D 旋转命令

②框选整个加腋梁的截面,从截面与路径线的交点拉出一条水平线作为 3D 旋转轴线,如图 3.3-9 所示。

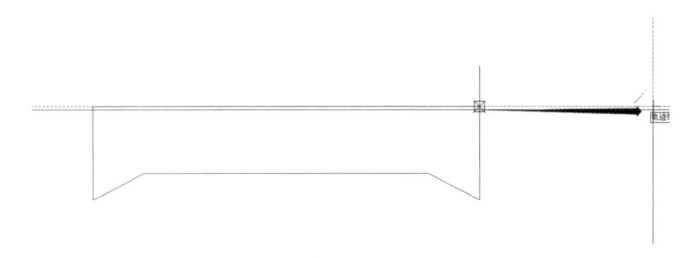

图 3.3-9　选择旋转轴线

③绘制好旋转轴线之后,在左下方输入框中输入旋转角度,由于现在需要使截面与路径线垂直,所以旋转角度为"90"(单位:°),完成后按〈Enter〉键确定。

⑥挤出加腋梁3D块。

①单击"工具"托盘,选择下拉选项中的"附加工具"模块组,单击切换至"3D建模"模块,然后单击"沿路径挤出"命令。

②按照左下角提示,分别框选加腋梁截面和路径线,然后按〈Esc〉键退出即可完成加腋梁3D块的绘制,如图3.3-10所示。

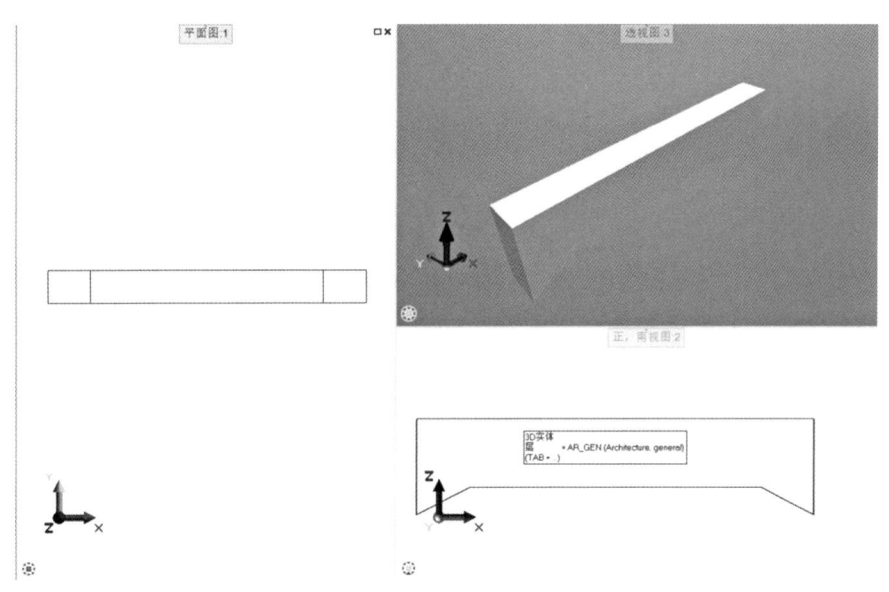

图 3.3-10 绘制完成

3. 使用延伸命令绘制加腋梁

根据加腋梁三视图的尺寸,使用延伸命令绘制出加腋梁模型。

❶单击"工具"托盘,选择下拉选项中的"附加工具"模块组,单击切换至"3D建模"模块,然后单击"3D表面"命令,在弹出的"3D表面"弹窗中选择"3D多边形表面"选项,如图3.3-11所示。

图 3.3-11 选择"3D多边形表面"命令

❷根据给定的尺寸利用偏移点等方式绘制出加腋梁正视图轮廓线。

❸单击"工具"托盘,选择下拉选项中的"附加工具"模块组,单击切换至"3D建模"模块,然后单击"延伸"命令。

❹选择绘制好的加腋梁3D表面模型,由于加腋梁宽为300,所以在左下处的"〈延伸〉高度"输入框中输入"300",如图3.3-12所示。

图 3.3-12 输入延伸高度

⑤ 使用 3D 自由旋转的方式调整延伸好的加腋梁 3D 模型到正确的方向，如图 3.3-13 所示。

图 3.3-13　旋转模型

4. 3D 块模型的修改工具

(1)"从交集创建体积"命令介绍

"从交集创建体积"命令能够保留两个 3D 块模型的相交部分，并将多余的部分删除。

① 单击"工具"托盘，选择下拉选项中的"附加工具"模块组，单击切换至"3D 建模"模块，然后单击"从交集创建体积"命令。

② 分别选中两个相交的 3D 块模型，单击右键确认，完成操作后如图 3.3-14、图 3.3-15 所示。

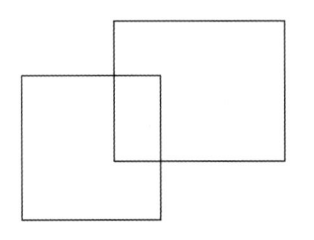

图 3.3-14　选择相交 3D 块　　　　图 3.3-15　创建完成

(2)"减集并删除实体"命令介绍

使用"减集并删除实体"命令，依次选择两个相交的 3D 实体，第一次选择的实体会减去第二次选择的实体，并且只保留第一次选择实体被减去相交部分后的模型。

① 单击"工具"托盘，选择下拉选项中的"附加工具"模块组，单击切换至"3D 建模"模块，然后单击"减集并删除实体"命令。

② 依次选择两个相交的 3D 实体，单击右键确认，完成后如图 3.3-16、图 3.3-17 所示。

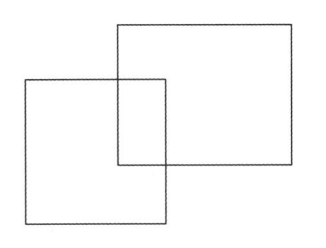

图 3.3‑16　选择相交 3D 块　　　　　图 3.3‑17　删除完成

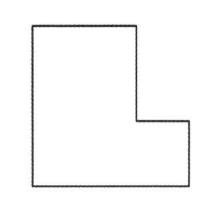

(3)"减且保留实体"命令的介绍

使用"减且保留实体"命令，依次选择两个相交的 3D 实体，第一次选择的实体会被第二次选择的实体减掉相交部分。

❶ 单击"工具"托盘，选择下拉选项中的"附加工具"模块组，单击切换至"3D 建模"模块，然后单击"减且保留实体"命令。

❷ 依次选择两个相交的 3D 实体，单击右键确认，完成后如图 3.3‑18、图 3.3‑19 所示。

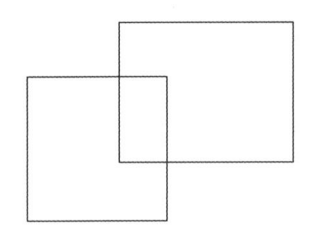

图 3.3‑18　选择相交 3D 块　　　　　图 3.3‑19　保留完成

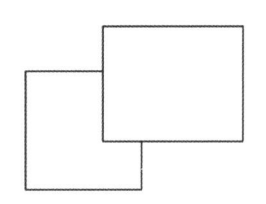

(4)"用两个实体的公共体积来创建第三个实体"命令的介绍

使用"用两个实体的公共体积来创建第三个实体"命令，依次选择两个实体后，则保留的是两个实体不重合部分以及重合部分实体的组合体。

❶ 单击"工具"托盘，选择下拉选项中的"附加工具"模块组，单击切换至"3D 建模"模块，然后单击"用两个实体的公共体积来创建第三个实体"命令。

❷ 分别选择两个相交的 3D 块，单击右键确定，完成后如图 3.3‑20、图 3.3‑21 所示。

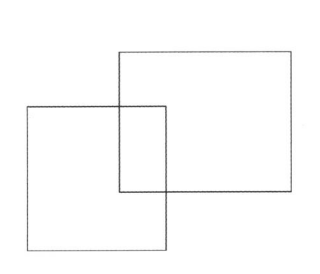

图 3.3‑20　选择相交 3D 块　　　　　图 3.3‑21　创建完成

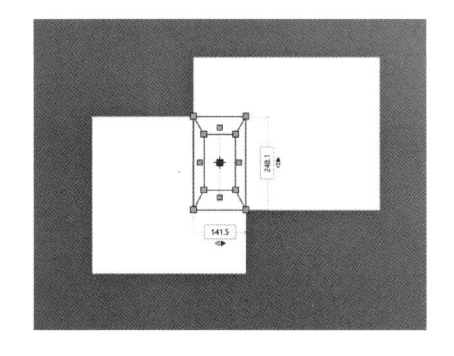

(5)"切割"命令的介绍

当一个实体中出现多余部分,或者想将一个实体分成两个,可以使用"切割"命令,以平面为参照进行分割。

❶ 单击"工具"托盘,选择下拉选项中的"附加工具"模块组,单击切换至"3D 建模"模块,然后单击"切割"命令。

❷ 选中需要切割的 3D 实体,根据左下方提示选择需要切割方向的平面,完成后如图 3.3-22、图 3.3-23 所示。

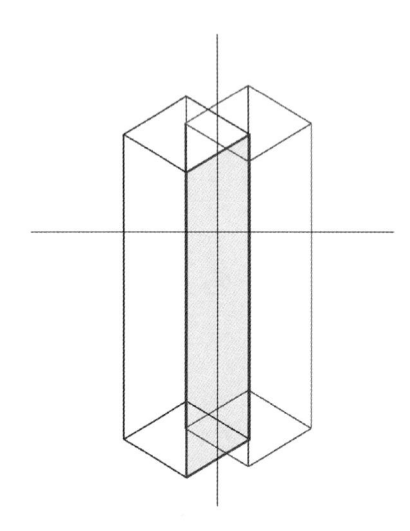

图 3.3-22 选择切割面　　　　图 3.3-23 切割完成

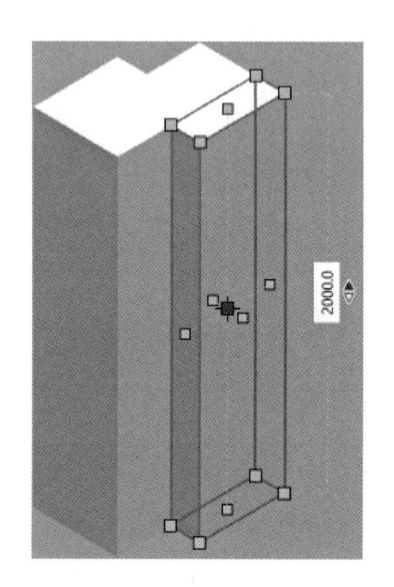

第四章 BIMPOP 软件基础操作

章节概述

在第二章中已经学习了 BIMPOP 软件的用途、界面及安装方法。本章的主要内容是 BIMPOP 的基础操作，了解并掌握如何在 BIMPOP 软件中进行自绘地形创建、地形修改、描绘地形、布置树和草等基础环境。

学习目标

◎ 掌握菜单功能的简单用法。
◎ 掌握创建基本动画的方法。

扫码，看视频教程

菜单功能

4.1 菜单功能

4.1.1 重点解析

菜单功能是后期使用软件进行模型创建和施工模拟的基础，通过软件绘制地形及设置材质能够使后期的场地布置以及工艺模拟更加的贴近现实，使呈现的环绕视频以及渲染图更加的美观。同时地形会对后期的施工产生巨大的影响，现场的施工会根据地形进行相应的调整。

4.1.2 步骤说明

1. 自绘地形

① 平坦地形：可设置地形"长度"、"宽度"、"高度"、"深度"、"质量度"及"地形"材质，如图 4.1-1 所示。

② 数字高程模型（DEM）地形：选择黑白图导入，设置"高度""深度""地表"材质后自动生成地形，如图 4.1-2 所示。

2. 地形修改

① 选择"上升高度""降低高度""平整地面""平滑地面""地形标高"命令，对地形作修改，如图 4.1-3 所示。

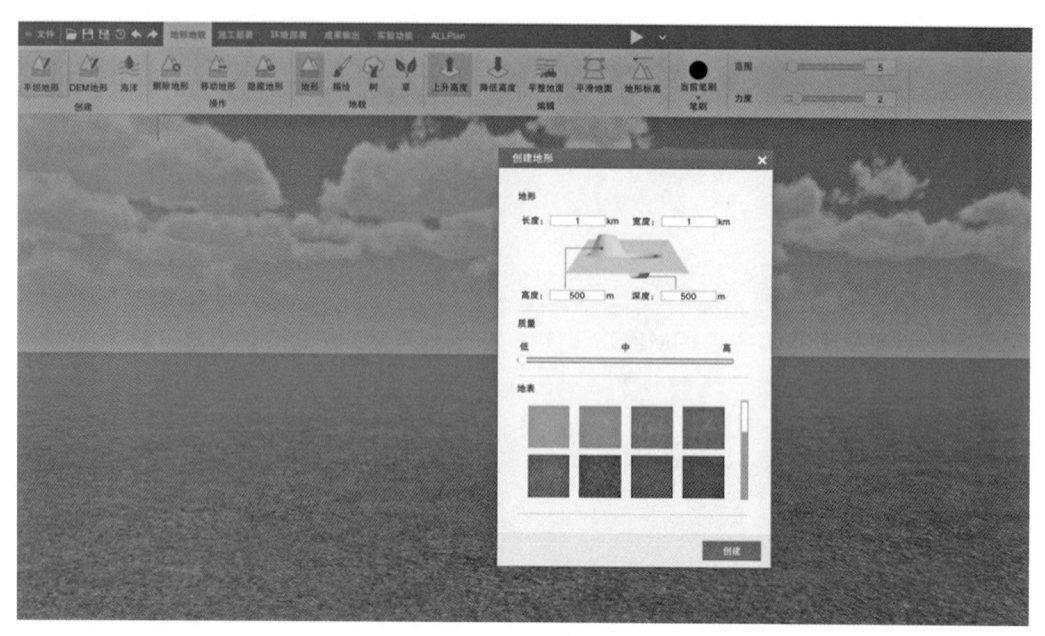

图 4.1-1 平坦地形设置

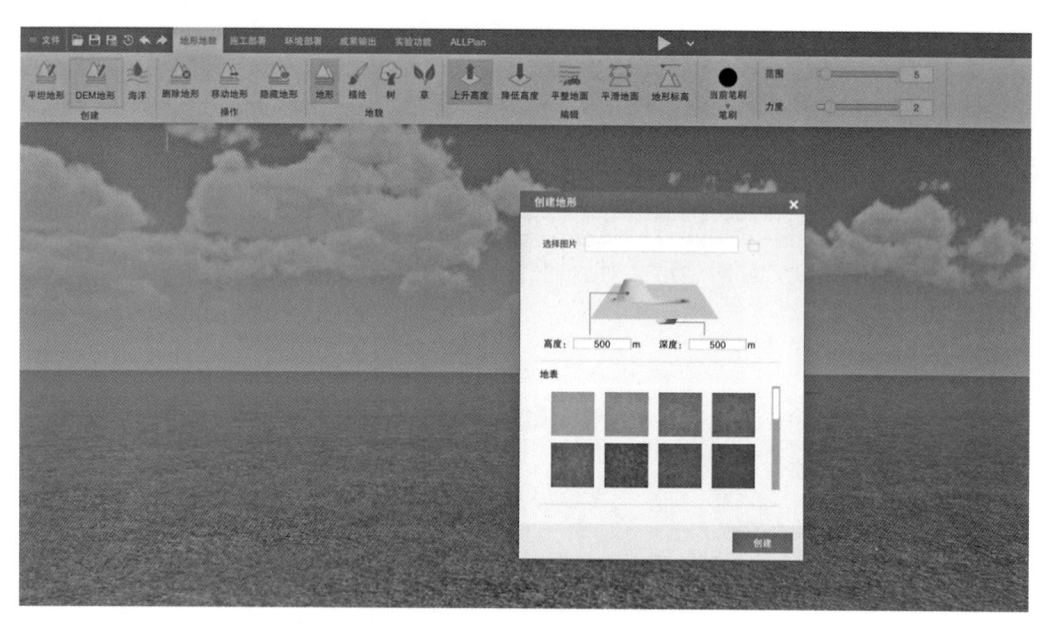

图 4.1-2 DEM 地形设置

图 4.1-3 选择"编辑"相应命令

②单击"当前笔刷"按钮,选择笔刷样式,如图4.1-4所示。

图 4.1-4　选择笔刷样式

③选择笔刷"范围"和"力度",当选择地形标高命令时,还需选择"高度",如图4.1-5所示。

图 4.1-5　选择笔刷范围和力度

④单击或拖拽鼠标完成地形修改,如图4.1-6所示。

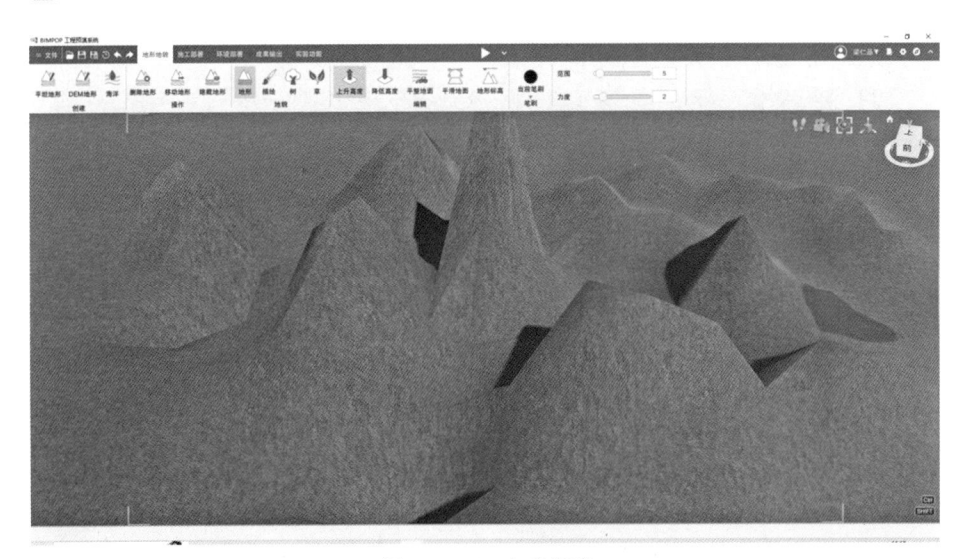

图 4.1-6　完成修改

注意:"范围"指笔刷截面积大小,"力度"指地形改变速度。

3. 描绘地形

①选择"描绘"命令,如图4.1-7所示。

图 4.1-7　选择"描绘"命令

②单击"当前笔刷"按钮,选择笔刷样式;单击"范围"和"力度"的进度条,拖动选择合适的数值;单击材质图例,选择材质。如图4.1-8所示。

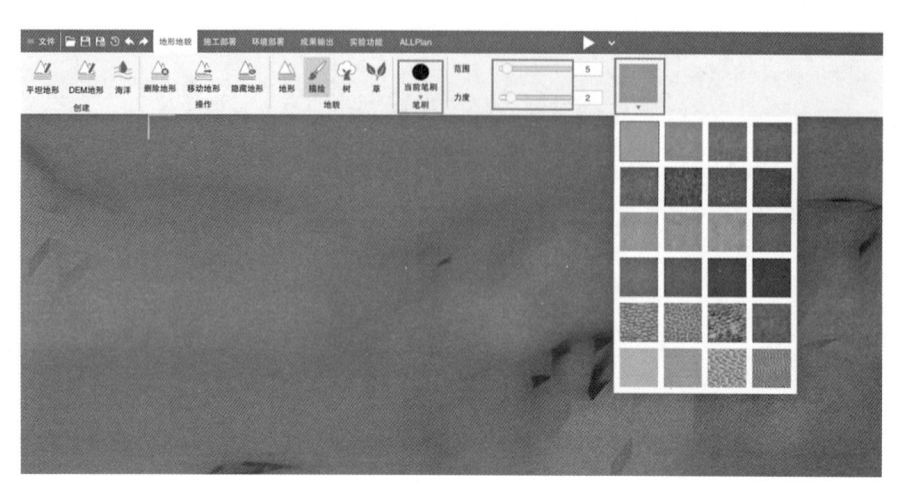

图4.1-8 选择笔刷样式、力度范围和材质

③单击拖拽鼠标完成地形描绘,如图4.1-9所示。

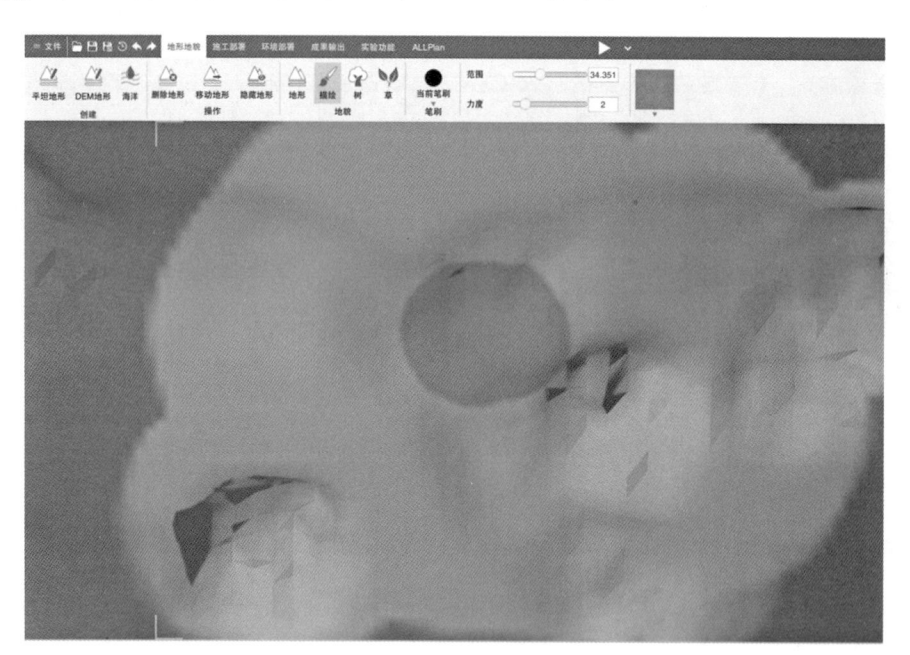

图4.1-9 地形描绘完成

4. 树和草的创建

①单击"树"或"草"按钮,如图4.1-10所示。

图4.1-10 选择"树"或"草"命令

❷ 鼠标拖动笔刷进度条，选择笔刷"范围"和单次种草/树的"数量"，如图 4.1-11 所示。

图 4.1-11　选择笔刷范围和数量

❸ 单击材质图例，选择材质，如图 4.1-12 所示。

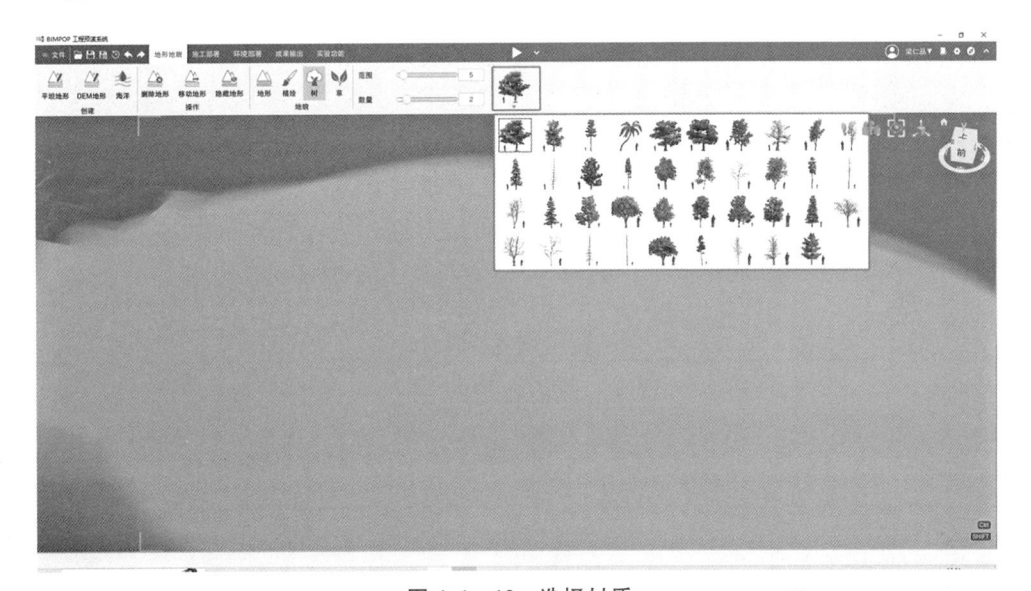

图 4.1-12　选择材质

❹ 单击拖拽鼠标完成树或草绘制，如图 4.1-13 所示。

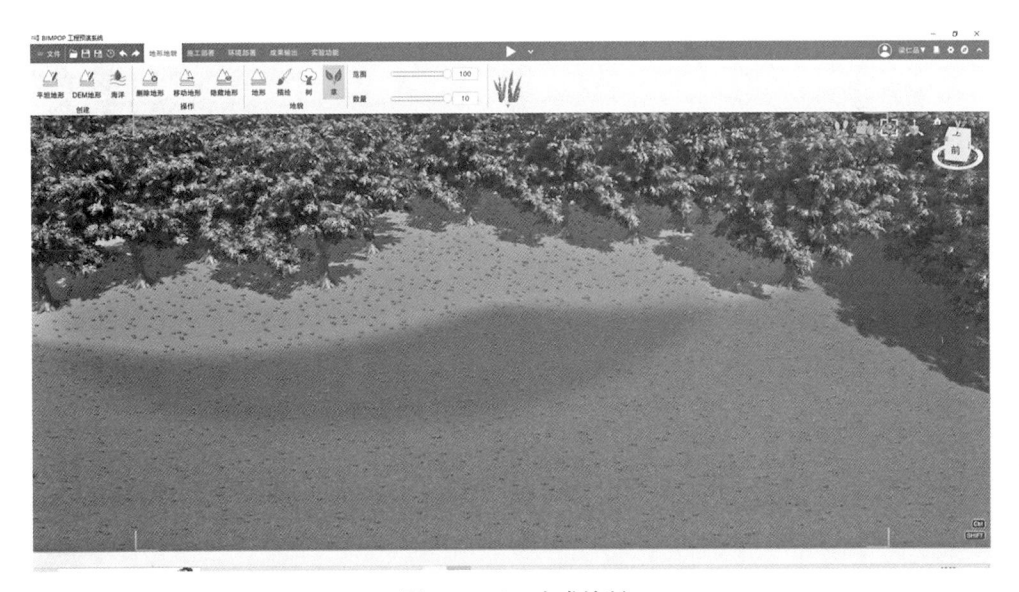

图 4.1-13　完成绘制

注意：按住〈Shift〉键同时拖动鼠标，可删除所有类型树或草；按住〈Ctrl〉键同时拖动鼠标，可删除当前选中类型的树或草。

5. 导入功能

（1）支持导入多种模型格式

Allplan→inf/zip→BIMPOP

Revit→FBX/udatasmith→BIMPOP

SketchUp→SKP→BIMPOP

Tekla→IFC→BIMPOP

BIMMAKE→3DS→BIMPOP

广联达场布软件→3DS→BIMPOP

广联达算量软件→IFC→BIMPOP

IFC、FBX、OBJ、3DS、DAE→BIMPOP

导入模型时会有如表 4.1-1 所示的可选项。

表 4.1-1 导入模型时的可选项

保留层次	保留模型子级的层次关系，常用于需要对子级添加动画的结构类模型
按材质合并	将模型所有子级按照材质属性进行合并，常用于需要大量修改材质的场景类模型
合并全部	将模型所有子级合并成一个，减少子级数量也可直接使用同步插件进行模型同步

（2）图片

导入图片可以选择本地的"＊.png"、"＊.jpg"、"＊.bmp"、"＊.dds"、"＊.tga"、"＊.tif"、"＊.psd"、"＊.ico"或"＊.gif"格式的文件。

（3）视频

插入视频可以选择本地的"＊.MP4"格式的文件。

4.2 动画功能

扫码，看视频教程

动画功能

4.2.1 重点解析

施工动画是近年来随着计算机软硬件技术的发展而产生的一种新兴技术。通过动画可以更加直观地了解施工的过程以及流程，本节主要学习运用软件中的各类动画。

4.2.2 步骤说明

1. 创建位置动画

1️⃣ 选择"施工部署"菜单栏当中的"施工素材库"，在下拉窗口中选择"人材机具"，然后选择"机械设备"命令，如图 4.2-1 所示。

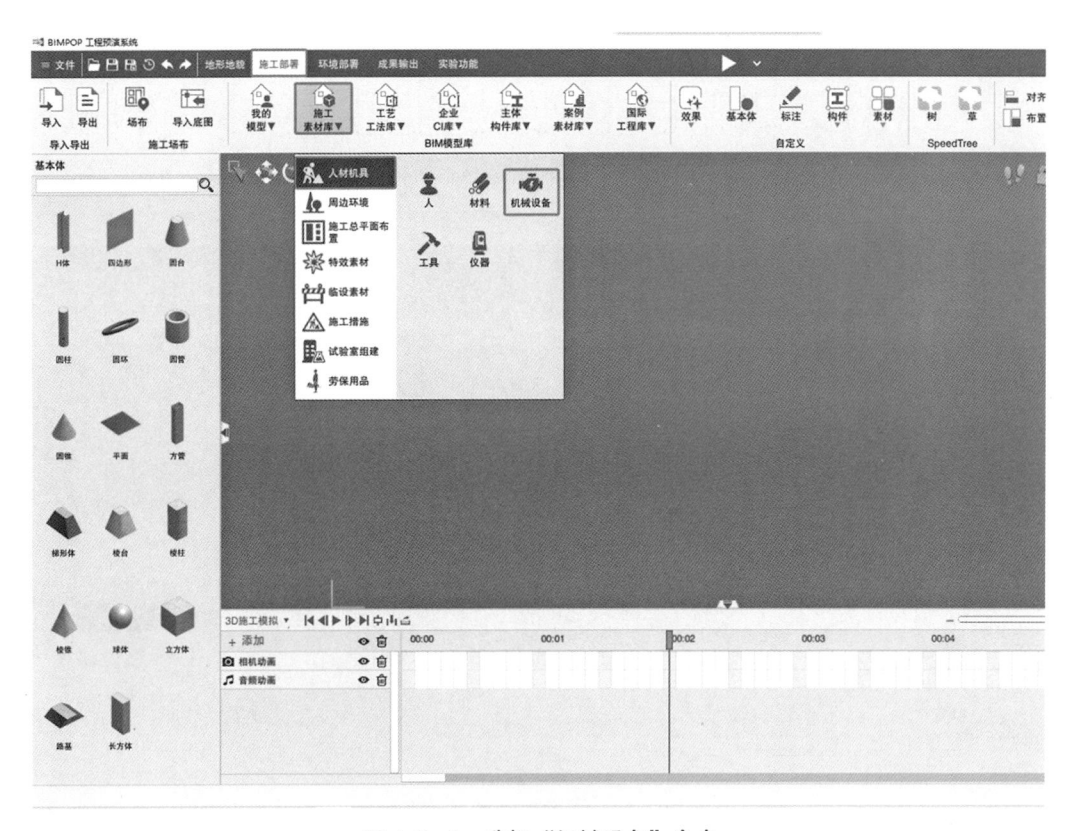

图 4.2-1　选择"机械设备"命令

❷ 在左侧的模型面板中单击"泵车"模型，将泵车模型放置于预览窗口的空白处，如图 4.2-2 所示。

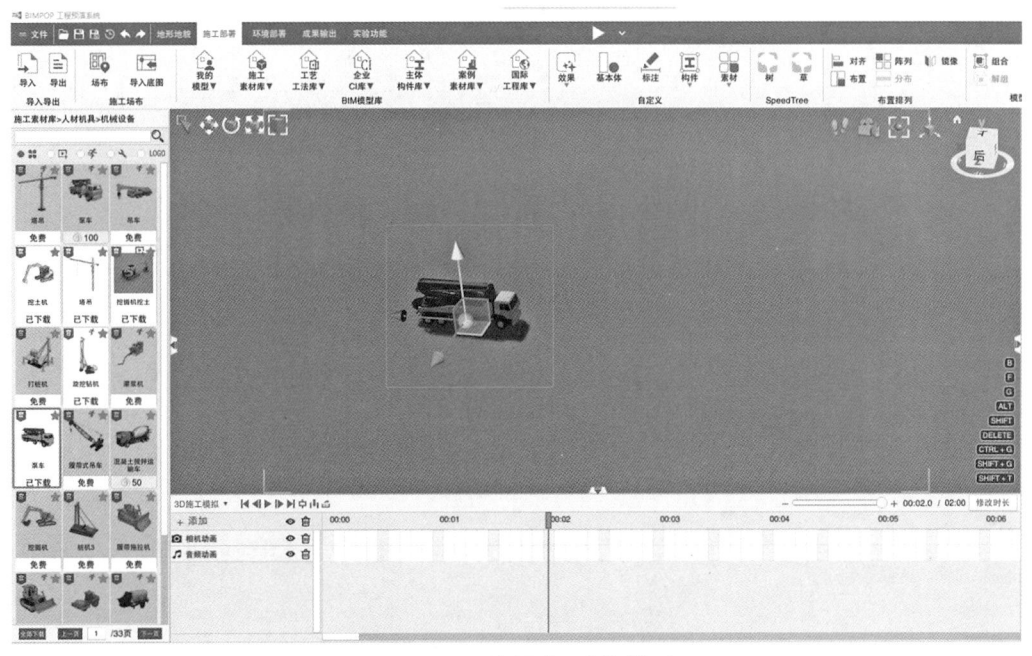

图 4.2-2　放置"泵车"模型

③ 选择放置的泵车模型，在左下角单击"添加"命令，在弹出的窗口中选择"位置动画"，如图4.2-3所示。

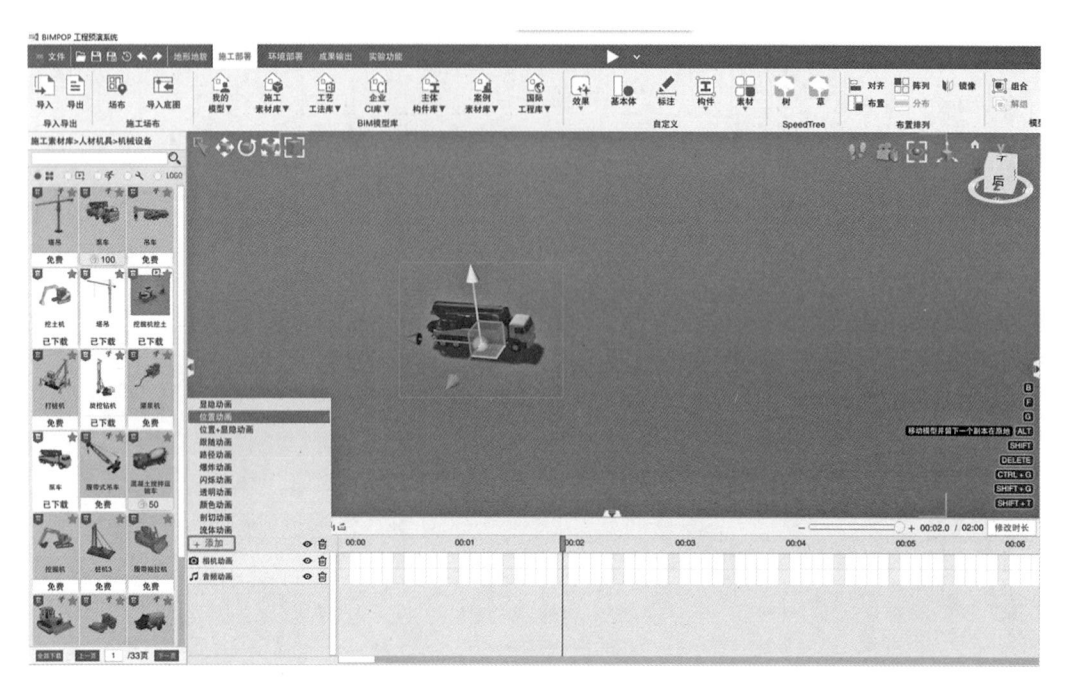

图4.2-3 添加"位置动画"

④ 在出现的"位置动画"时间轴中的第0秒位置双击左键，通过修改帧属性设置泵车起始位置，如图4.2-4所示。

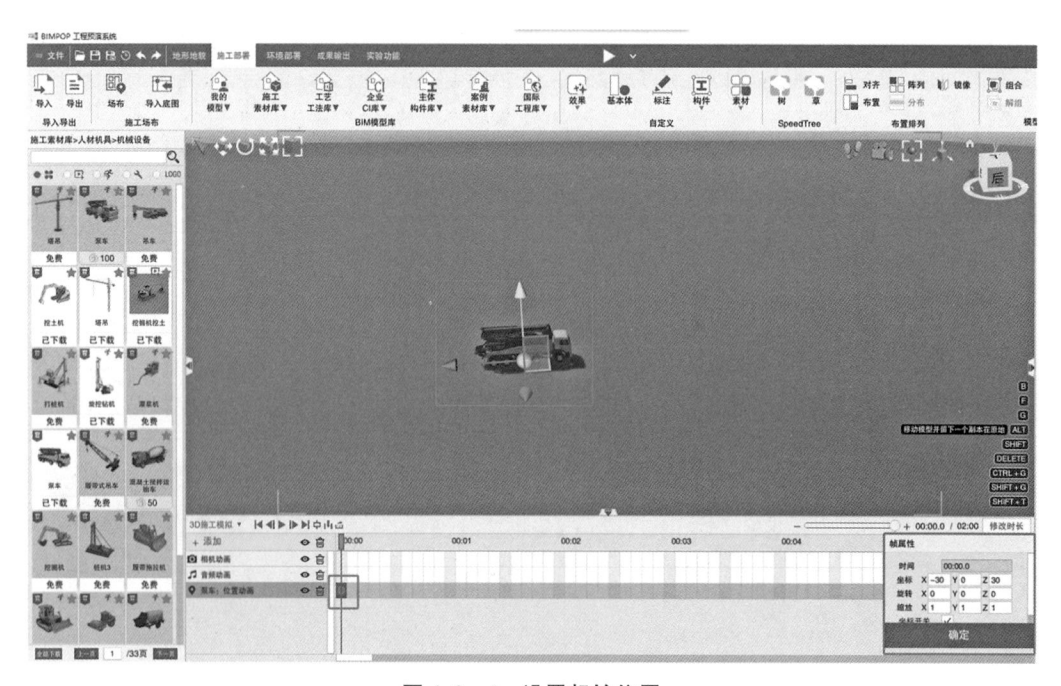

图4.2-4 设置起始位置

第四章　BIMPOP 软件基础操作　基础篇

⑤ 在第 2 秒位置再次双击左键，可以通过拖动泵车模型上的坐标轴修改位置，也可以在帧属性窗口中输入数据进行修改，如图 4.2-5 所示。

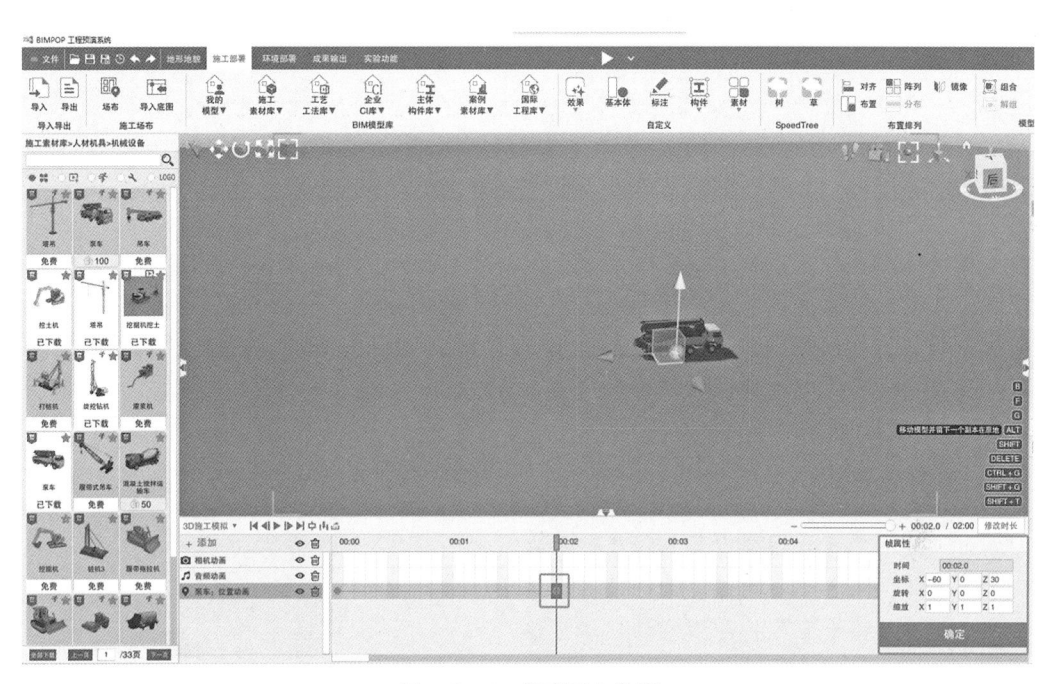

图 4.2-5　修改泵车位置

⑥ 完成后可发现两个关键帧之间以直线连接，单击"播放"按钮查看效果，如图 4.2-6 所示。

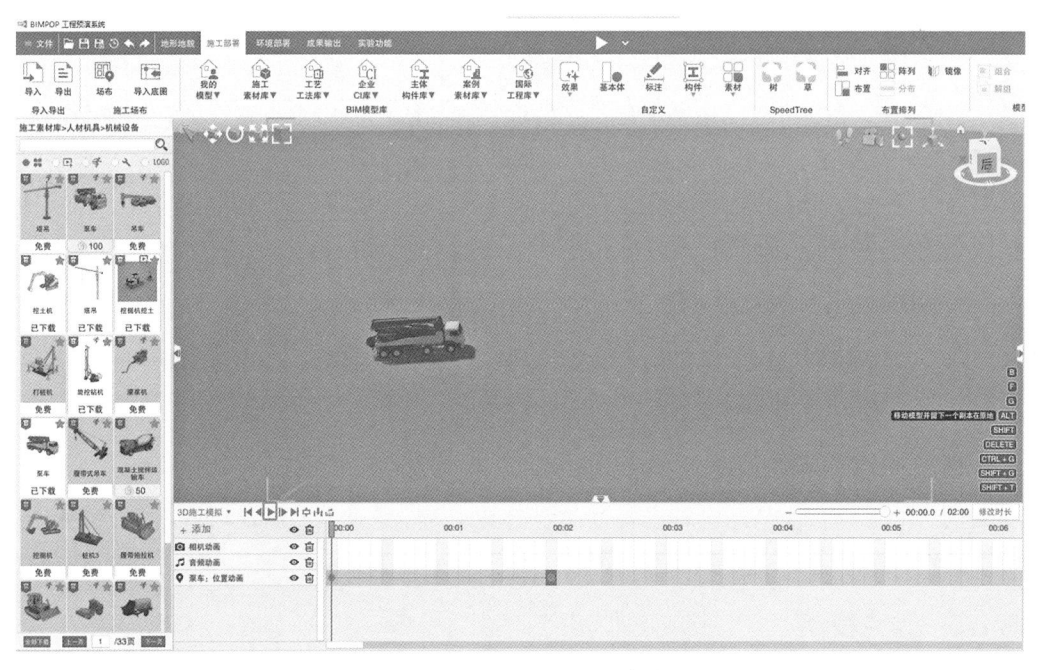

图 4.2-6　完成设置，播放演示

71

第五章　结构建模

章节概述

在前面的章节中，我们学习了 Allplan 软件的基础操作，在本章内容中，我们将依据给定的金砖大厦结构施工图中进行结构模型的创建，通过结构柱、结构梁、结构墙、结构板、楼梯等构件模型创建的学习，了解在 Allplan 软件中各结构构件相关参数的设置方法，掌握创建结构模型的流程和方法。

学习目标

◎ 了解结构专业模型中各构件属性特点。
◎ 了解结构专业各构件参数的设置方法。
◎ 掌握结构专业各构件模型的创建方法。

扫码，看视频教程

CDE 设置

5.1　通用数据环境（CDE）设置

5.1.1　知识导入

1. CDE 的定义

CDE 是为了满足现代建筑项目对于数据管理和协作的需求而设计的，用于集成和管理所有相关数据、文档和信息的共享数据环境。公共数据环境是存储所有当前受控制项目设计信息并通过受控访问提供的工作环境。它通常是一个应用程序或一组应用程序，形成构件信息的"单一真相来源"。

2. CDE 在项目中的意义

CDE 方法允许项目团队的所有成员之间有效地共享信息，提供早期访问信息并避免重复的风险。

3. CDE 设置要求

在 Allplan 中 CDE 的设置主要有：创建项目文件夹目录、创建项目名称、在楼层管理器内新建模式、分配制图文件等。

5.1.2　重点解析

设置金砖大厦通用数据环境，需关注下列信息：金砖大厦结构设计总说明；建筑层数、建筑高度、各楼层的层高及地下室的层高数据。

扫一扫，下载

金砖大厦图纸

5.1.3 步骤说明

1. 获取图纸信息

打开金砖大厦结构施工图-结构设计总说明图纸。

从结构施工图-结构设计总说明的"第1部分 基本信息"的建筑概况（见图5.1-1）中得知 5#（创智办公楼 A 栋）建筑层数为地下 1 层，地上 9 层；建筑高度为 37.85m。

1.工程概况		
1.1 建筑概况		
工程名称	金砖大厦	
建设地点	浙江省杭州市	
建筑范围及功能	本次设计范围为办公楼单体施工图设计	
建筑层数	办公楼	地下1层，地上9层
建筑高度	办公楼	37.85m

图 5.1-1 建筑基本信息

从结构层高图（见图5.1-2）中可得：地下室结构的层高为 5.350m，一层的层高为 4.80m，九层及屋面1的层高为 4.00m，其余楼层的层高为 3.90m。

层号	标高(m)	层高(m)	柱和竖向墙体	梁和楼板钢筋	基础及地下室
屋面2	40.000		C45	C45	C35
屋面1	36.000	4.00	C45	C45	C35
9F	32.000	4.00	C45	C45	C35
8F	28.100	3.90	C45	C45	C35
7F	24.200	3.90	C45	C45	C35
6F	20.300	3.90	C45	C45	C35
5F	16.400	3.90	C45	C45	C35
4F	12.500	3.90	C45	C45	C35
3F	8.600	3.90	C45	C45	C35
2F	4.700	3.90	C45	C45	C35
1F	-0.100	4.80	C45	C45	C35
B1F	-5.450	5.350	C45	C45	C35
基础板顶	-5.450				C40

图 5.1-2 楼层信息

根据图中信息，进行项目CDE的设置。

2. 新建项目文件

❶ 打开软件，单击"新建项目"，修改"项目名"为"金砖大厦"，或可将项目

结构模型与建筑模型分开，修改"项目名"为"金砖大厦-结构"，单击"下一页"按钮。

② 单击"完成"按钮，进入项目面板。

3. 创建制图文件

① 在软件界面左上角"文件"工具栏中找到并单击"在指定项目基础上打开"按钮，如图5.1-3所示，或双击绘图区域空白处。

② 在弹出的对话框中选择"手动创建建筑结构"后单击"OK"按钮，如图5.1-4所示。

图5.1-3 打开项目文件　　　　图5.1-4 手动创建建筑结构制图文件

③ 单击"楼层管理器"按钮，如图5.1-5所示；在弹出的"楼层管理器"对话框中单击"新模式"按钮，如图5.1-6所示。

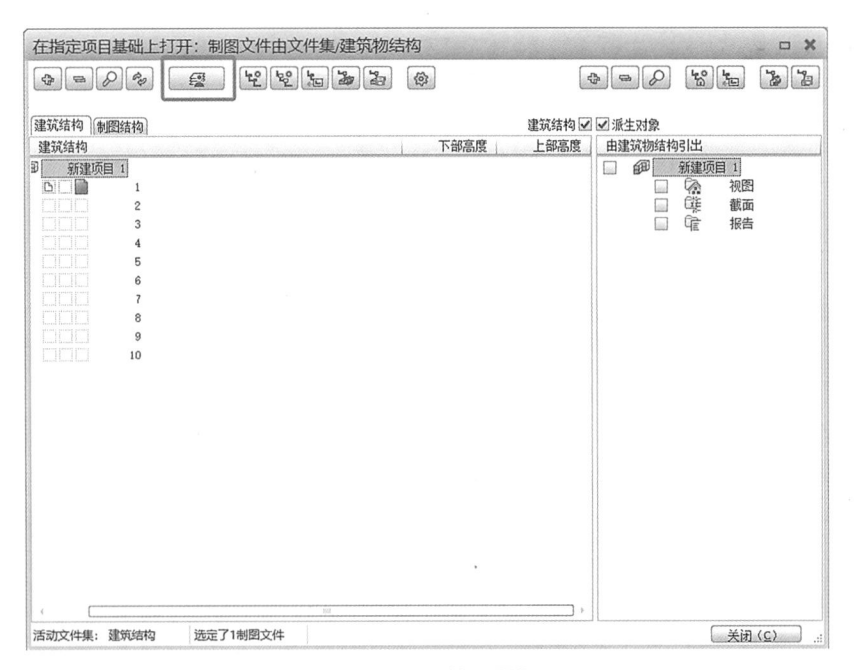

图5.1-5 "楼层管理器"设置

第五章 结构建模

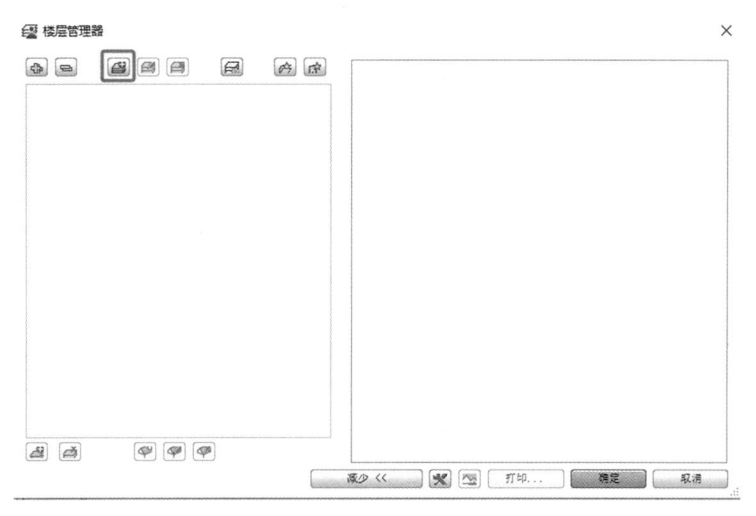

图 5.1-6 选择"新模式"命令

4 在"新模式"面板中填入项目的基本信息,由于本项目分为"屋面1"和"屋面2",所以地上层数为"10"层,一层未完工地板标高为一层的结构标高,故为"-100",由于大多数层高为3900mm,故先将未完工板层间净高设为"3900",方便后期调整,具体信息如图 5.1-7 所示。

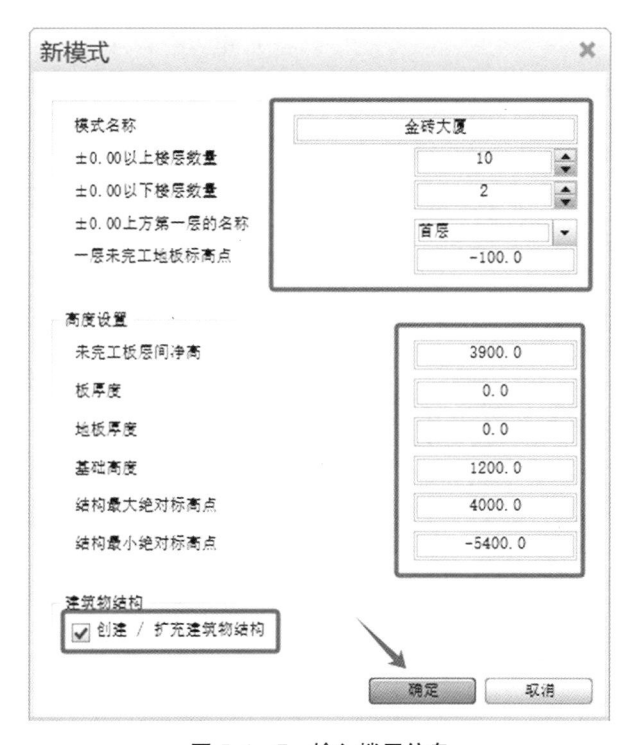

图 5.1-7 输入楼层信息

5 在弹出的"创建/扩充建筑物结构"选项卡中设置:"建筑物结构"→"增量"为生成分配制图文件的数量,暂设为"2",后期可添加;在"由建筑物结构引出"下

75

勾选"添加视图""添加截面",并将视图与截面数量设置为"1",增量为"10",单击"确定"按钮,具体如图5.1-8所示。

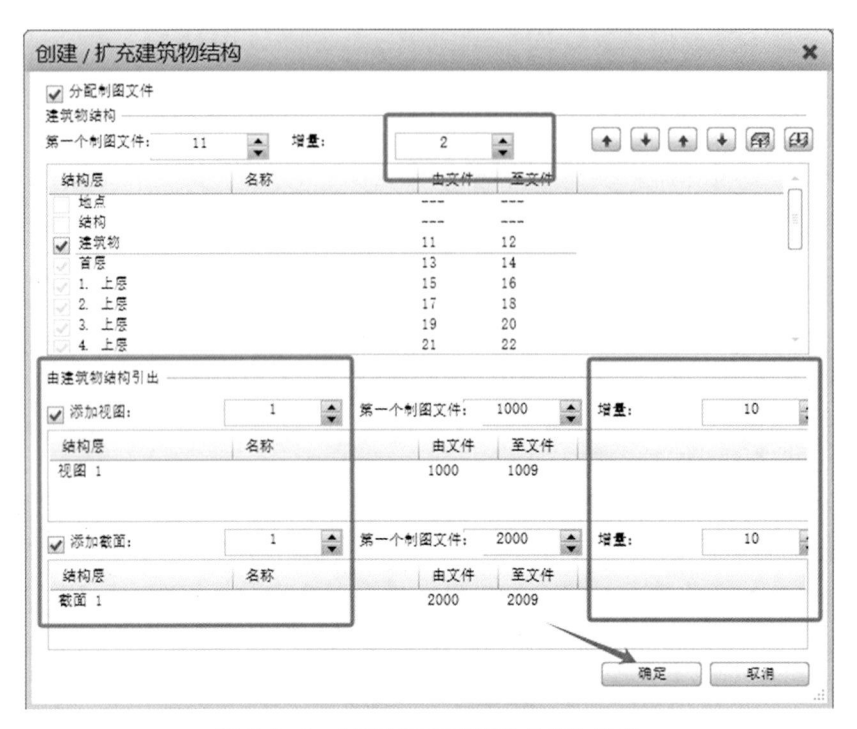

图5.1-8 "创建/扩充建筑物结构"设置

⑥ 在弹出的"楼层管理器"中单击鼠标右键,单击"重命名",将楼层改名,如图5.1-9、图5.1-10所示。

图5.1-9 楼层改名

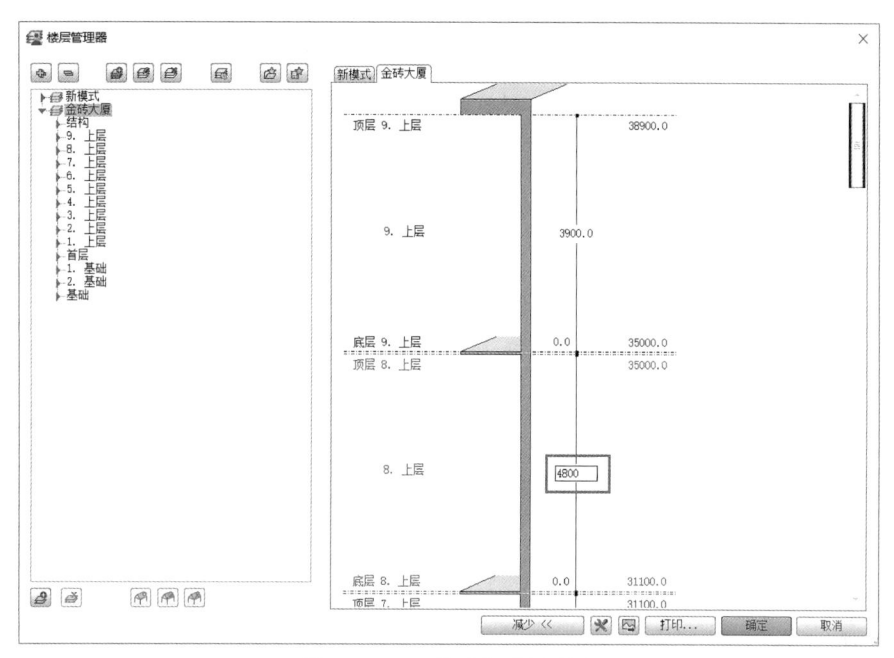

图 5.1-10　修改标准层层高

7 在弹出的"楼层管理器"中修改层高,根据图纸找出标准层层高,进行统一设置,再针对其他楼层单独修改。

对各楼层高度进行设置。根据结构层高图纸的信息,地下室结构层高为 5.350m,一层的层高为 4.80m,九层及屋面 1 的层高为 4.00m,其余楼层的层高均为 3.90m,将各楼层的"下部高度"和"上部高度"按照图 5.1-11 所示设置,并在弹出的"调整平面高度"弹窗中将"上层平面"设置为"上移","下层平面"设置为"保留高度",如图 5.1-12 所示,单击"确定"按钮,这样 CDE 设置就创建完成了。

图 5.1-11　输入各层数值

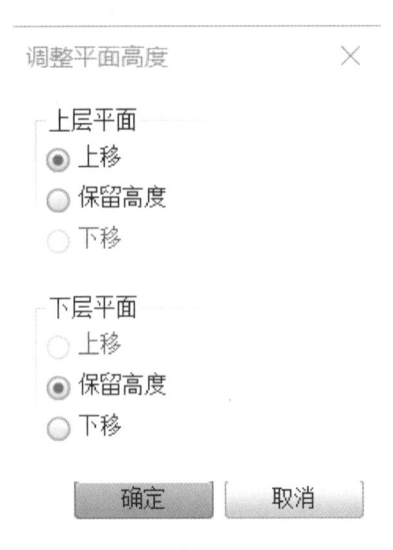

图 5.1-12 调整各层平面位置

4. 创建轴网

(1) 获取图纸信息

金砖大厦项目基础轴网图与上部结构轴网不一致,选用需要创建的轴网图即可,轴网创建只需要从图纸中获取轴网的开间和进深值,如图 5.1-13 所示。

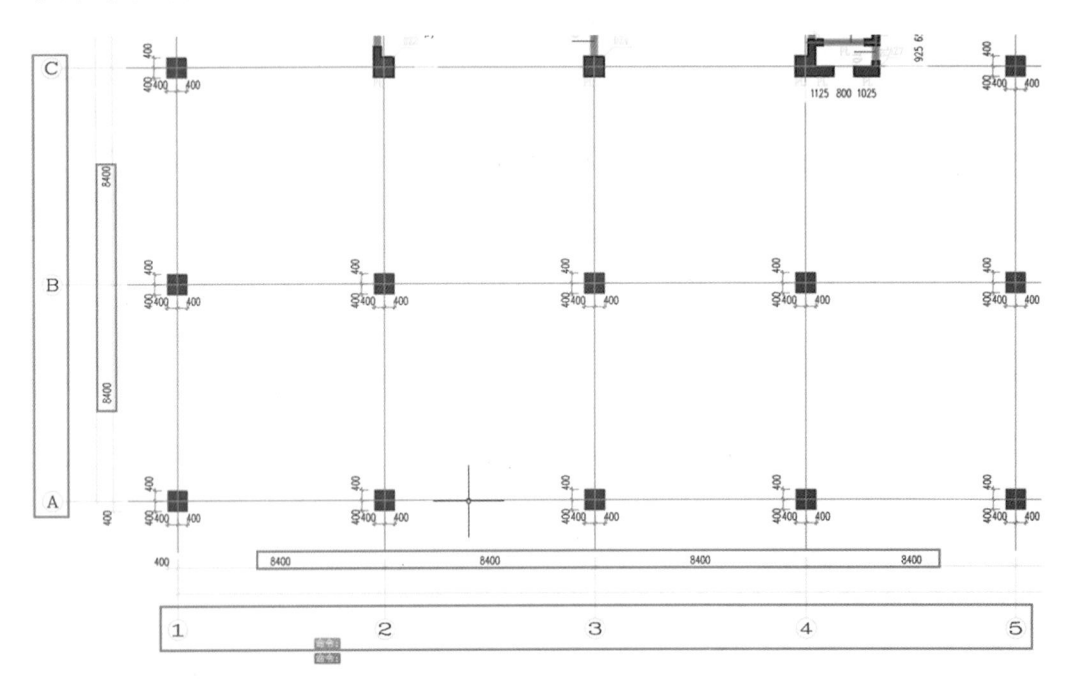

图 5.1-13 轴网图

(2) 选择底图制图文件

❶ 单击"在指定项目基础上打开"按钮,或双击绘图区域空白处,打开制图

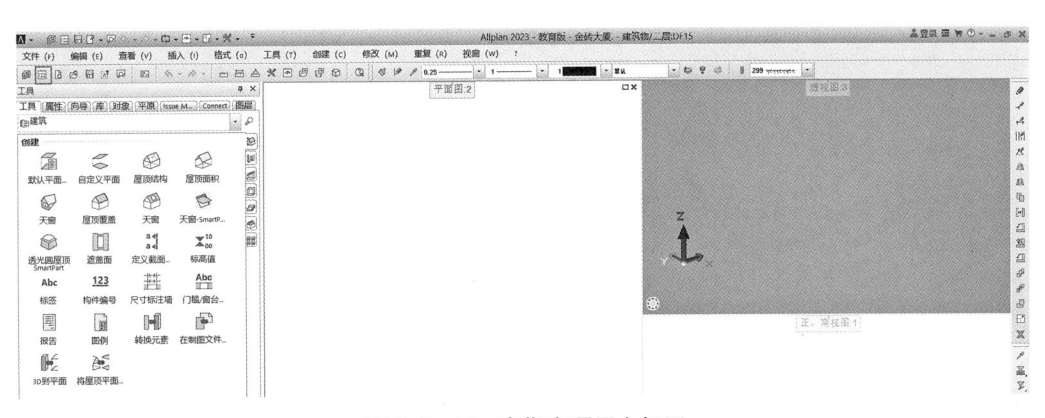

文件集，如图 5.1-14 所示。

图 5.1-14　在指定项目上打开

❷ 选择基础层中的一个空白制图文件，将制图文件设为红色状态，完成后单击"关闭"按钮退出，如图 5.1-15 所示。

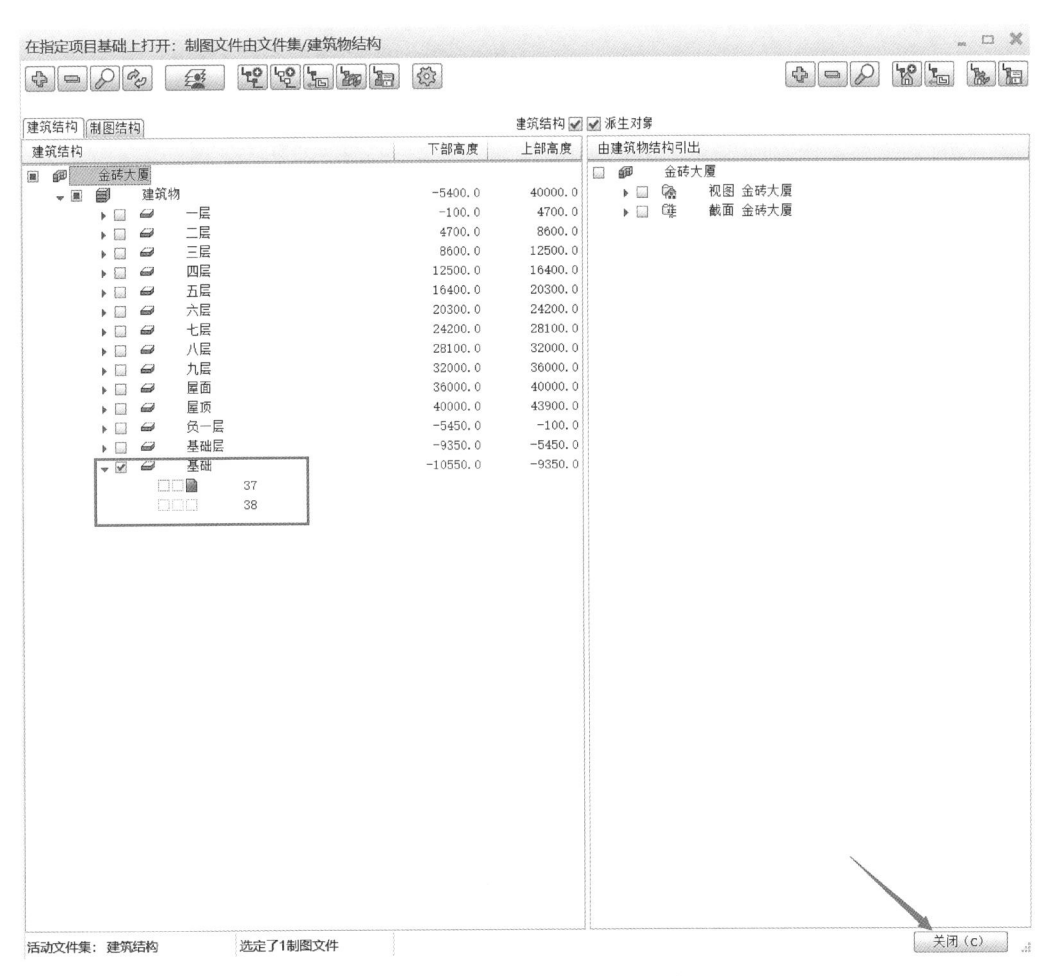

图 5.1-15　设置制图文件状态

（3）导入轴网图纸

➊ 选择菜单栏"文件"下拉选项的"引入"，再单击"输入 AutoCAD 数据"选项，如图 5.1-16 所示。

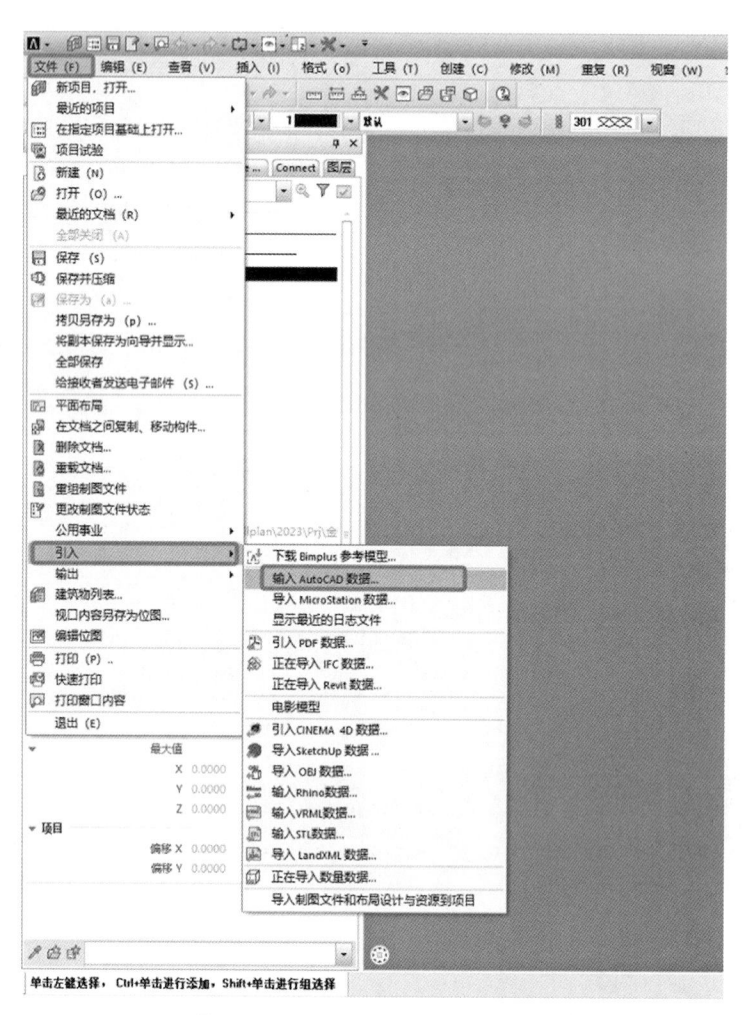

图 5.1-16 导入 AutoCAD 轴网图

➋ 在弹窗中选择要导入的轴网图纸，单击"打开"按钮，最后单击"确定"按钮。

（4）选择轴网制图文件

➊ 单击"在指定项目基础上打开"按钮，或双击绘图区域空白处，打开制图文件集。

➋ 选择基础层中的一个空白制图文件，将制图文件设为红色状态，完成后单击"关闭"按钮退出。

（5）绘制轴网

➊ 单击"工具"选项卡；在下拉选项中选择"基本"模块，单击切换"高级草图"标签，然后单击"轴线网格"命令，如图 5.1-17 所示。

❷ 在弹窗中设置轴线"格式",输入轴线"X方向""Y方向"数值(数值以英文输入法的分号隔开,或输入××*××××),如图5.1-18所示。

图 5.1-17　开启"轴线网格"命令

图 5.1-18　设置轴网参数

❸ 设置完成后,根据导入的底图寻找轴网定位点,单击鼠标左键确定,轴网即绘制完成,如图5.1-19所示。

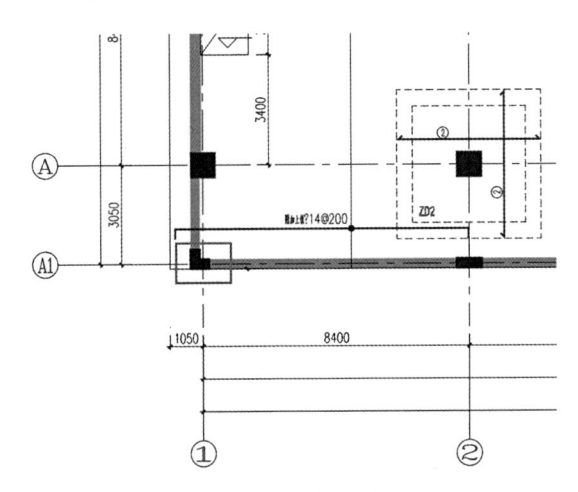

图 5.1-19　找轴网定位点

5.2 基础模型创建

扫码，看视频教程

基础模型创建

5.2.1 知识导入

1. 基础的定义

在建筑工程中，位于建筑最底端与地基土接触，并可将上部荷载传递给地基的构件为基础。支承建筑物重量的土层叫地基。其中，具有一定的地耐力，直接支承基础，持有一定承载能力的土层称为持力层；持力层以下的土层称为下卧层。

2. 基础的分类

按基础所用的材料分，有砖基础、毛石基础、混凝土基础、毛石混凝土基础、灰土基础、三合土基础、钢筋混凝土基础等。按材料和受力特点分，有刚性基础（无筋扩展基础）和柔性基础（扩展基础）。按构造形式分，有独立基础、条形基础、筏板基础、桩基础、箱形基础等。

3. 独立基础

当建筑物上部结构采用框架结构或单层排架结构承重时，基础常采用方形或矩形的独立式基础，这类基础被称为独立基础或柱式基础。独立基础是柱下基础的基本形式，常见的有阶梯形、锥形等，如图5.2-1所示。当柱采用预制构件时，则基础做成杯形，然后将柱子插入并嵌固在杯口内，故称杯形基础。

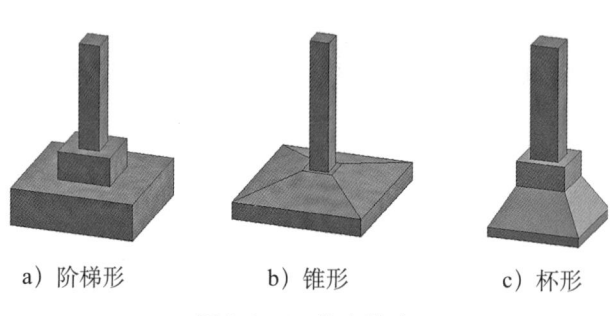

a）阶梯形　　b）锥形　　c）杯形

图 5.2-1　独立基础

4. 条形基础

当建筑物上部结构采用墙承重时，基础沿墙身设置，多做成长条形，这类基础被称为条形基础或带形基础，是墙承式建筑基础的基本形式。一般低层或小型建筑常选用砖、石、素混凝土等材料的刚性条形基础，当上部荷载较大而土质较差时，可采用钢筋混凝土条形基础。还可将同一排的柱基础连通做成钢筋混凝土条形基础，如图5.2-2所示。

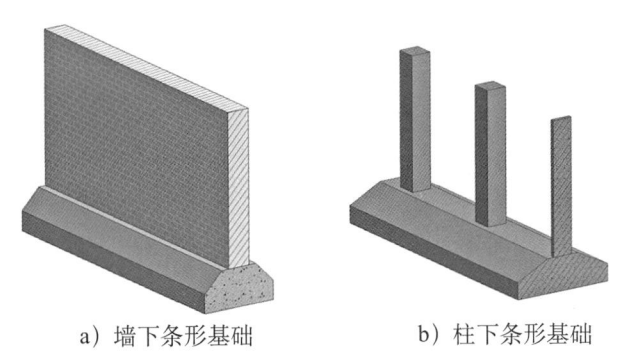

a）墙下条形基础　　　　b）柱下条形基础

图 5.2-2　条形基础

5. 筏板基础

当建筑物上部荷载大，而地基又较弱，这时采用简单的条形基础或独立基础已不能适应地基变形的需要，通常将墙或柱下基础连成一片，使建筑物的荷载承受在一块整板上成为筏板基础。筏板基础有平板式和梁板式两种，如图 5.2-3 所示。

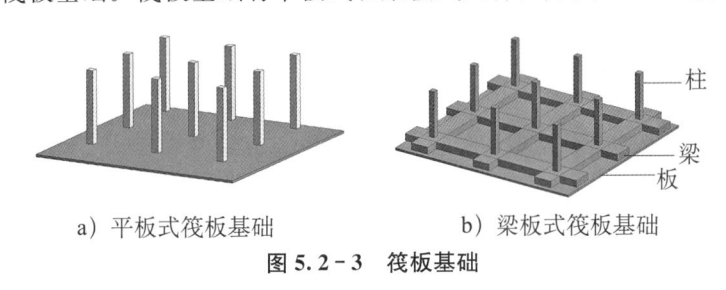

a）平板式筏板基础　　　　b）梁板式筏板基础

图 5.2-3　筏板基础

6. 桩基础

当浅层地基不能满足建筑物对地基承载力和变形的要求，而由于某些原因，其他地基处理措施又不适用时，可考虑采用桩基础。桩基础往往以地基下较深处坚实土层或岩层作为持力层，由桩柱和承接上部结构的承台梁（或独立承台）组成，如图 5.2-4 所示。桩基础是按设计的点位将桩柱置于土中，桩柱的上端浇筑钢筋混凝土承台梁或承台板，承台上接柱或墙，以便建筑上部荷载均匀地传递给桩基础。

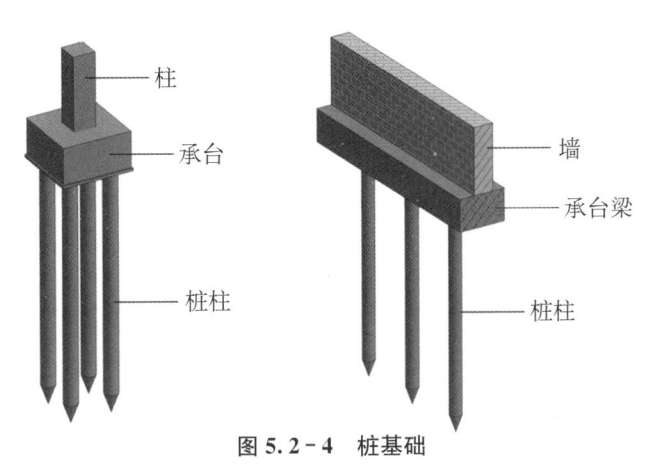

图 5.2-4　桩基础

7. 箱形基础

当筏板基础做得很深时，常改做成箱形基础。箱形基础是由钢筋混凝土底板、顶板和若干纵、横隔墙组成的整体结构，基础的中空部分可用作地下室（单层或多层的）或地下停车库。箱形基础整体空间刚度大，整体性强，能抵抗地基的不均匀沉降，较适用于高层建筑或在软弱地基上建造的重型建筑物，如图 5.2-5 所示。

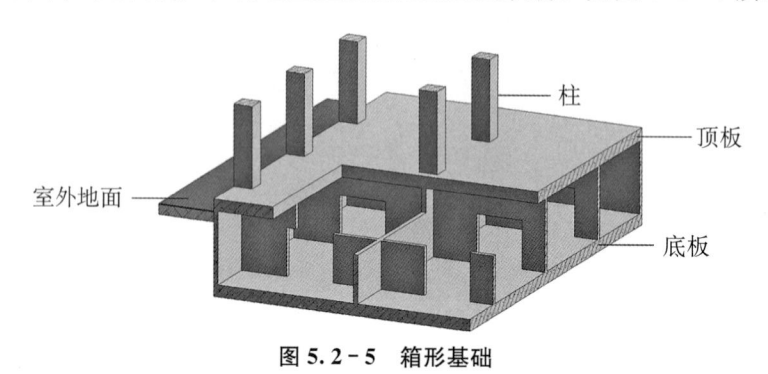

图 5.2-5　箱形基础

5.2.2　重点解析

绘制金砖大厦基础模型，需关注以下信息：金砖大厦结构施工图-结构设计总说明、基础施工图；基础截面形状及尺寸、基础平面定位、基础标高。

5.2.3　步骤说明

1. 获取图纸信息

打开结构设计总说明（见图 5.2-6），得知：本项目采用的是天然地基，基础形式为平板式筏板基础。

图 5.2-6　基础的类型说明

打开结构施工图-基础图（见图 5.2-7），得知：筏板顶结构相对标高为 −5.450m，筏板厚度为 800mm，部分区域筏板厚度为 1200mm；

图 5.2-7　基础的参数说明

由图 5.2-8 和图 5.2-9 得知：ZD2 尺寸为 3600mm×3600mm，向上 45°放坡。

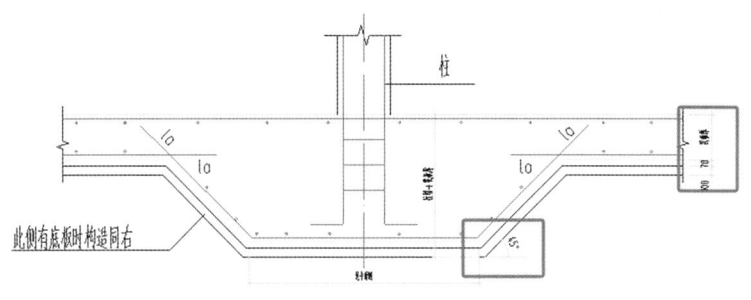

图 5.2-8 下注墩节点大样

由以上图纸得出：ZD2 筏板标高：−5.450m，下柱墩上表面尺寸 4600mm×4600mm，标高−6.250m，下柱墩下表面尺寸 3600mm×3600mm，标高−6.750m。

根据以上信息绘制 ZD2 筏板基础，该基础由柱墩和筏板组成，由"块状基础"和"板式基础"命令组合完成。

图 5.2-9 下柱墩尺寸

2. 块状基础创建

（1）获取图纸信息

打开金砖大厦结构施工图-基础，找到基础施工图（见图 5.2-10），可知基础平面定位信息，其中柱墩，共 4 种类型：ZD1——3000mm×3000mm×200mm、ZD2——3600mm×3600mm×500mm、ZD3——4000mm×4000mm×700mm、ZD4——4200mm×4200mm×800mm，接下来绘制 ZD2。

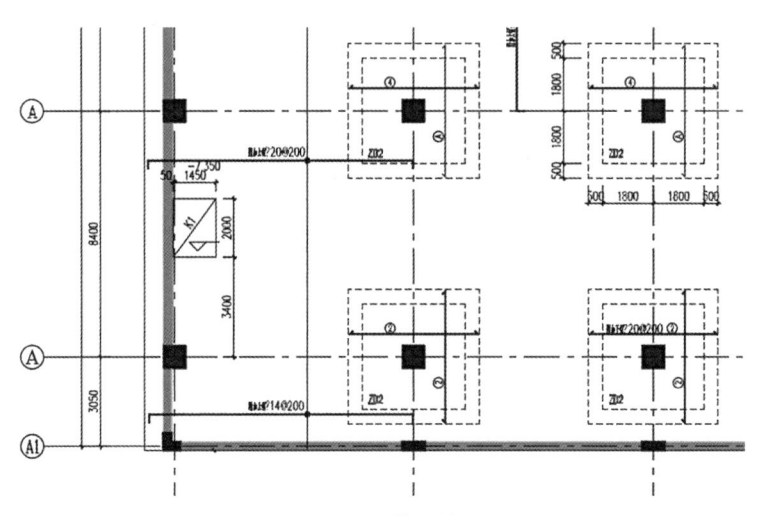

图 5.2-10 基础施工图

(2) 选择底图制图文件

1 单击"在指定项目基础上打开" 按钮，或双击绘图区域空白处，打开制图文件集，如图 5.2-11 所示。

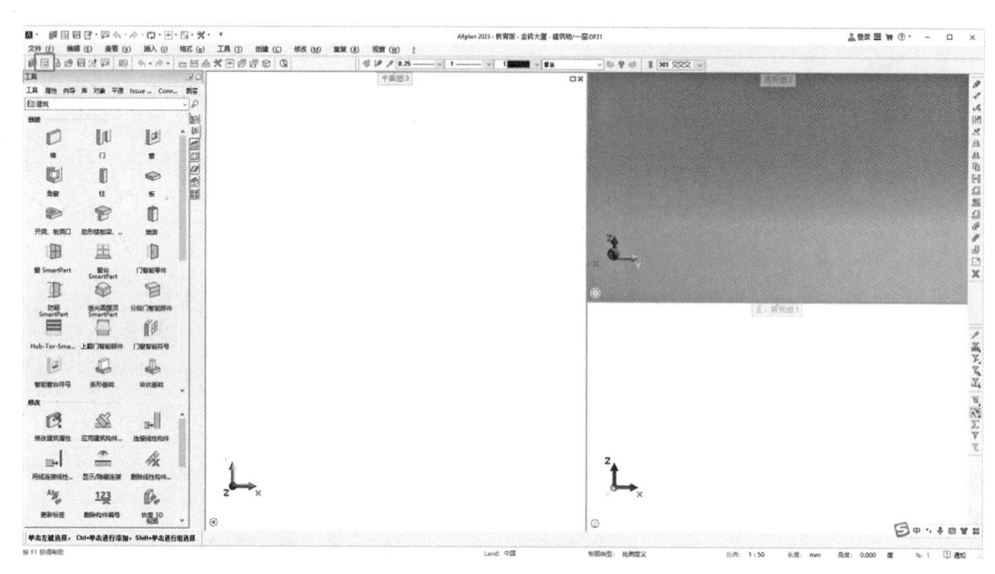

图 5.2-11　打开指定项目文件

2 选择基础层中的一个空白制图文件，将制图文件设为红色状态，完成后单击"关闭"按钮退出，如图 5.2-12 所示。

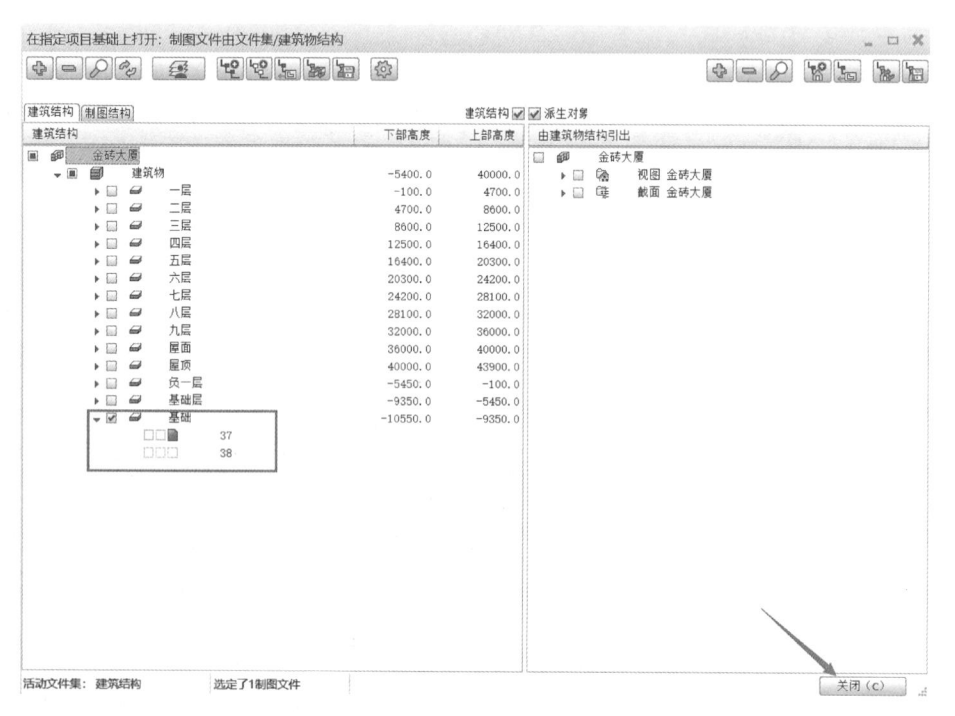

图 5.2-12　设定制图文件

第五章　结构建模

(3) 导入基础图纸

❶ 选择菜单栏"文件"下拉选项"引入"，单击"输入 AutoCAD 数据"选项，如图 5.2-13 所示。

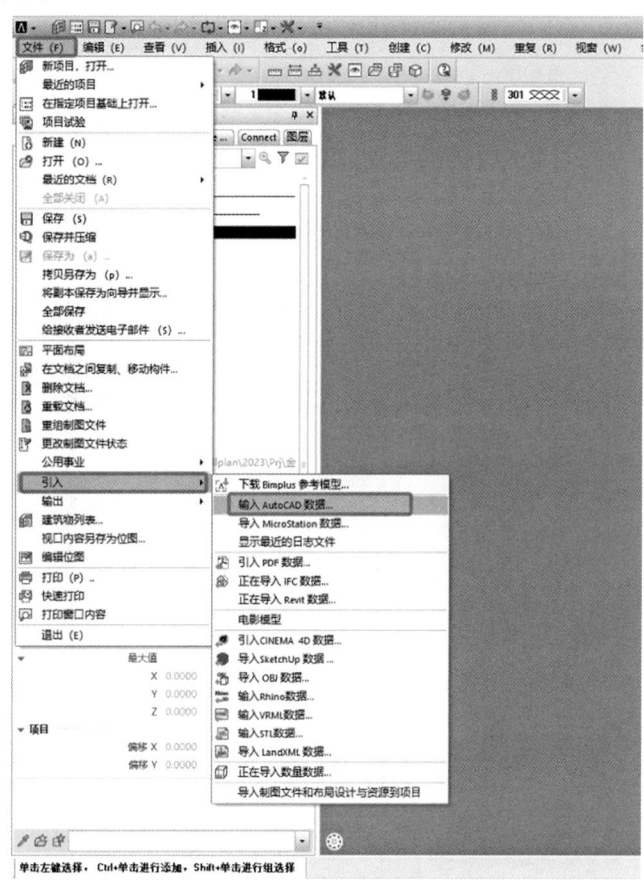

图 5.2-13　引入 AutoCAD 图

❷ 在弹窗中选择要导入的基础图纸，单击"打开"按钮，在弹窗中单击"确定"按钮，如图 5.2-14、图 5.2-15 所示。

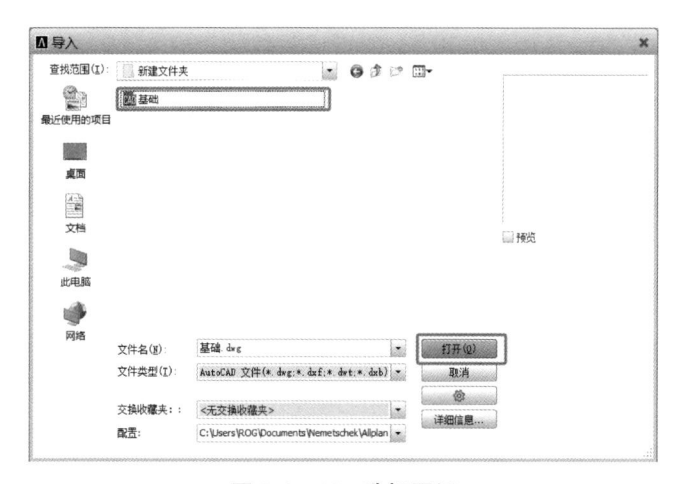

图 5.2-14　选择图纸

87

图 5.2-15 "确定"导入

③ 基础的底图文件导入完成，如图 5.2-16 所示。

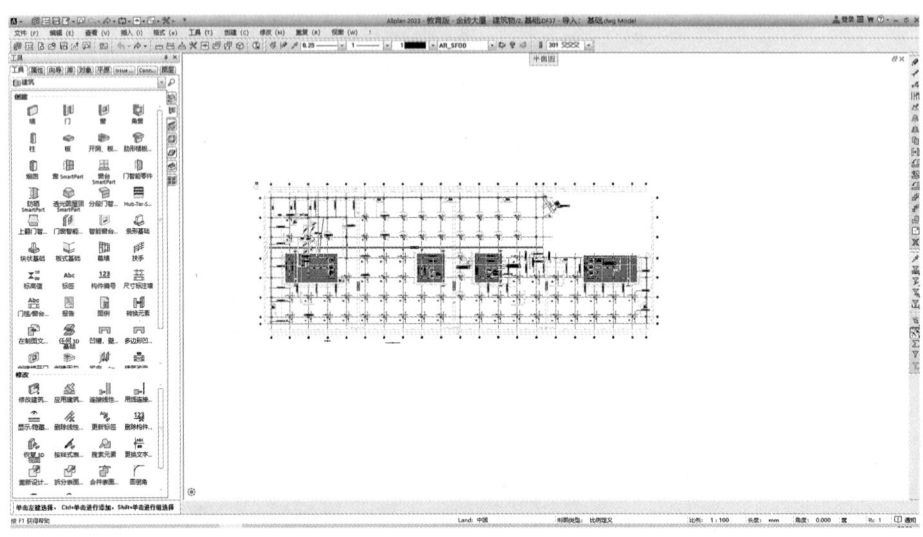

图 5.2-16 导入完成

④ 创建基础的制图文件。鼠标右键单击基础层的空白制图文件，再单击"重命名"选项，输入"基础"，将 37 号制图文件设为灰色状态，38 号制图文件设为红色状态，如图 5.2-17 所示。

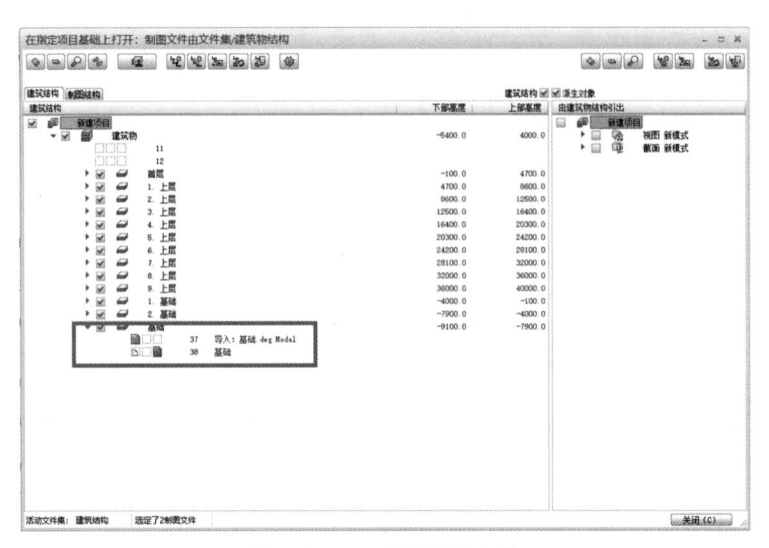

图 5.2-17 创建制图文件

5 定义块状基础属性。

①单击"工具"选项卡；在下拉选项中选择"建筑"模块，单击"基本：墙，洞口，构件"标签，然后单击"块状基础"命令，在弹出的窗口中单击"√"按钮，如图 5.2-18 所示。

图 5.2-18　选择"块状基础"命令

②在"块状基础"窗口中对相关属性进行修改：选择"轮廓"中最后一个倒梯台选项，输入柱墩上表面的"尺寸"（4600mm×4600mm，上表面四边扩大 500mm），输入柱墩下表面的"尺寸"（3600mm×3600mm），高度为"500"如图 5.2-19 所示；单击"高度"图标，顶层单击 按钮，"偏移"为"-800"，下表面单击 按钮，"偏移"为"2600"，单击"确定"按钮，如图 5.2-20 所示。

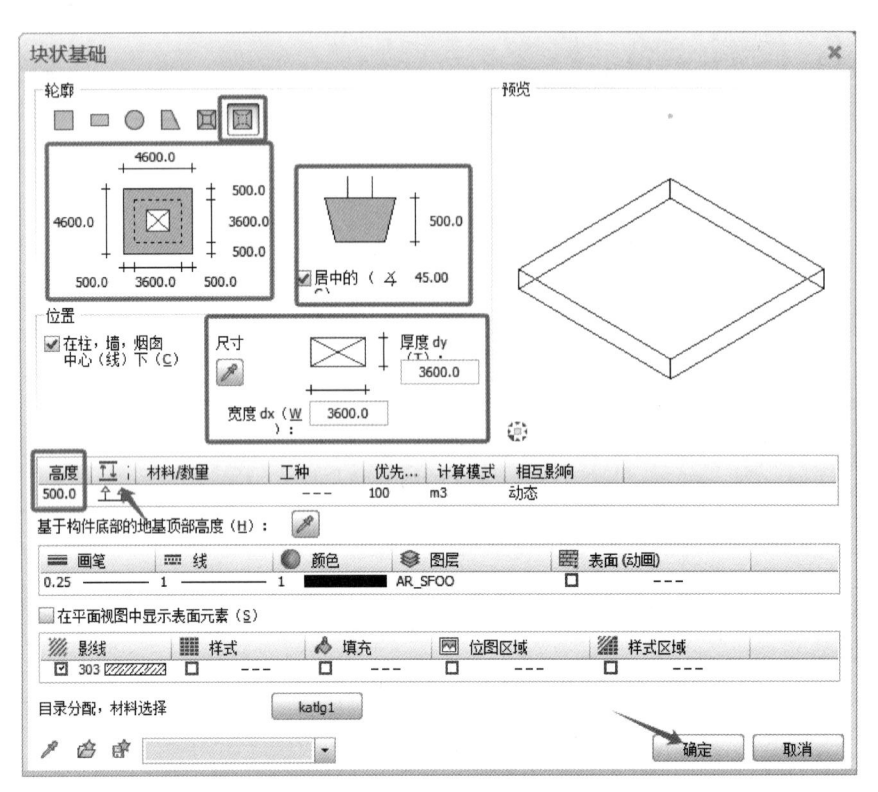

图 5.2-19 设置柱墩尺寸

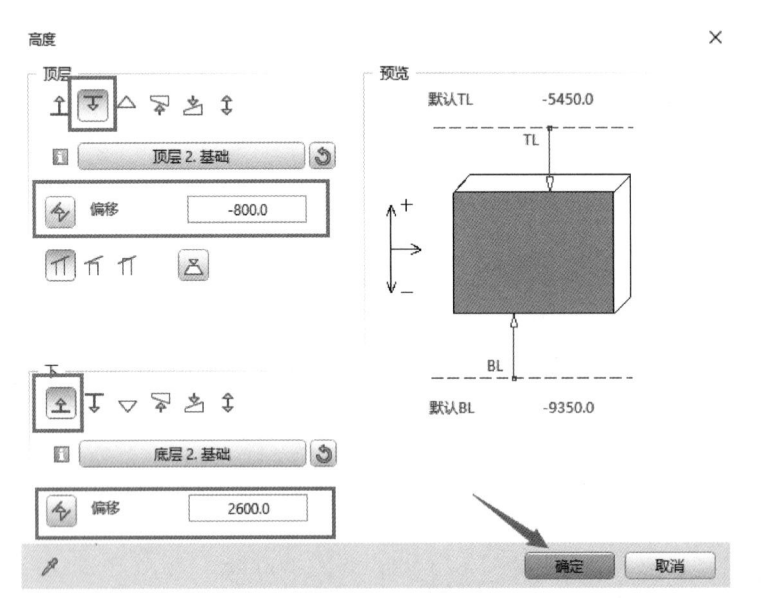

图 5.2-20 调整柱墩位置

⑥ 放置块状基础。对照图纸，在绘图区域找到相应的位置，单击鼠标左键即可放置成功，如图 5.2-21 所示。

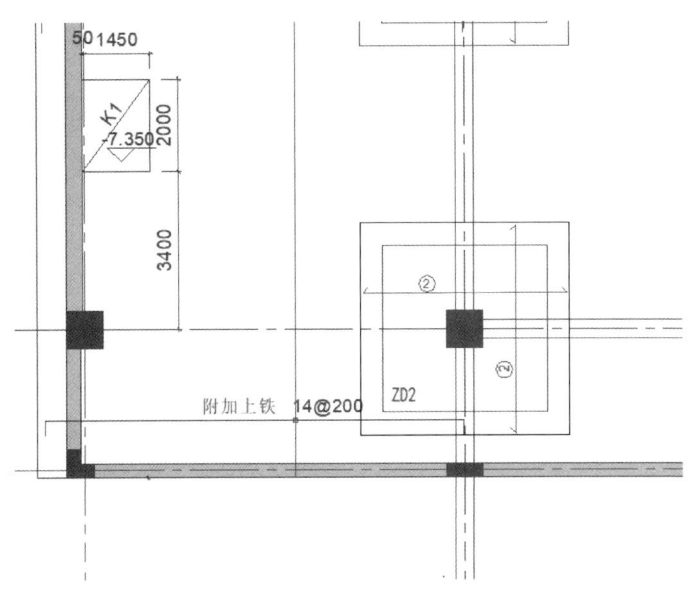

图 5.2-21 放置基础

7 验证标高。转到南视图，选择工具栏中"测量坐标"命令，通过测量标高命令，对下柱墩标高进行验证，可测得下柱墩上表面标高为－6250mm，与施工图一致，如图 5.2-22 所示。

图 5.2-22 验证标高

根据相同的方法，对 ZD1、ZD3、ZD4 进行绘制。

3. 板式基础创建

（1）选择板式基础

单击"工具"选项卡；在下拉选项中选择"建筑"模块；单击"基本：墙，洞口，构件"标签；然后单击"板式基础"命令；在弹出的窗口中单击"√"按钮可弹出属性窗口。

（2）定义板式基础属性

在"板基础"窗口中对相关属性进行修改："高度"改为"800"；单击相对高度对应的"高度"按钮，将顶层"偏移"改为"0"，下"偏移"改为"3100"；单击"确定"按钮，如图 5.2-23、图 5.2-24 所示。

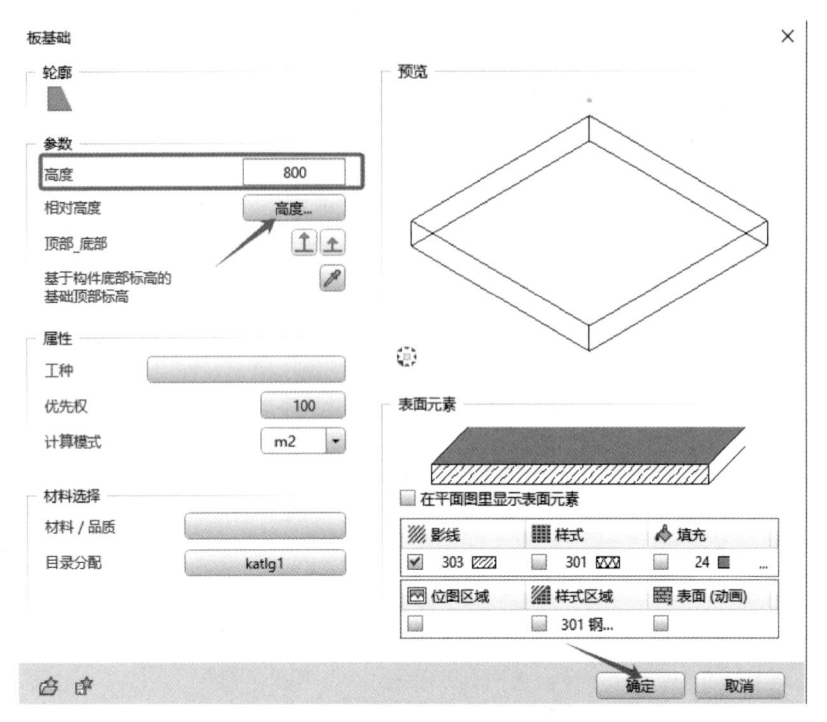

图 5.2 - 23　修改板式基础高度

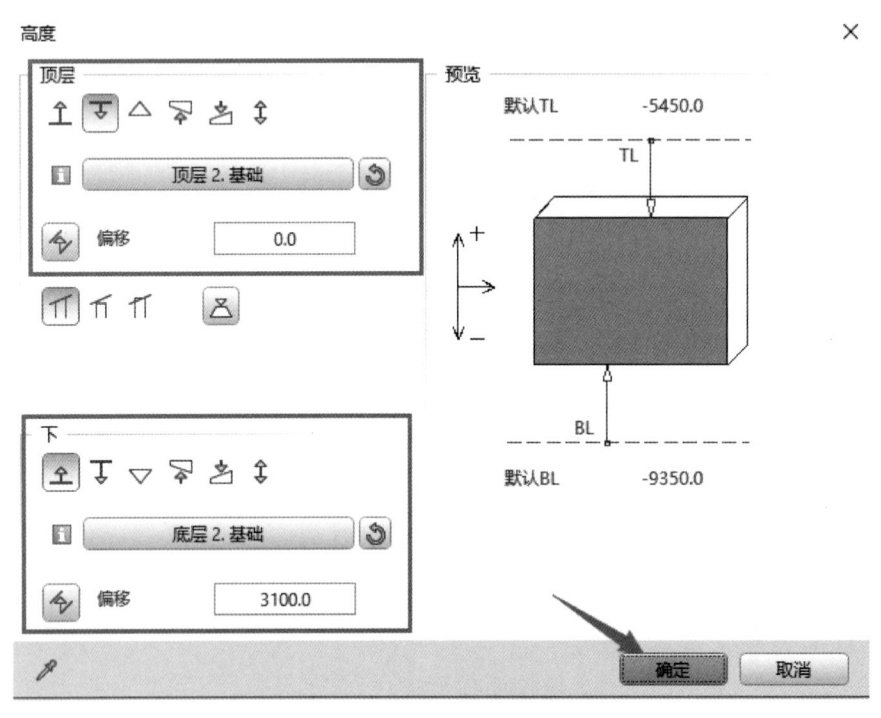

图 5.2 - 24　调整板式基础位置

(3) 放置板式基础

1 对照图纸在绘图区域找到相应的位置，单击鼠标左键即可放置成功，如图 5.2-25 所示。

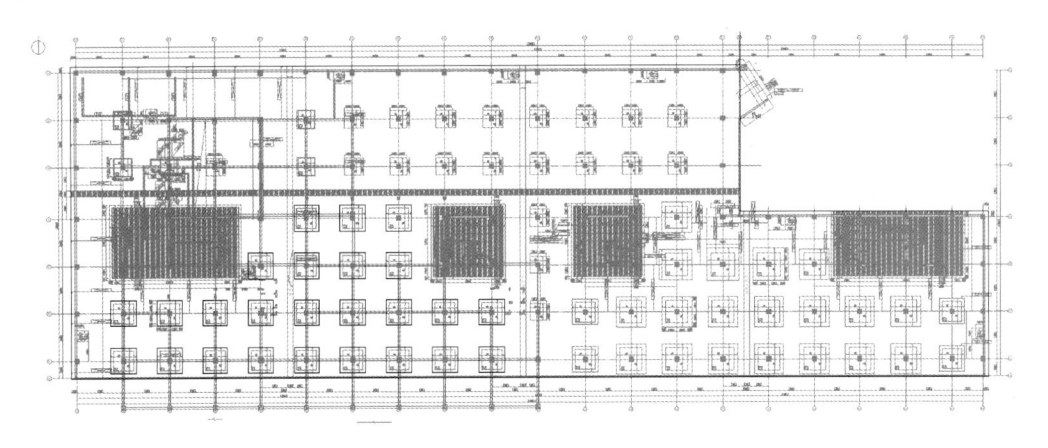

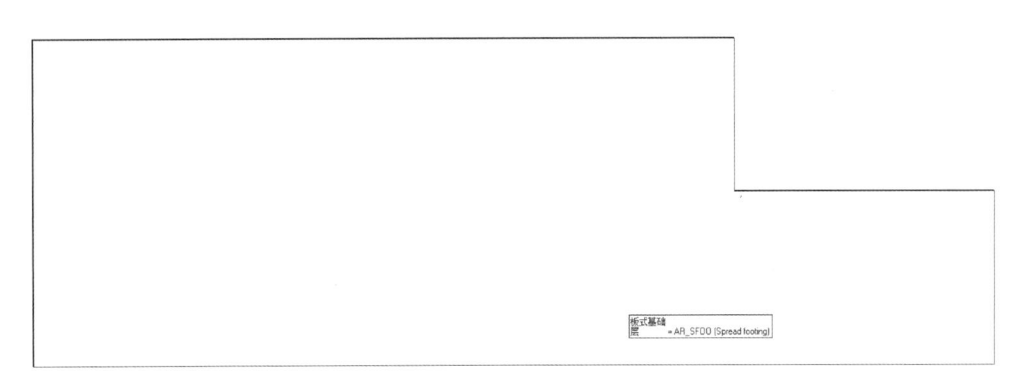

图 5.2-25　放置板式基础

2 这样，由块状基础和板式基础组合而成的筏板基础就绘制完成了，如图 5.2-26 所示。

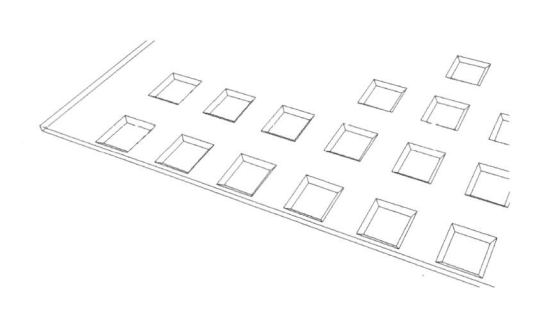

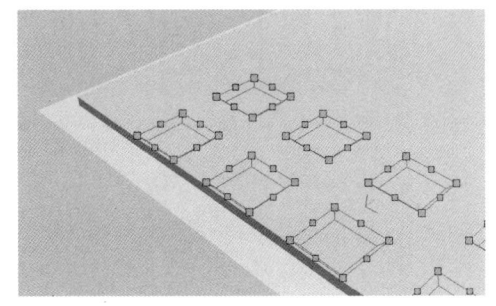

图 5.2-26　绘制完成

4. 条形基础创建

除本项目外，有些建筑会涉及条形基础，其绘制的方法如下。

（1）选择条形基础

单击"工具"选项卡；在下拉选项中选择"建筑"模块；单击"基本：墙，洞口，构件"标签；然后单击"条形基础"命令；在弹出的窗口中单击"√"按钮可弹出属性窗口。

（2）定义条形基础属性

根据"条形基础"的"横截面形状"进行选择，根据项目修改"宽度"和"高度"参数，再单击"高度"按钮；在弹窗中，单击"顶层"选项组的按钮，"偏移"设为"0"，单击"下"选项组的按钮"构件高度"设为"60"；单击"确定"按钮，如图5.2-27、图5.2-28所示。

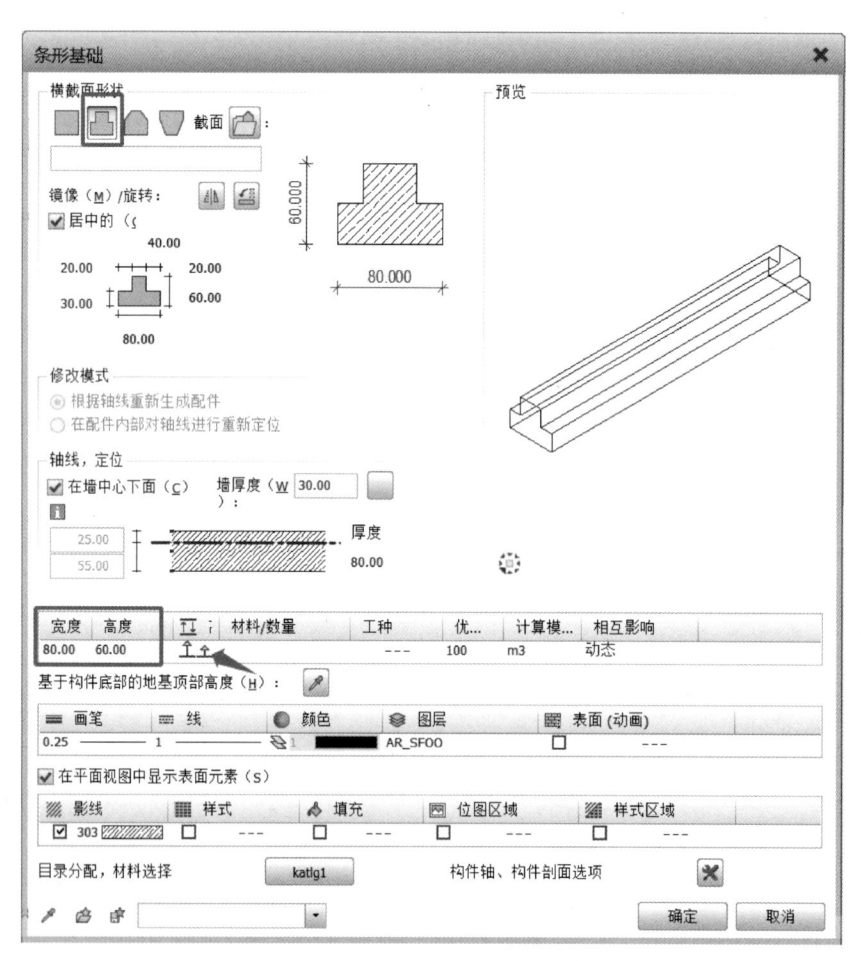

图5.2-27 设置"条形基础"尺寸

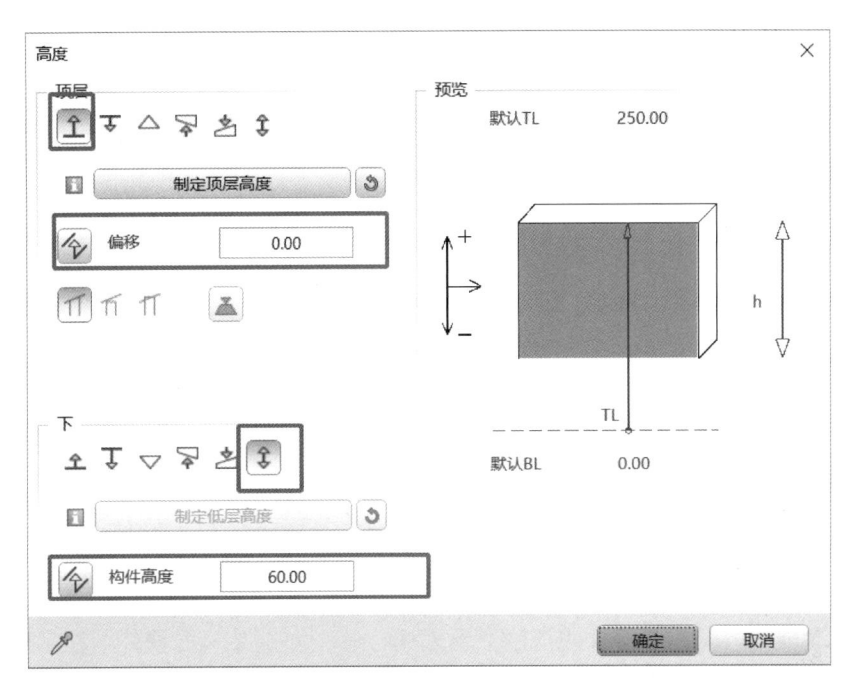

图 5.2-28 调整位置

在平面图中相应的位置绘制条形基础即可，如图 5.2-29 所示。

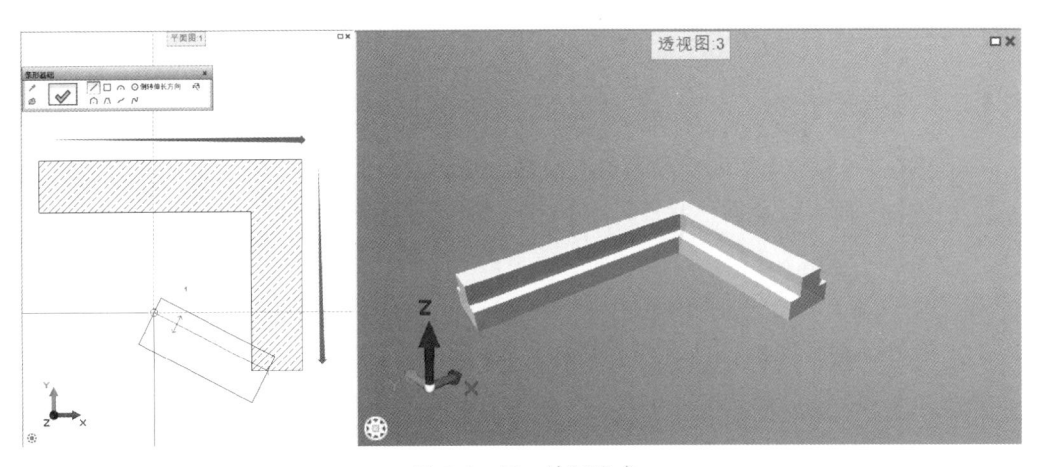

图 5.2-29 绘制完成

5.3 结构柱模型创建

扫码，看视频教程

结构柱模型创建

5.3.1 知识导入

结构柱是一种承重结构，是主体框架受力的主要竖向构件，根据其材料可分为混凝土柱、钢柱、木柱、预制混凝土柱或其他柱。结构柱将本身的自重与各种外加作用力的系统再传递给地基基础的主要结构构件和其连接的节点，是整个楼的支撑，是必

95

须要放进主体结构计算中的重要构件，结构柱包括框架柱、转换柱、梁上柱、剪力墙上柱等。

1. 框架柱（KZ）

在钢筋混凝土结构中负责将梁或板上的荷载传递给基础的竖向受力构件。一般情况下，框架柱由基础到屋面穿过标准层连续设置，楼层越往下，框架柱的截面尺寸及配筋越大。

2. 转换柱（ZHZ）

因为建筑功能要求，下部大空间，上部的部分竖向构件不能直接连续贯通落地，而通过水平转换结构与下部竖向构件连接。布置的转换梁支撑上部的剪力墙时，支撑转换梁的柱子就叫作转换柱。

3. 梁上柱（LZ）

指支承在楼层梁上的柱，不在基础之上，位于基础梁上的柱不能称之为梁上柱。由于建筑功能的需要，楼层某些部位下层无柱，而在上一层又需设柱，柱只能置于下层的梁上。

4. 剪力墙上柱（QZ）

有些建筑物的底部没有柱子，到了某一层又需要设置柱子，此时柱子位于下一层的剪力墙上，这就是剪力墙上柱。

5.3.2 重点解析

绘制金砖大厦一层框架柱与约束边缘剪力墙上柱，需关注信息：金砖大厦结构施工图-结构柱图纸。柱截面形状及尺寸、柱平面定位、柱标高、柱材质。

5.3.3 步骤说明

1. 矩形框架柱创建

（1）获取图纸信息

打开金砖大厦结构施工图-结构柱，找到一层结构柱施工图（见图5.3-1），可知一层各结构柱平面定位信息，且图中包含框架柱和剪力墙上柱两种类型的结构柱，其中框架柱为矩形框架柱，共9种类型：KZ1——800mm×800mm、KZ2——800mm×800mm、KZ3——800mm×800mm、KZ4——800mm×800mm、KZ5——800mm×800mm、KZ6——800mm×800mm、KZ7——800mm×800mm、KZ8——800mm×800mm、KZ9——800mm×1000mm。接下来分别绘制KZ1和约束边缘剪力墙上柱DZ1。

（2）选择底图制图文件

❶ 单击"在指定项目基础上打开"按钮，或双击绘图区域空白处，打开制图文件集。

❷ 选择一层当中的一个空白制图文件，将制图文件设为红色状态，完成后单击

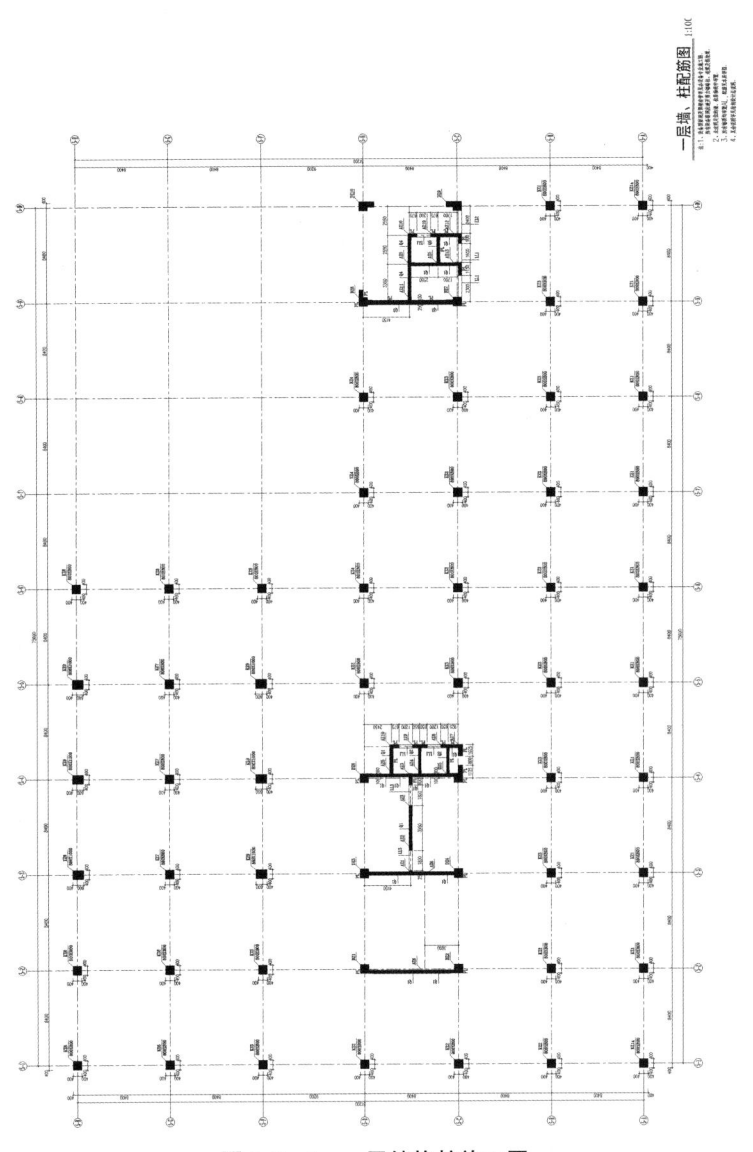

图 5.3-1　一层结构柱施工图

"关闭"按钮退出。

(3) 导入框架柱图纸

① 选择命令栏中"文件"下拉选项的"引入",再单击"输入 AutoCAD 数据"命令。

② 在弹出的"导入"弹窗中选择要导入的结构柱图纸,单击"打开"按钮,在弹窗中单击"确定"按钮,完成导入,如图 5.3-2 所示。

③ 导入后的图纸与创建好的轴网位置偏移,框选图纸,单击右侧工具条中的"移动"按钮,以 1 轴交 A 轴为"基点",移动到与轴网重合,如图 5.3-3 所示。

(4) 创建柱的制图文件

① 单击"在指定项目基础上打开"按钮,或双击绘图区域空白处,打开制图文件集。

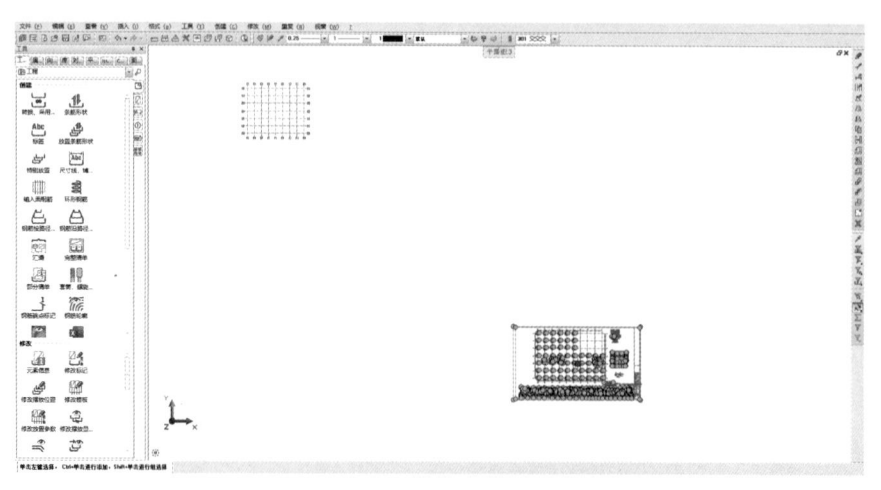

图 5.3-2 导入框架柱图纸

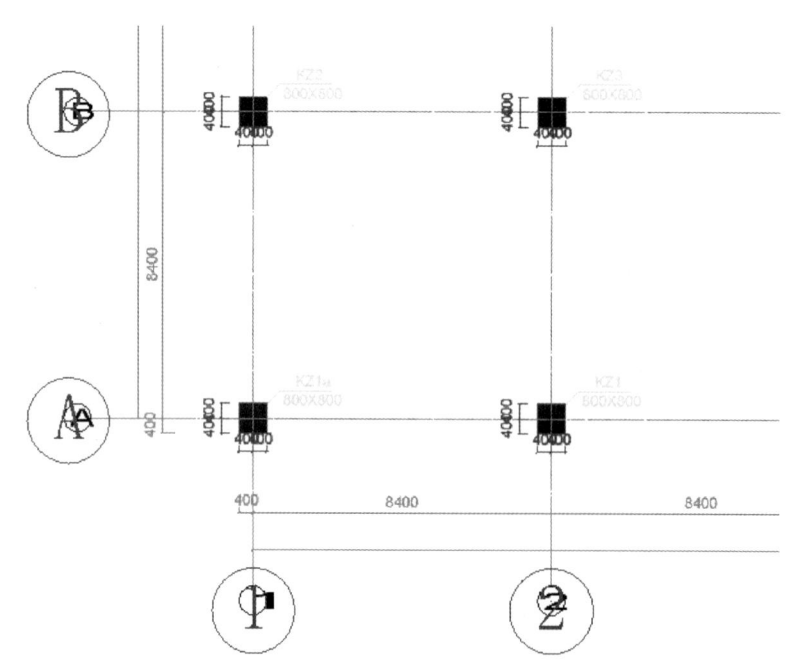

图 5.3-3 图纸与轴网重合

❷选择一层当中的空白制图文件,单击鼠标右键,单击"重命名"按钮,输入"F1 结构柱",然后将底图制图文件设为灰色状态,F1 结构柱制图文件设为红色状态,完成后单击"关闭"按钮退出。

(5) 定义框架柱属性

❶单击"工具"托盘,在下拉选项中选择"建筑"模块,单击"基本:墙,洞口,构件"标签,然后单击"柱"命令,在弹窗中单击"√"按钮即可弹出属性窗口。

❷在窗口中对相关属性进行修改。

①在"轮廓"选项组中,单击"矩形" 按钮,如图 5.3-4 所示。

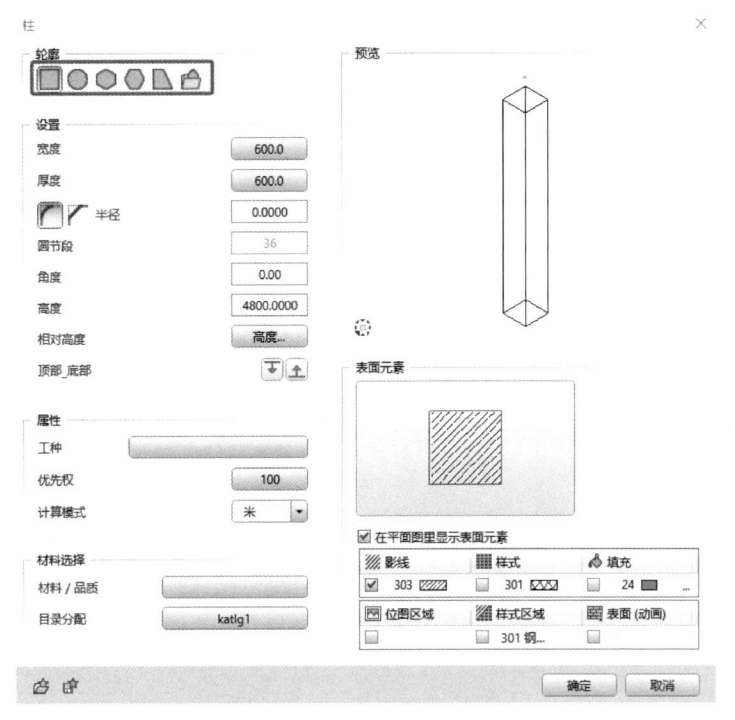

图 5.3-4 选择平面轮廓

②根据图纸可知 KZ1"宽度"为"800","厚度"为"800"。单击右边"预览"框中的"投影"切换至平面视图,查看效果,x 轴方向为宽度,y 轴方向为厚度,如图 5.3-5 所示。

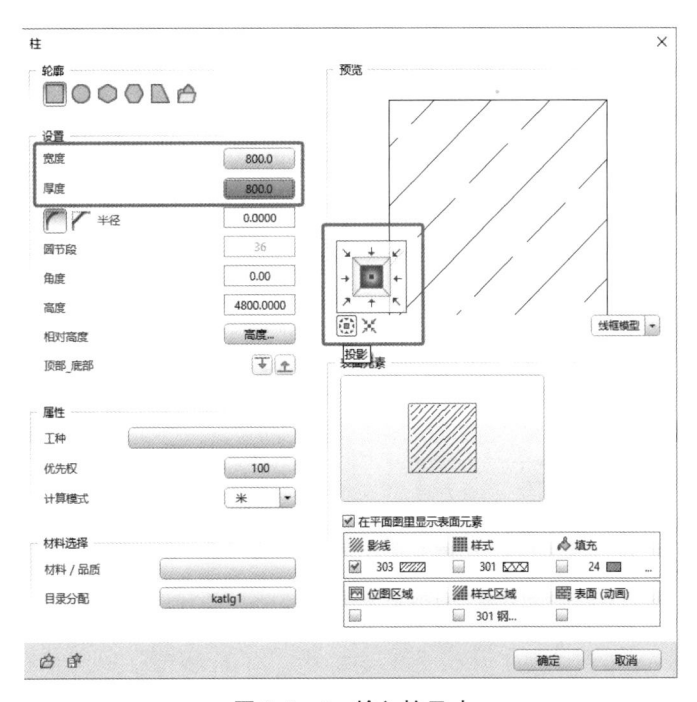

图 5.3-5 输入柱尺寸

③单击"高度"按钮,在弹出的"高度"选项栏中输入高度偏移值。"顶层"选择⬇按钮,从楼层顶标高向下"偏移"值为"0";"下"层选择⬆按钮,从楼层底标高向上"偏移"值为"0",如图5.3-6、图5.3-7所示。

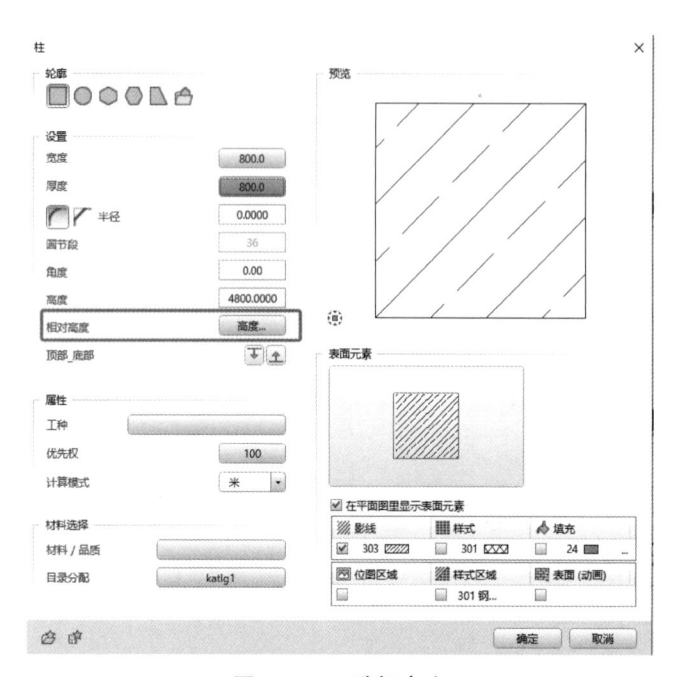

图5.3-6 选择高度

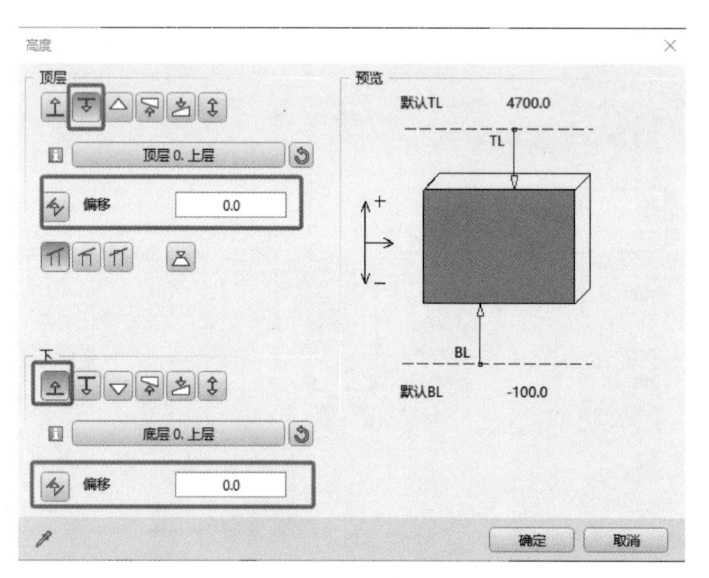

图5.3-7 调整位置

④单击"工种"命令,在弹出的"工种"下拉列表中选择"混凝土浇筑作业",单击"确定"按钮,根据要求及项目信息修改"计算模式"和"材料/品质",如图5.3-8所示。

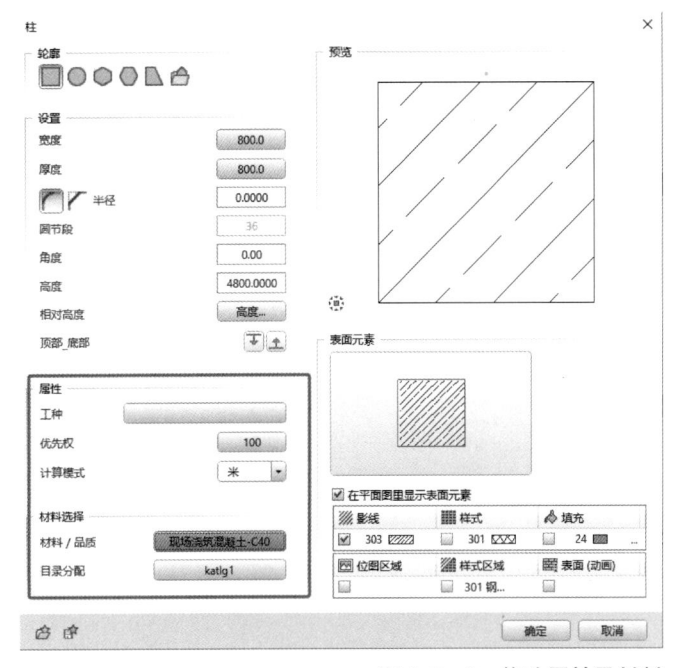

图 5.3-8 修改属性及材料

⑤设置柱的"影线"样式为"303"、"填充"选择"24",如图 5.3-9 所示。然后单击"表面(动画)",从库中选择相应的混凝土动画,如图 5.3-10 所示。

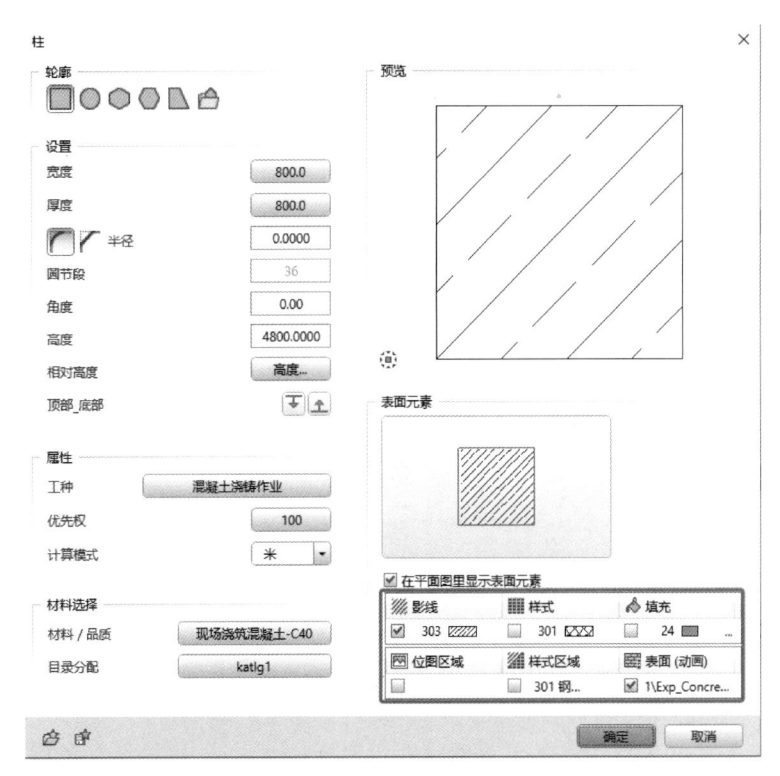

图 5.3-9 设置影线

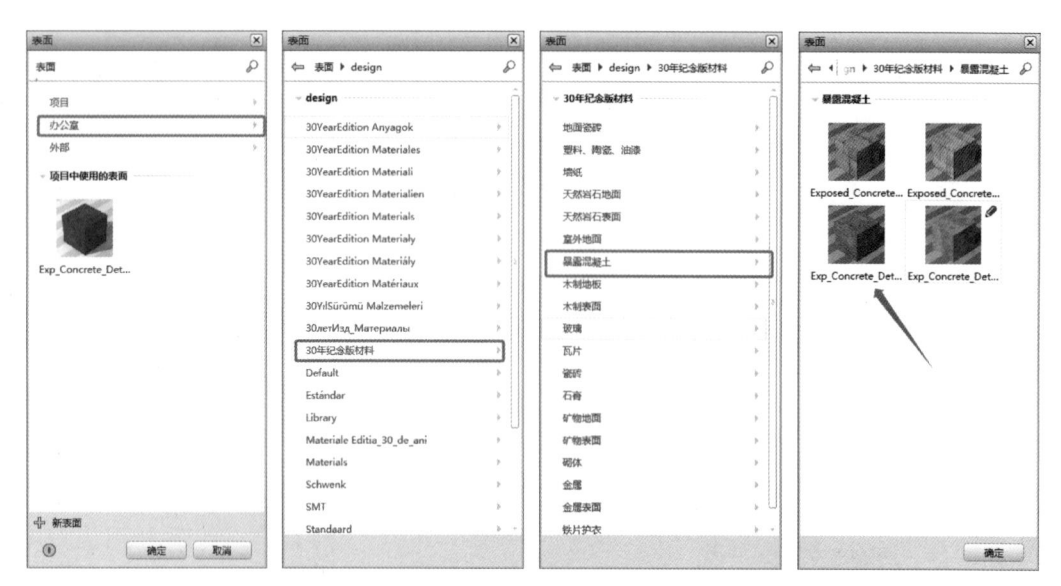

图 5.3－10　选择表面动画

(6) 放置框架柱

❶ 通过修改锚点可以调整柱放置的基准点。单击"预览的锚点"⊠按钮的左下角，使红点对齐预览柱左下角，然后对照图纸在绘图区域找到相应的位置，单击鼠标左键即可放置成功，如图 5.3－11 所示，依次设置 KZ2。

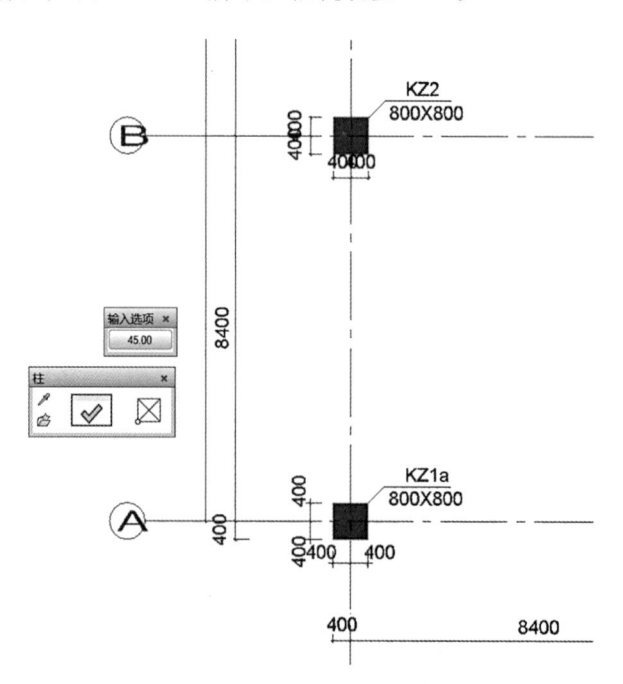

图 5.3－11　放置框架柱

❷ 通过复制、旋转等命令完成相同尺寸柱的布置，再修改宽度和厚度尺寸，将剩余矩形框架柱绘制完全，如图 5.3－12 所示。

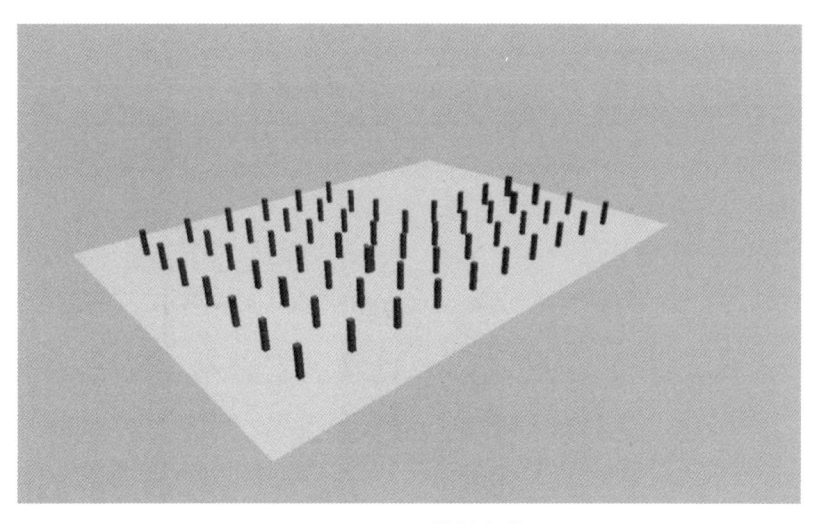

图 5.3-12　绘制完成

2. 约束边缘剪力墙柱创建

（1）定义约束边缘剪力墙柱属性

① 约束边缘剪力墙柱绘制方法与框架柱绘制方法基本类似，区别在于约束边缘剪力墙柱平面为不规则图形，所以在选择柱轮廓时应该选择多边形轮廓，其余的数据修改与矩形框架柱一致，如图 5.3-13 所示。

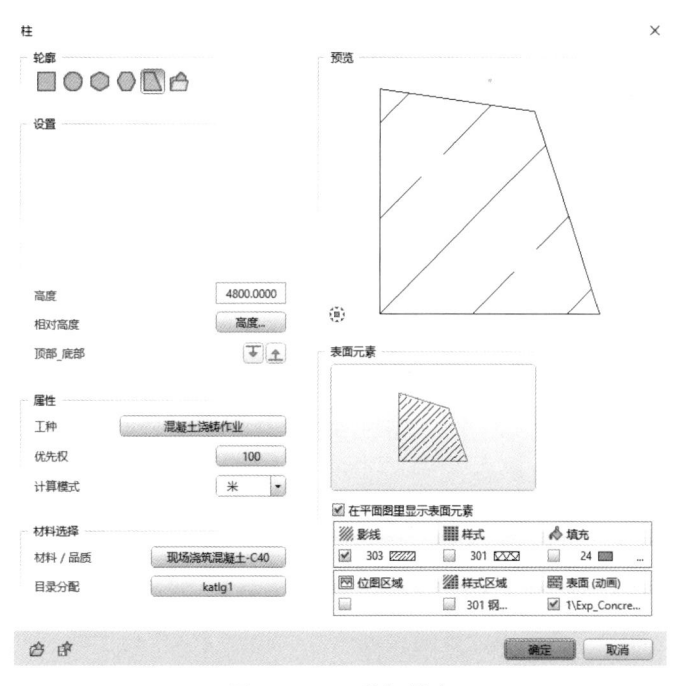

图 5.3-13　选择轮廓

② 设置好约束边缘剪力墙柱属性之后单击"确定"按钮，根据约束边缘剪力墙柱轮廓描边，绘制好之后，按〈Esc〉键退出即可，如图 5.3-14 所示。

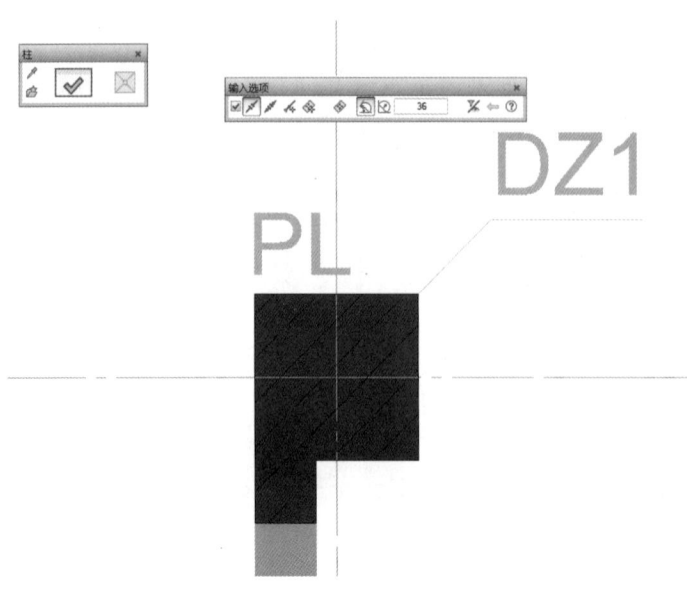

图 5.3-14 描绘轮廓

❸ 根据相同的方法，将剩余的约束边缘剪力墙柱绘制完成，如图 5.3-15 所示。

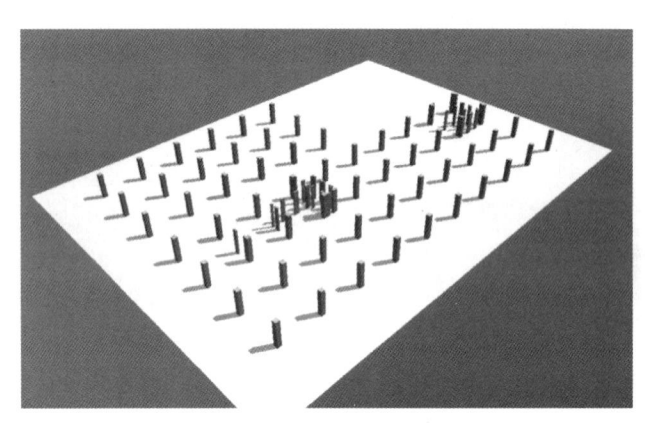

图 5.3-15 绘制完成

扫码，看视频教程

5.4 结构梁模型创建

结构梁模型创建

5.4.1 知识导入

两端或一端由支座支撑，承受竖向荷载，以受弯为主的构件，主要位于建筑的上部，与楼板或屋面板连接组成建筑的楼面或屋面。

根据不同的分类标准，可以分为不同类型。在平法图集[①]中，梁的类型有以下几

---

① 参见中国建筑标准设计研究院编《混凝土结构施工图平面整体表示方法制图规则和构造详图（现浇混凝土框架、剪力墙、梁、板）》（国家建筑标准设计图集 16G101-1），中国计划出版社，2016。

种，如表5.4-1所示。

表5.4-1 结构梁的类型

梁类型	代号	序号	跨数及是否带有悬挑
楼层框架梁	KL	××	(××)、(××A) 或 (××B)
楼层框架扁梁	KBL	××	(××)、(××A) 或 (××B)
屋面框架梁	WKL	××	(××)、(××A) 或 (××B)
框支梁	KZL	××	(××)、(××A) 或 (××B)
托柱转换梁	TZL	××	(××)、(××A) 或 (××B)
非框架梁	L	××	(××)、(××A) 或 (××B)
悬挑梁	XL	××	(××)、(××A) 或 (××B)
井字梁	JZL	××	(××)、(××A) 或 (××B)

注：(××A) 为一端有悬挑，(××B) 为两端有悬挑，悬挑不计入跨数。例如：KL7（5A）表示第7号框架梁，5跨，一端有悬挑；L9（7B）表示第9号非框架梁，7跨，两端有悬挑。

其中，框架梁是指在框架结构中两端与框架柱相连的梁；非框架梁是指在框架结构中框架梁之间设置的将楼板的重量先传给框架梁的其他梁。

5.4.2 重点解析

绘制金砖大厦一层框架梁，需关注信息：金砖大厦结构施工图-结构梁图纸；梁截面形状及尺寸、平面定位、梁标高、梁材质。

5.4.3 步骤说明

1. 矩形框架梁（KL）创建

（1）获取图纸信息

❶ 打开金砖大厦结构施工图-梁，找到一层顶梁施工图，可知一层各框架梁平面定位信息，图中包含框架梁（KL）和非框架梁（L）两种类型的梁，其中框架梁为矩形框架梁，如图5.4-1所示。

❷ 如图5.4-2所示，在①号轴线的KL8上有属性标注。其中图中"KL8（6）"指的是梁的编号及数量，代表第8号框架梁，一共有6跨；"400×600"代表梁的截面尺寸，即梁宽为400mm，梁高为600mm。

接下来绘制①号轴线框架梁KL8。

（2）选择底图制图文件

鼠标右键单击一层平面，选择"分配制图文件"，选择两个空白制图文件分配给一层，选择一层中的一个空白制图文件设为红色状态，如图5.4-3所示。

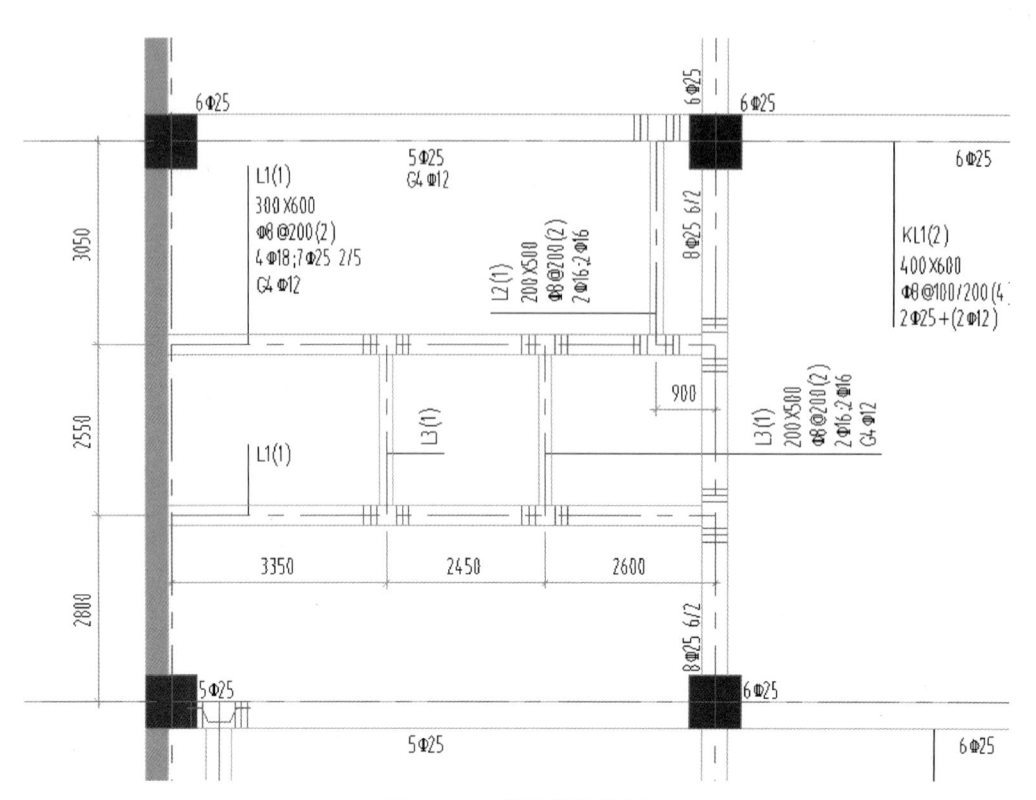

图 5.4-1　框架梁结构图

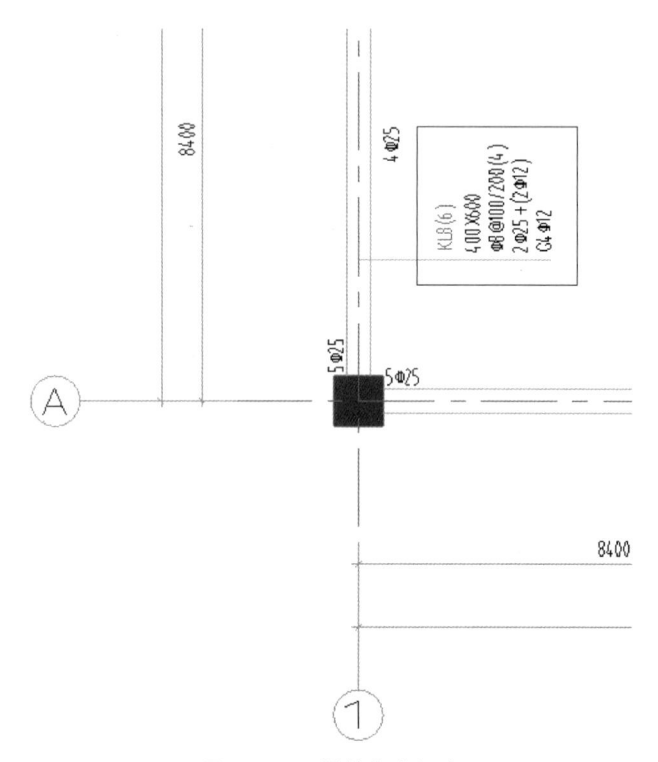

图 5.4-2　梁的集中标注

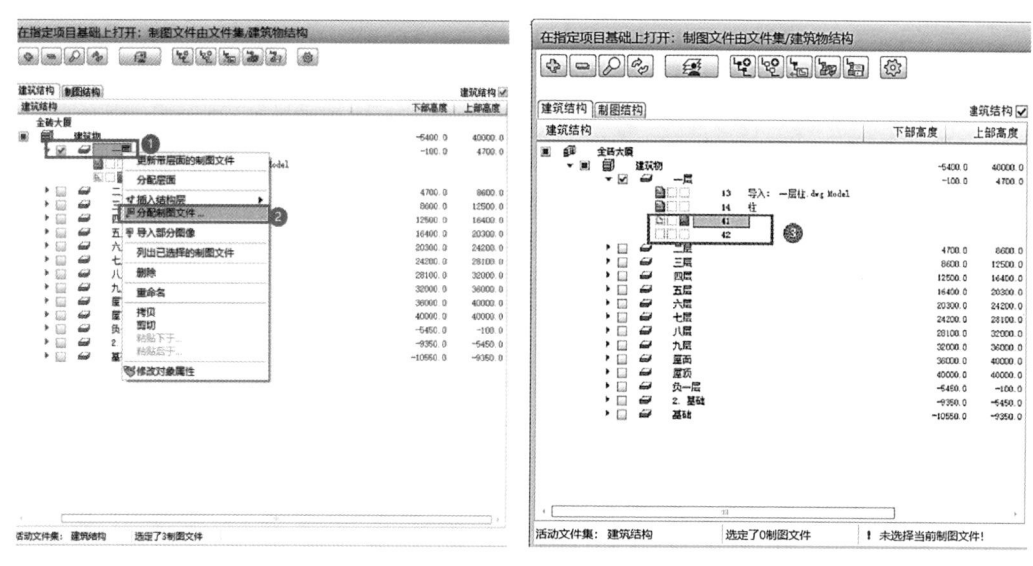

图 5.4-3 分配制图文件

(3) 导入结构梁图纸

❶ 选择菜单栏"文件"下拉选项"引入",单击"输入 AutoCAD 数据"选项,在弹窗中打开要导入的一层梁图纸,最后在弹窗中单击"确定"按钮。

❷ 在弹出的"导入"弹窗中选择要导入的结构梁图纸,单击"打开"按钮。这样,就将梁的底图文件导入至"41"号制图文件中了,如图 5.4-4 所示。

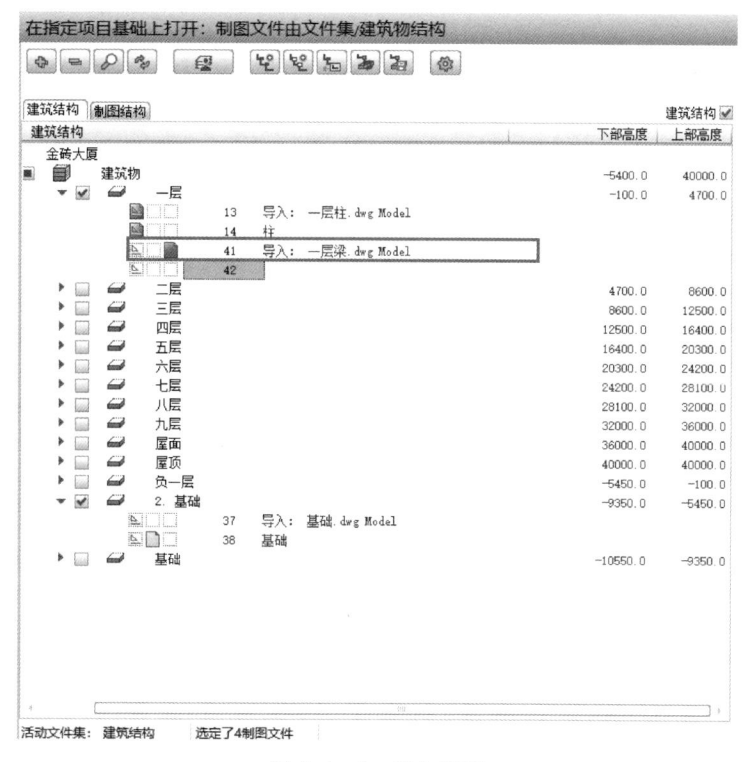

图 5.4-4 导入底图

③ 导入后的图纸与创建好的柱位置偏移，框选图纸，单击右侧工具条中的"移动"按钮，以 1 轴交 A 轴为"基点"，移动到与轴网重合。

（4）创建梁的制图文件

鼠标右键单击一层当中的一个空白制图文件，再单击"重命名"选项，输入"梁"，然后将放置底图的制图文件设为灰色状态，"梁"制图文件设为红色状态。

（5）定义框架梁属性

① 单击"工具"选项卡，在下拉选项中选择"建筑"模块，单击"基本：墙，洞口，构件"标签，然后单击"肋形楼板梁，直立梁"命令，在弹出的窗口中单击"√"按钮可弹出属性窗口。

② 在弹出的窗口中对相关属性进行修改，如图 5.4-5 所示，设置梁的"厚度"为"400"、"高度"为"600"，单击"确定"按钮。

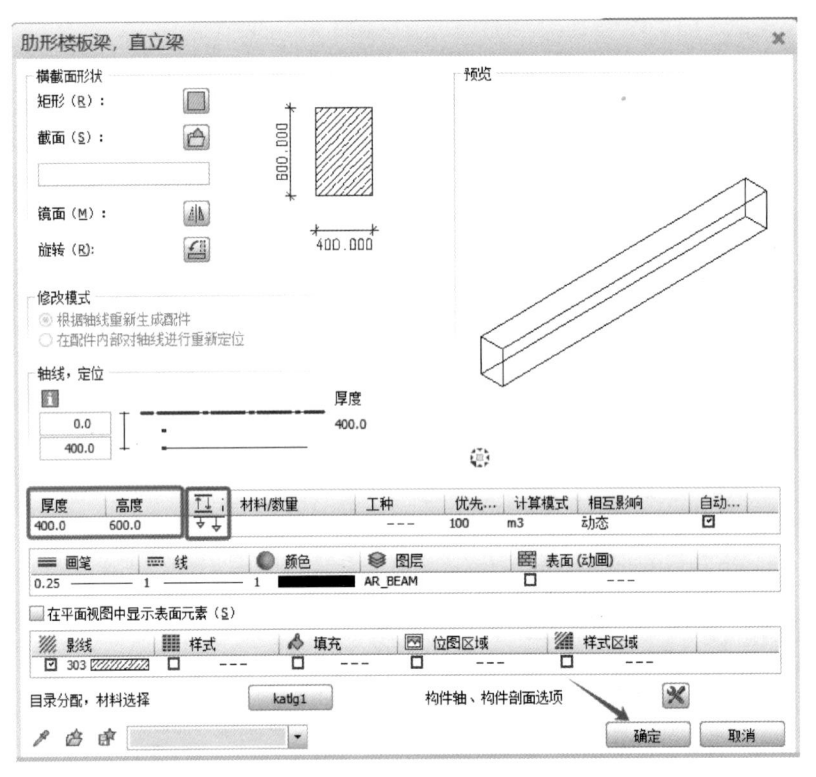

图 5.4-5　修改尺寸

③ 修改好梁尺寸之后，单击"高度"图标，在弹出的"高度"弹窗中输入高度偏移值，"顶层"选项组单击 按钮"偏移"值为"0"，"下"选项组单击 按钮"构件高度"为"600"，如图 5.4-6 所示，单击"确定"按钮。

（6）放置框架梁

找到 KL8 所在的位置，单击框架梁起点位置，再拉到终点位置，单击鼠标左键，按照图纸依次绘制框架梁。

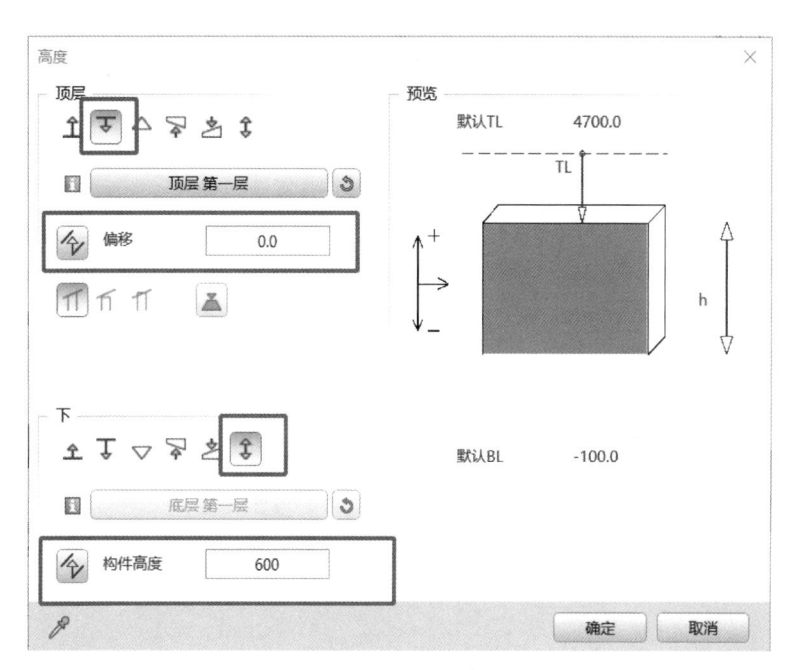

图 5.4-6 调整高度

注意：跨与跨之间不得断开。

2. 矩形非框架梁（L）创建

在梁的平面图中还设置有矩形非框架梁（L），图 5.4-7 所示的非框架梁的两端

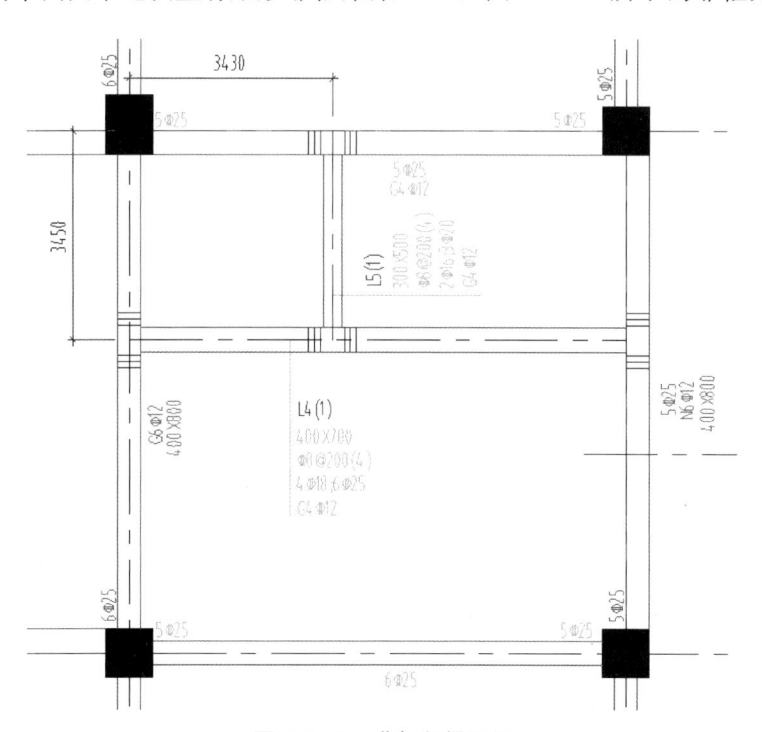

图 5.4-7 非框架梁图纸

至少有一端支撑在框架梁上，其绘制方法与框架梁绘制方法相同，按照框架梁的绘制方法，将一层结构梁绘制完成，如图5.4-8所示。

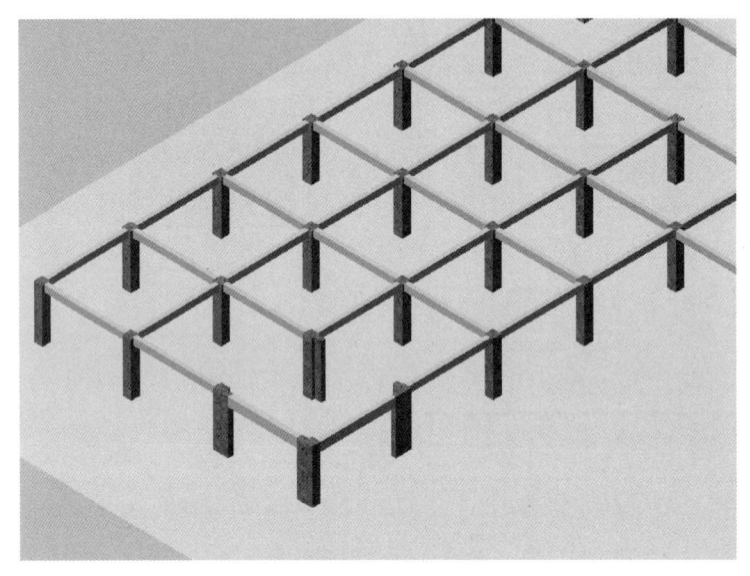

图 5.4-8 绘制完成

5.5 结构墙模型创建

扫码，看视频教程

结构墙模型创建

5.5.1 知识导入

结构墙一般指剪力墙又称抗风墙或抗震墙，是房屋或构筑物中主要承受风荷载或地震作用引起的水平荷载和竖向荷载（重力）的墙体，以防止结构剪切（受剪）破坏，一般用钢筋混凝土做成。

结构墙根据其平面形状分为平面剪力墙和筒体剪力墙。平面剪力墙常用于钢筋混凝土框架结构、无梁楼盖体系中。为增加结构的刚度、强度及抗倒塌能力，在某些部位可现浇或预制装配钢筋混凝土剪力墙。现浇剪力墙与周边梁、柱同时浇筑，整体性好。筒体剪力墙用于高层建筑、高耸结构和悬吊结构中，由电梯间、楼梯间、设备及辅助用房的间隔墙围成，筒壁均为现浇钢筋混凝土墙体，其刚度和强度与平面剪力墙相比可承受较大的水平荷载。

结构墙根据其受力特点可以分为承重墙和剪力墙，前者以承受竖向荷载为主，如砌体墙；后者以承受水平荷载为主。

5.5.2 重点解析

绘制金砖大厦一层结构墙，需关注信息：金砖大厦结构施工图-结构柱图纸；结构墙体的平面位置、结构墙截面形状及尺寸、结构墙高、结构墙材质。

5.5.3 步骤说明

（1）获取图纸信息

打开金砖大厦结构施工图-结构柱，找到一层结构柱施工图，可知一层各结构墙平面定位信息，其中重点关注结构墙体的平面位置、结构墙截面形状及尺寸、结构墙高、结构墙材质信息，接下来以 Q1 为例进行绘制，如图 5.5-1 所示。

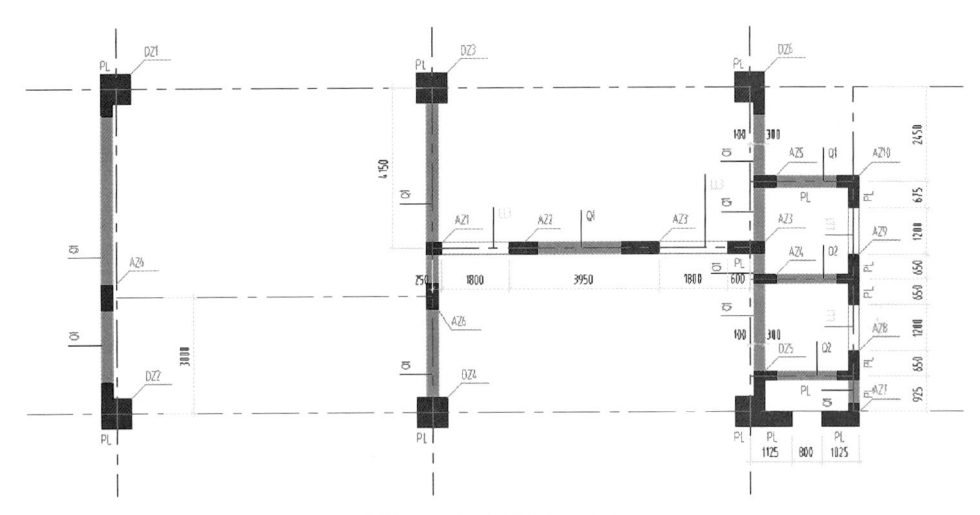

图 5.5-1 结构墙施工图

（2）创建剪力墙的制图文件

鼠标左键双击绘图区域空白处，选择一层中的空白制图文件单击右键，再单击"重命名"选项，输入"剪力墙"，最后将底图制图文件设为灰色状态，将"剪力墙"制图文件设为红色状态。

（3）修改墙体属性及绘制墙体

❶ 单击"工具"选项卡，在下拉选项中选择"建筑"模块，单击"基本：墙，洞口，构件"标签，单击"墙"命令，在弹出的墙窗口中单击"√"按钮可弹出墙的属性窗口，在窗口中可对墙体的相关属性进行修改。

❷ 设置绘制墙体的"层数"为"1"，输入墙的"厚度"为"300"、"高度"为"4800"，蓝色线表示定位轴线（按住鼠标左键可以调整位置），如图 5.5-2 所示。单击"高度"图标，弹出高度设置窗口。

❸ 在"顶层"选项组中单击"相对于上平面"按钮，"偏移"为"0"，在"下"选项组中单击"固定的配件高度"按钮，"构件高度"为"4800"，如图 5.5-3 所示。

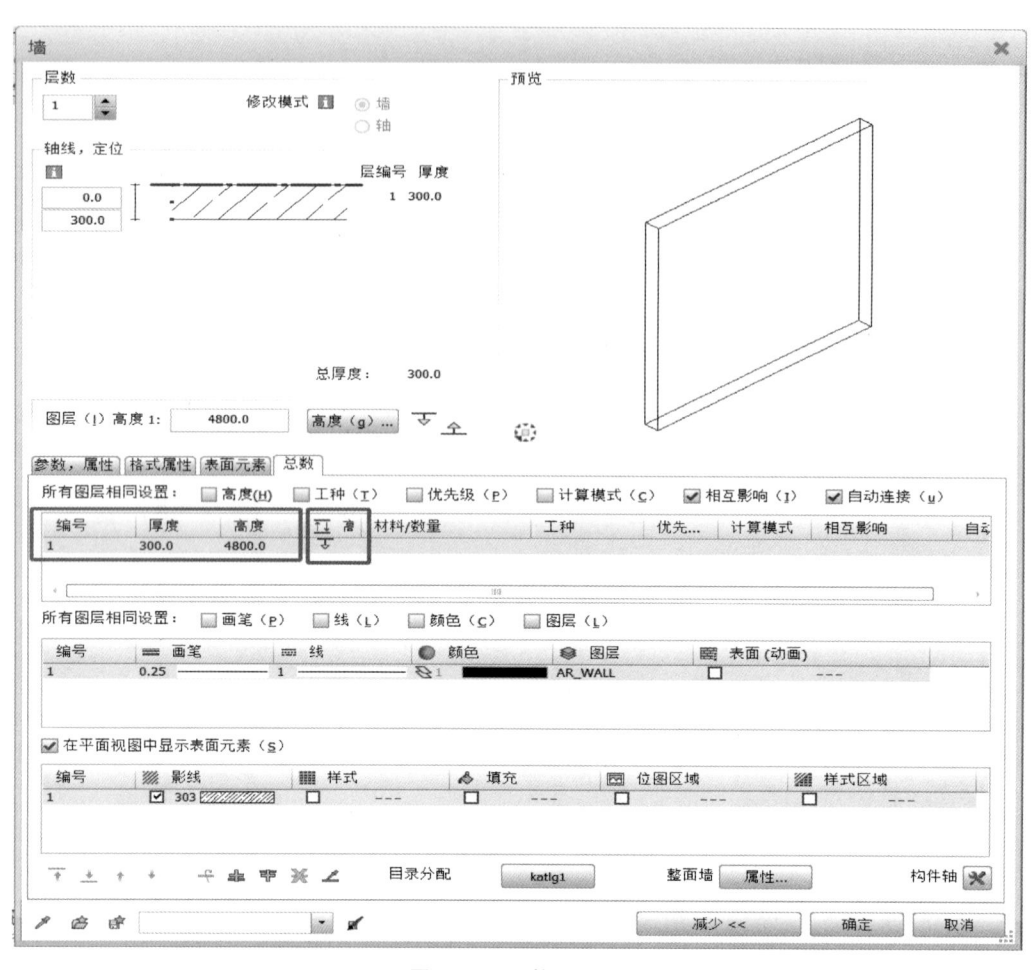

图 5.5-2　修改尺寸

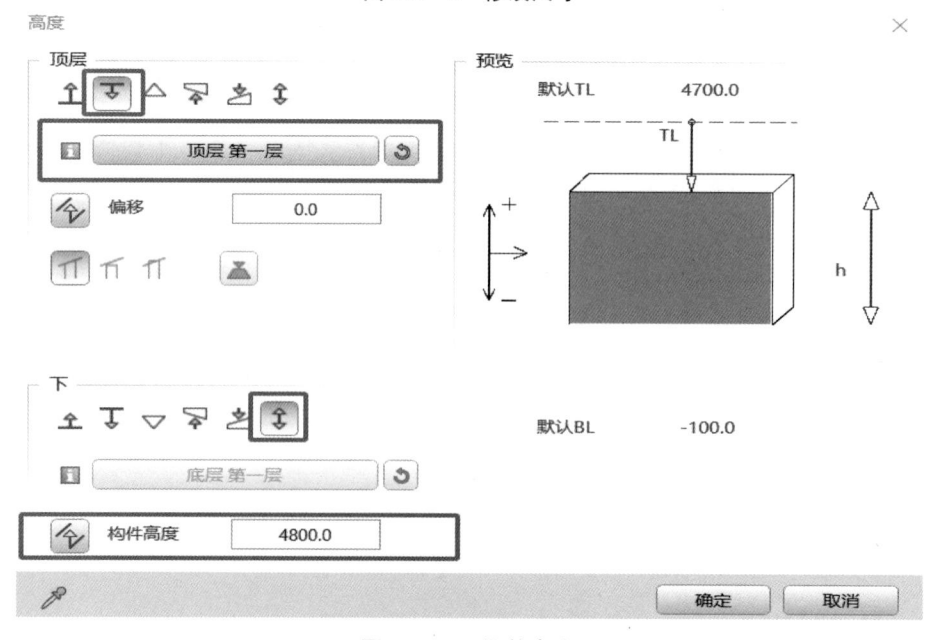

图 5.5-3　调整高度

第五章　结构建模

❹ 选择"格式属性"标签，单击"表面（动画）"按钮，在弹出的表面（动画）库文件夹中选择混凝土样式，如图5.5-4所示。

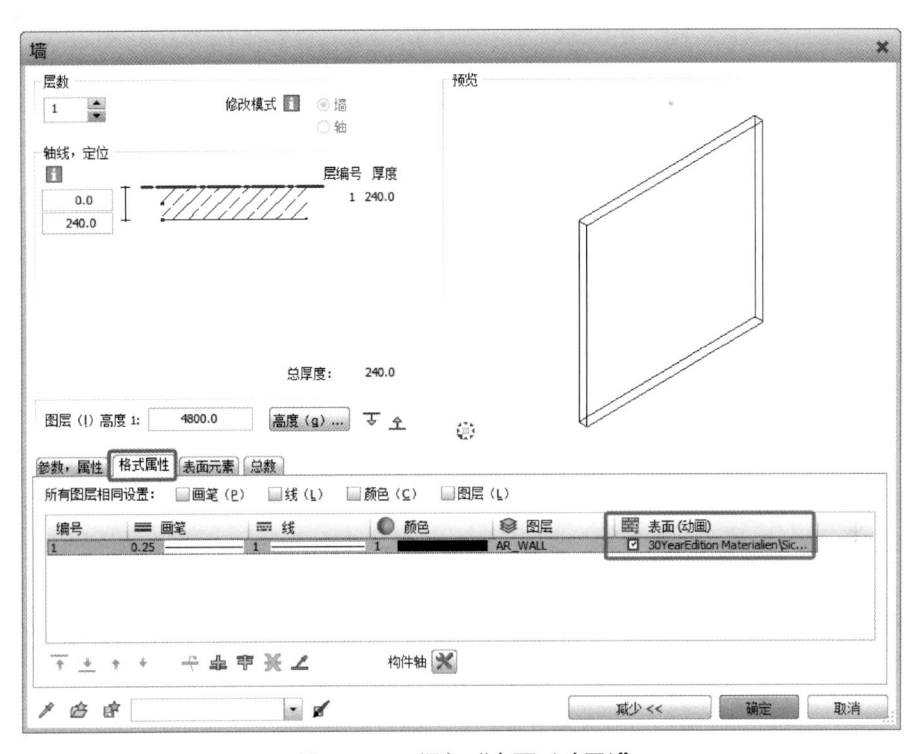

图 5.5-4　添加"表面（动画）"

❺ 根据结构墙的平面位置，通过"直线"命令绘制墙体的起点和终点，即可生成结构墙，如图5.5-5、图5.5-6所示。

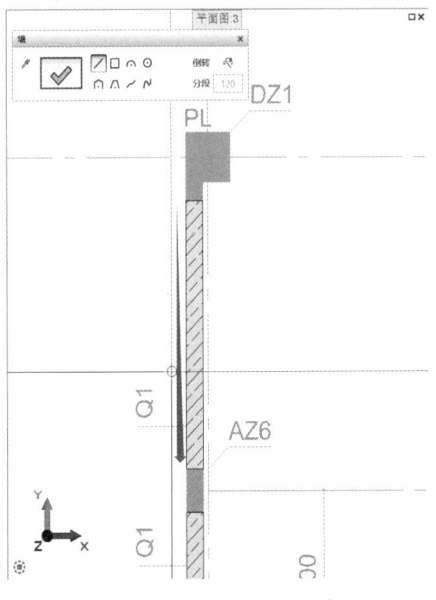

图 5.5-5　绘制结构墙

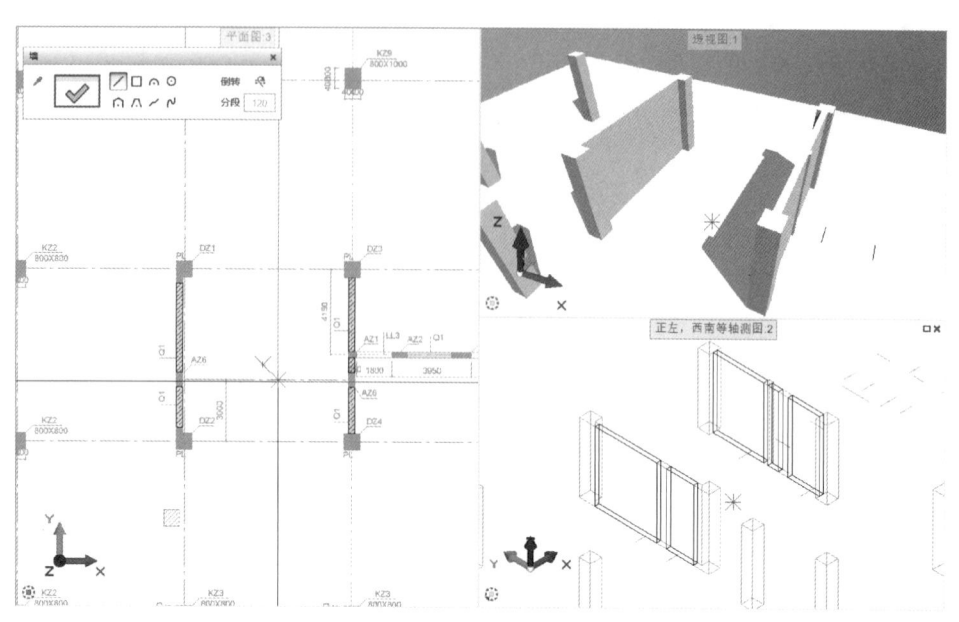

图 5.5-6 绘制完成

5.6 结构板模型创建

5.6.1 知识导入

楼板主要承受竖向均布荷载,楼板能在高度方向将建筑物分隔为若干层。楼板是墙、柱水平方向的支撑及联系构件,既能保持墙、柱的稳定性,又能承受水平方向传来的荷载(如风载、地震载),并把这些荷载传给墙、柱,再由墙、柱传给基础。此外,楼板还具有保温、隔热、隔声作用和防火、防水、防潮等功能。建筑楼板常用厚度为120mm,叠合板常用厚度为60mm(预制层)+70mm(现浇层)。

5.6.2 重点解析

绘制金砖大厦一层结构板(楼板),需关注金砖大厦结构施工图-结构板图纸;结构板的编号、厚度、材质和标高,结构板的平面位置和形状。

5.6.3 步骤说明

(1) 获取图纸信息

打开金砖大厦结构施工图-结构板文件,找到一层结构板施工图,可知一层各结构板的平面定位信息,其中重点关注结构板的编号、厚度、材质和标高,再根据结构板的平面位置及形状绘制,接下来以①轴—②轴交 A 轴—B 轴楼板 LB-3 为例绘制,如图 5.6-1 所示。

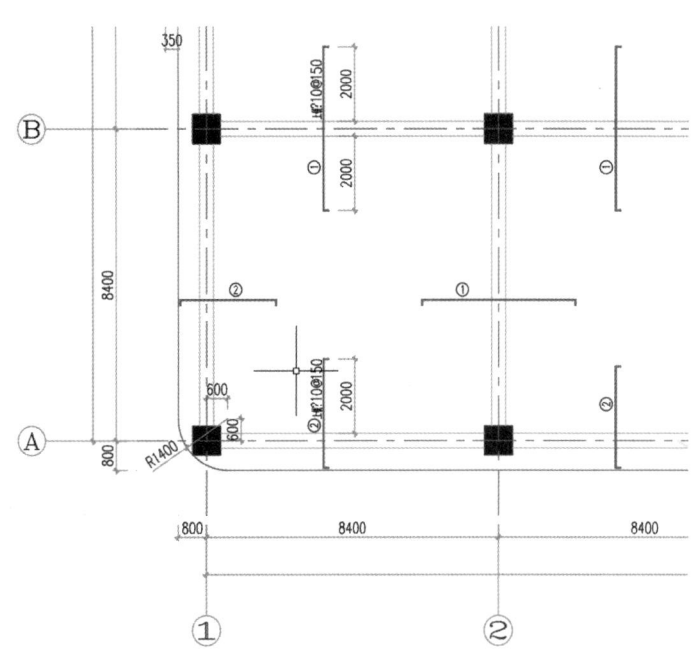

图 5.6-1　结构板施工图

（2）绘制（楼）板

① 单击"工具"选项卡，在下拉选项中选择"建筑"模块，单击"基本：墙，洞口，构件"标签，单击"板"命令。

② 设置楼板的厚度、高度、材质、线型样式、平面样式等参数，属性参数设置好后单击"确定"按钮，如图 5.6-2 所示。

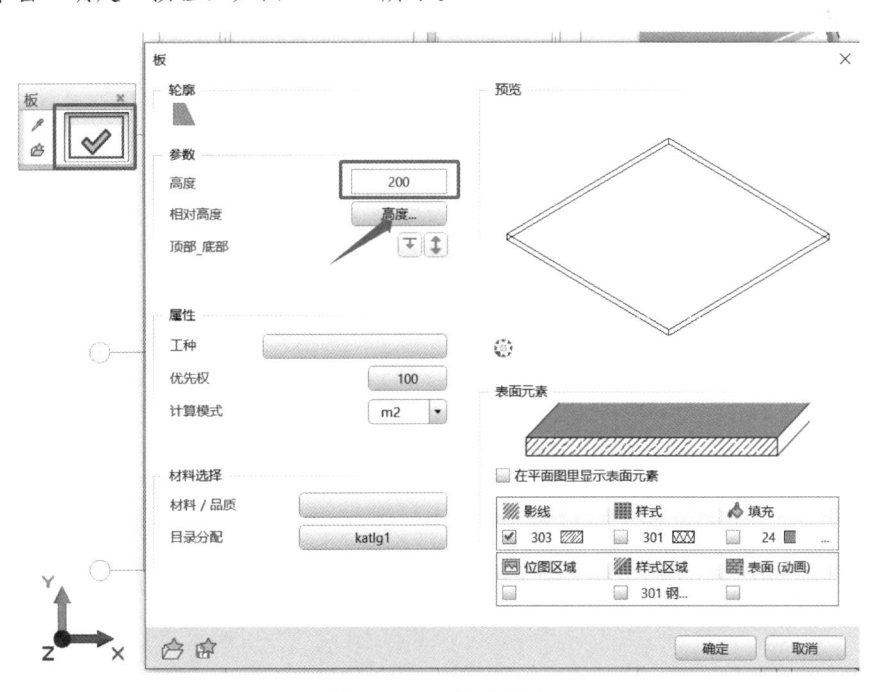

图 5.6-2　修改尺寸

❸ 在"高度"属性中单击"顶层"选项组中的"相对于上平面"按钮,"偏移"为"0",在"下"选项组中单击"固定的配件高度"按钮,"构件高度"为"200",最后单击"确定"按钮,如图5.6-3所示。

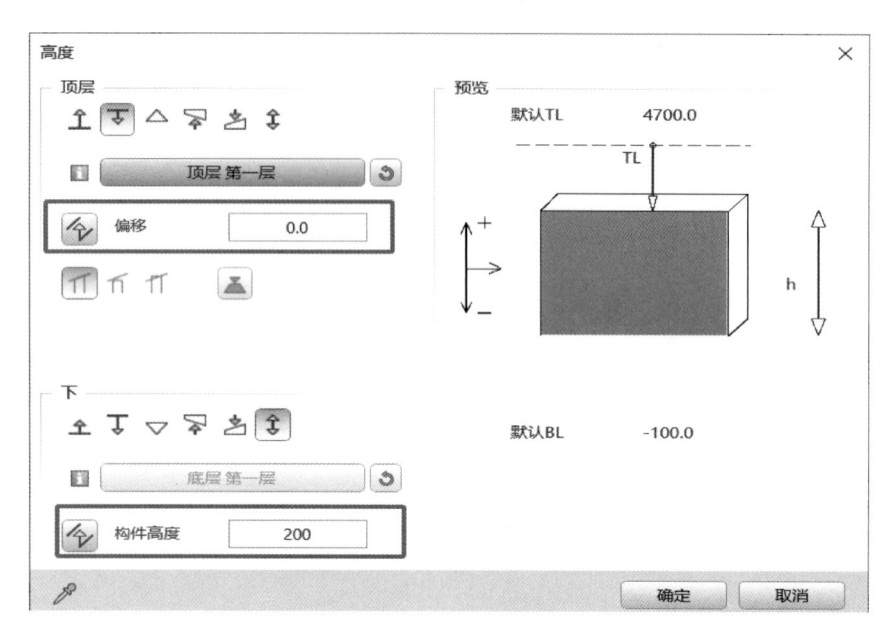

图 5.6-3 调整高度

❹ 单击"表面(动画)"按钮,在弹出的材料库中根据要求选择材料,如图 5.6-4 所示。

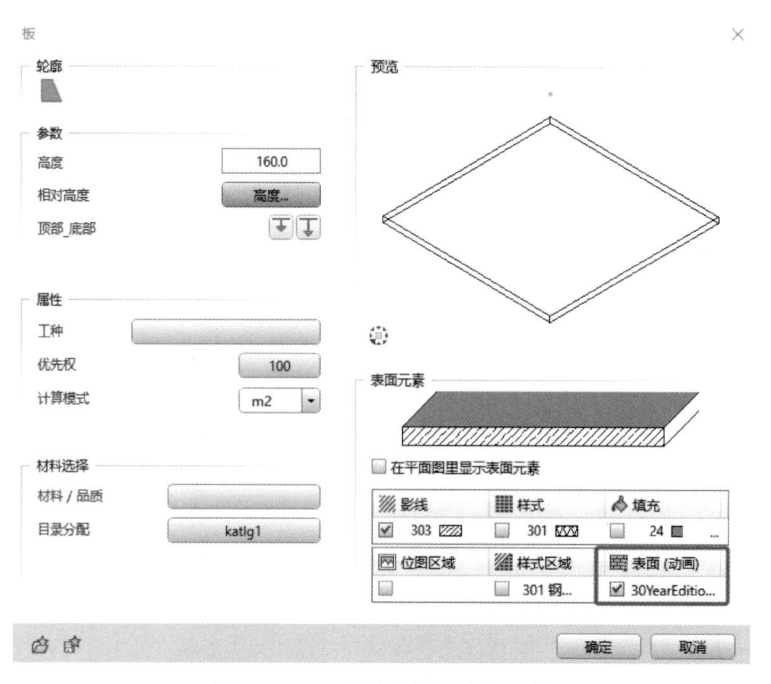

图 5.6-4 设置"表面(动画)"

5 按照图纸绘制楼板的轮廓线即可生成楼板，如图5.6-5、图5.6-6所示。

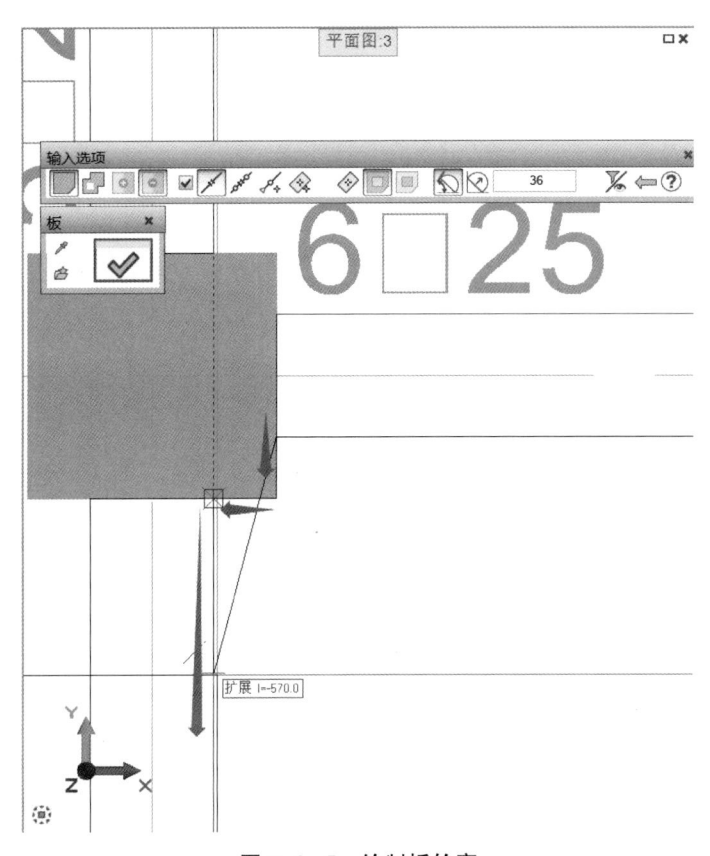

图5.6-5 绘制板轮廓

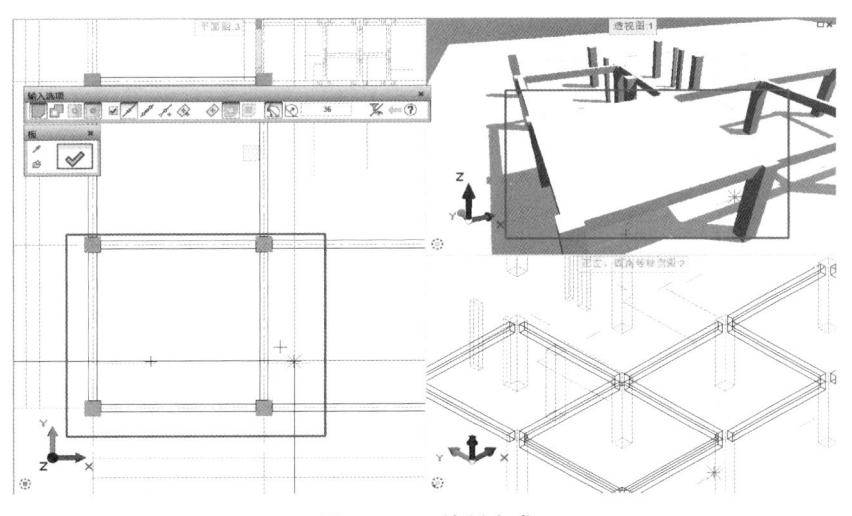

图5.6-6 绘制完成

5.7 屋顶模型创建

扫码，看视频教程

屋顶模型创建

5.7.1 知识导入

1. 概念

屋顶是建筑顶部的承重和围护构件，一般由屋面、保温（隔热）层和承重结构三部分组成。屋顶又被称为建筑的"第五立面"，对建筑的形体和立面形象具有较大的影响，屋顶的形式将直接影响建筑物的整体形象。

2. 分类

屋顶按排水坡度大小及建筑造型要求可分为以下几种。

（1）坡屋顶

传统坡屋顶多采用在木屋架（或钢木屋架）、木檩条、木望板上加铺各种瓦屋面等传统做法；现代坡屋顶则多改为钢筋混凝土屋面桁架（或屋面梁）及屋面板，再加防水屋面等做法。坡屋顶一般坡度都较大，如高跨比为 $1/6\sim1/4$，不论是双坡还是四坡，排水都较通畅，下设吊顶。保温隔热效果都较好。

坡屋顶的常见形式：单坡、双坡屋顶，硬山及悬山屋顶，四坡歇山及庑殿屋顶，圆形或多角形攒尖屋顶等，如图 5.7-1 所示。

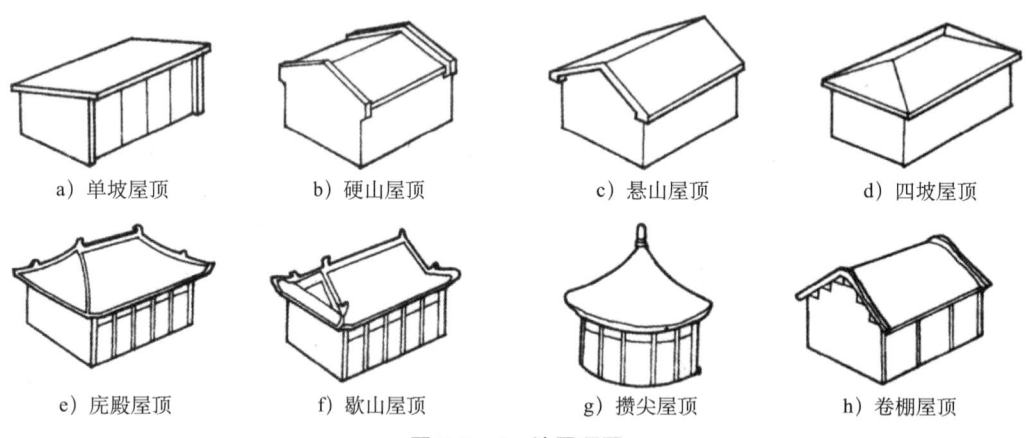

a）单坡屋顶　　b）硬山屋顶　　c）悬山屋顶　　d）四坡屋顶

e）庑殿屋顶　　f）歇山屋顶　　g）攒尖屋顶　　h）卷棚屋顶

图 5.7-1　坡屋顶图

坡屋顶的形式和坡度主要取决于建筑平面、结构形式、屋面材料、气候环境、风俗习惯和建筑造型等因素。

（2）平屋顶

平屋顶坡度很小，高跨比小于 1/10，屋面基本平整，可上人活动，有的可作为屋顶花园，甚至作为直升机停机坪。平屋盖既是承重构件，又是围护结构。构造具有多种材料叠合、多层次做法的特点，如图 5.7-2 所示。平屋顶由承重结构、功能层及屋面三部分构成，承重结构多为钢筋混凝土梁（或桁架）及板，功能层除防水功能由屋面解决外，其他层次则根据不同地区而设，如寒冷地区应加设保温层，炎热地区则加隔热层。

图 5.7-2　平屋顶图

（3）其他屋顶

民用建筑通常采用平屋顶或坡屋顶，有时也采用曲面或折面等其他形状的特殊屋顶，如拱屋顶、折板屋顶、薄壳屋顶、桁架屋顶、悬索屋顶、网架屋顶等，现代一些大跨度建筑如体育馆多采用金属板为屋顶材料，如彩色压型钢板或轻质高强、保温防水好的超轻型隔热复合夹芯板等。

这些屋顶的结构形式独特，其传力系统、材料性能、施工及结构技术等都有一系列的理论和规范，再通过结构设计形成结构覆盖空间。建筑设计应在此基础上进行艺术处理，以创造出新型的建筑形式。

3. 设计要求

在构造设计时要注意解决防水、保温、隔热及隔声、防火等问题，保证屋顶构件的强度、刚度和整体空间的稳定性。屋顶设计时应考虑其功能、结构、建筑艺术 3 方面的要求。

（1）使用功能

第一，防水排水要求。作为围护结构，屋顶最基本的功能是防止渗漏，因而屋顶构造设计的主要任务就是解决防水问题。屋顶应使用不透水的防水材料，并采用合理的构造处理，达到防水、排水目的。防水是采用防水材料形成一个封闭的防水覆盖层；排水是采用一定的排水坡度将屋顶的雨水尽快排走。屋顶防水、排水是一项综合性的技术问题，与建筑结构形式、防水材料、屋顶坡度、屋顶构造处理等做法有关，应将防水与排水相结合，综合各方面的因素加以考虑。设计中应遵循"合理设防、防排结合、因地制宜、综合治理"的原则。我国现行的《屋面工程技术规范》（GB 50345—2012）根据建筑物的性质、重要程度、使用功能要求及防水耐久年限等，将屋面防水划分为四个等级。

第二，保温隔热要求。屋顶的另一功能是保温隔热。在寒冷地区的冬季，室内一般都需要采暖，屋顶应有良好的保温性能，以保持室内温度。否则不仅浪费能源，还可能产生室内表面结露或内部受潮等一系列问题。南方炎热地区的气候属于湿热型气候，夏季气温高、湿度大、天气闷热。如果屋顶的隔热性能不好，在强烈的太阳辐射和气温作用下，大量的热量就会通过屋顶传入室内，影响人们的工作和休息。在处于严寒地区与炎热地区之间的地带，对高标准建筑也需做保温或隔热处理。对于有空调的建筑来说，为保持其室内温度的稳定，减少空调设备的投资和维护费用，要求其外维护结构具有良好的热工性能。

(2) 结构安全

屋顶是建筑物上部的承重结构，支撑自重和作用在屋顶上的各种活荷载，同时还对房屋上部起水平支承作用。因此要求屋顶结构应具有足够的强度、刚度和整体空间的稳定性，能承受风、雪、雨、施工、上人等荷载。地震区还应考虑地震荷载对它的影响，满足抗震的要求。并力求做到自重轻、构造层次简单、就地取材、施工方便、造价经济、便于维修。

(3) 建筑艺术

屋顶是建筑外部形体的重要组成部分。其形式对建筑物的"性格特征"有很大的影响。屋顶设计还应满足建筑艺术的要求。

中国古典建筑的坡屋顶造型优美，具有浓郁的民族风格。如天安门城楼采用重檐歇山屋顶和金黄色的琉璃瓦屋面，使建筑物显得灿烂辉煌。新中国成立后，我国修建的不少著名建筑，也采用了中国古建筑屋顶的某些手法，取得了良好的建筑艺术效果。如北京民族文化宫塔楼为四角重檐尖屋顶，配以孔雀蓝琉璃瓦屋面，其民族特色分外鲜明。又如毛主席纪念堂虽采用的是平屋顶，但在檐口部分采用了两圈金黄色琉璃瓦，与天安门广场上的建筑群达到了协调统一。国外也有很多著名建筑，由于重视了屋顶的建筑艺术处理而使建筑各具特色。

5.7.2 重点解析

绘制金砖大厦屋顶，需关注金砖大厦建筑施工图-屋顶层图纸。屋顶形状及大小、屋顶高度、屋顶坡度、屋顶材质。

5.7.3 步骤说明

1. 创建坡屋顶

(1) 创建屋顶制图文件

单击"在指定项目基础上打开"按钮或左键双击空白处。在文件集里新建一个制图文件，右键"重命名"为"框架柱配筋"，红色显示。

(2) 绘制屋顶下方墙体模型

打开屋顶层平面图，根据墙的高度绘制出墙，如图5.7-3所示。

(3) 绘制屋顶轮廓

① 在"快速访问栏"托盘→"建筑"中选择"一般，屋顶，平面，剖面"模块，单击"屋顶结构"，在弹出的对话框中修改参数（根据图纸设置其参数），如图5.7-4所示。

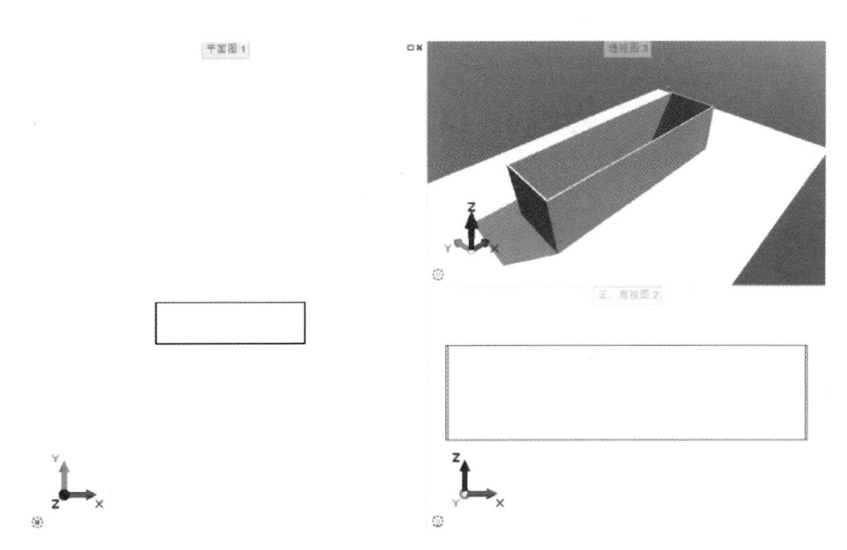

图 5.7-3　绘制墙体

图 5.7-4　设置屋顶参数

②在墙上框选矩形（在框选成功后，元素会变色），之后在每条边上单击鼠标左键，如图 5.7-5 所示。

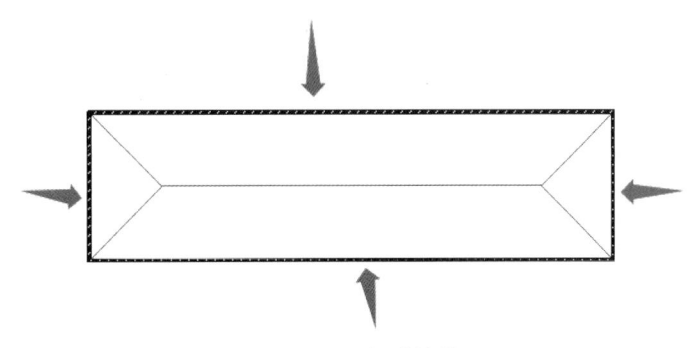

图 5.7-5　框选墙体

（4）创建屋顶模型

在"快速访问栏"托盘→"建筑"中选择"一般，屋顶，平面，剖面"模块，单击"屋顶覆盖"，在弹出的对话框中修改参数（根据图纸设置其参数），框选刚刚绘制的轮廓线，如图 5.7-6 所示，最后按〈Esc〉键结束命令。

121

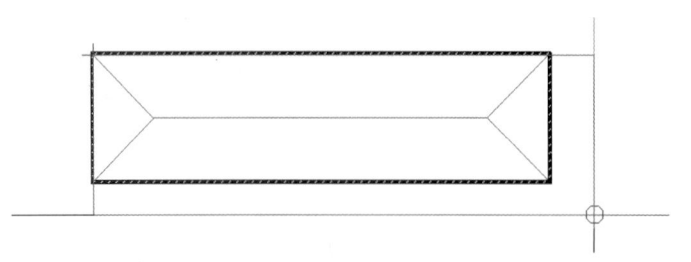

图 5.7-6 创建屋顶模型

（5）为屋顶添加材质

① 在"快速访问栏"托盘→"建筑"中选择"一般，屋顶，平面，剖面"模块，在下方"修改"中单击"修改建筑属性"，在弹出的对话框中单击"表面"选择"瓦片"材质，单击屋顶模型，再单击应用，如图 5.7-7 所示。

图 5.7-7 设置材质

② 为屋顶材质添加完成之后，如图 5.7-8 所示。

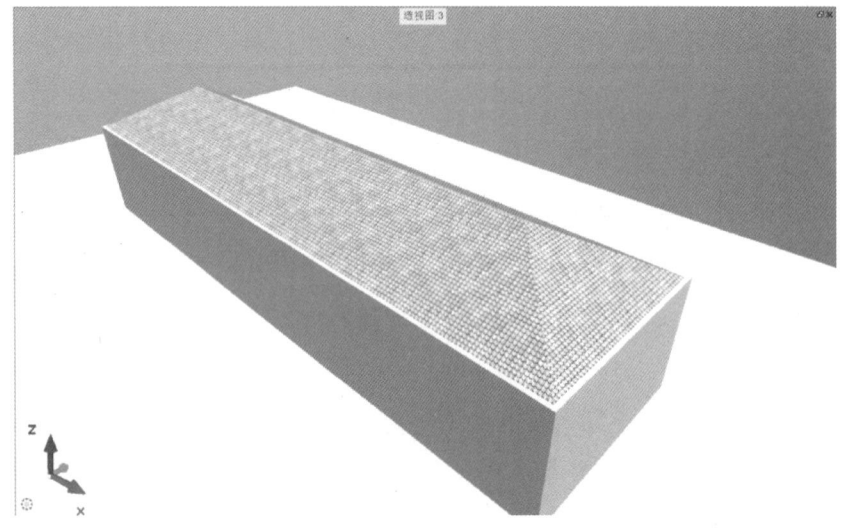

图 5.7-8 设置完成

2. 创建平屋顶

1 单击"工具"选项卡,在下拉选项中选择"建筑"模块,单击切换"一般:屋顶,平面,剖面"标签,然后单击"屋顶结构"命令可弹出属性窗口,如图5.7-9所示。

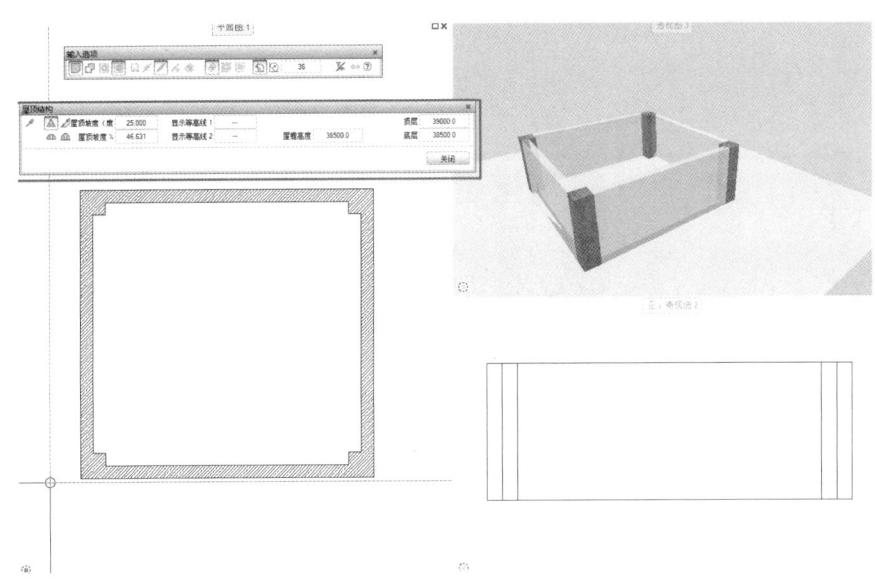

图 5.7-9　选择屋顶结构

2 首先选择屋顶的类型,再调整"屋顶高度"和"屋顶坡度"参数,然后沿着墙体线或图纸屋顶轮廓线画线,按〈Esc〉键退出命令,最后生成屋顶结构如图5.7-10所示。

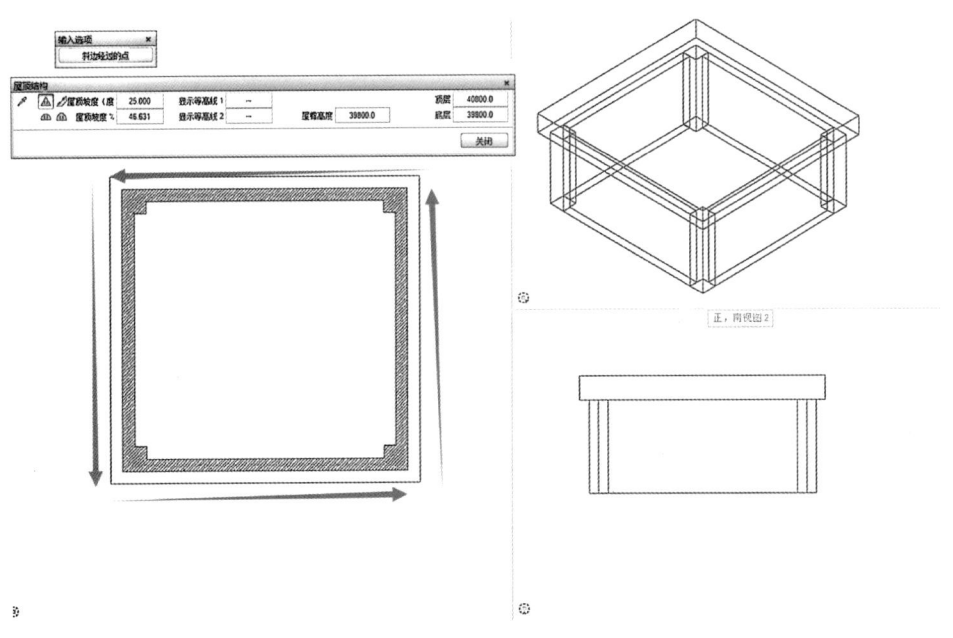

图 5.7-10　绘制屋顶

❸ 单击"工具"选项卡，在下拉选项中选择"建筑"模块，单击切换"一般：屋顶，平面，剖面"标签，然后单击"屋顶覆盖"命令。在弹出的窗口中单击"√"按钮可弹出属性窗口，沿着屋顶轮廓线画完后按〈Esc〉键确定即可创建屋顶，如图 5.7-11 所示。

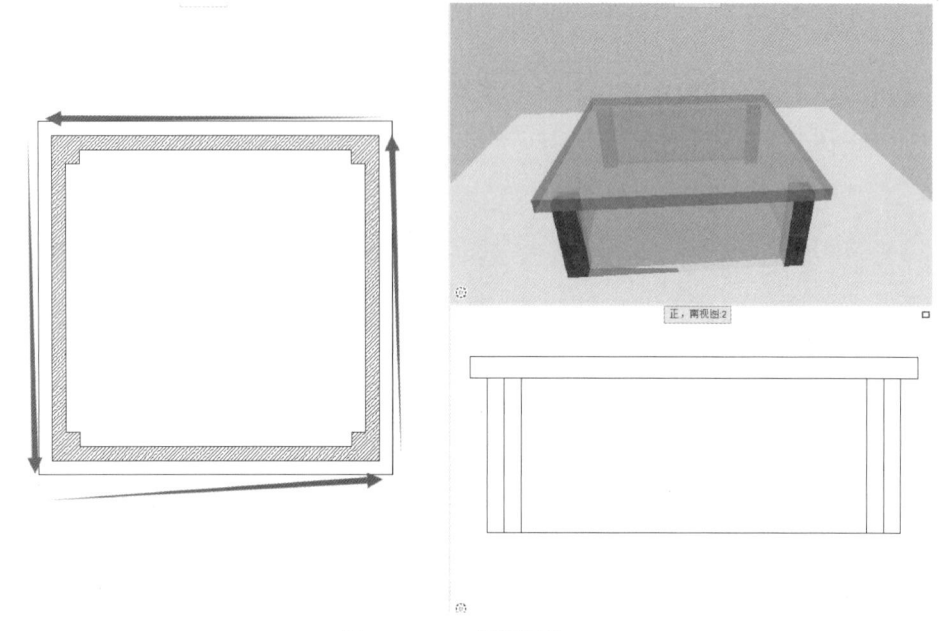

图 5.7-11　屋顶覆盖

5.8　楼梯模型创建

扫码，看视频教程

楼梯模型创建

5.8.1　知识导入

楼梯是指让人顺利上下两个空间的通道。楼梯的结构设计必须合理，才能使人们行走便利，而所占空间最少。从建筑艺术和美学的角度来看，楼梯是视觉的焦点，也是彰显建筑个性的一大亮点。楼梯可按不同方式进行分类。按照楼梯的材料分类，有钢筋混凝土楼梯、钢楼梯、木楼梯及组合材料楼梯。按照楼梯的位置分类，有室内楼梯和室外楼梯。按照楼梯的使用性质分类，有主要楼梯、辅助楼梯、疏散楼梯及消防楼梯。按照楼梯的平面形式分类，主要可分为单跑直楼梯、双跑直楼梯、转角楼梯、双跑平行楼梯、双分平行楼梯、螺旋楼梯、交叉楼梯等。

5.8.2　重点解析

绘制金砖大厦一层楼梯及梯梁等构件，需关注《金砖大厦》结构施工图楼梯图纸中楼梯的类型、标高、材质、梯段的宽度和高度、级数等。

5.8.3 步骤说明

1. 第一种结构楼梯创建方法

(1) 获取图纸信息

打开金砖大厦结构施工图-楼梯，找到一层楼梯施工图，如图 5.8-1 所示，可知一层楼梯平面定位信息，图中包含楼梯大样及各种参数，接下来分别绘制楼梯及梯梁等构件。

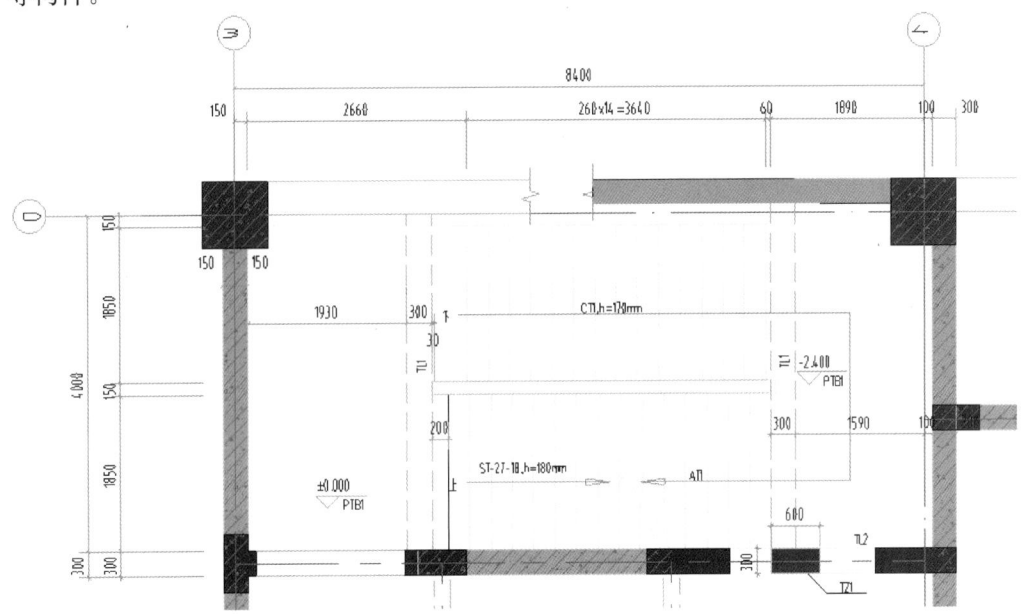

图 5.8-1 结构楼梯图纸

(2) 导入结构楼梯图纸

选择菜单栏"文件"下拉选项"引入"，再单击"输入 AutoCAD 数据"选项，在弹窗中打开要导入的楼梯图纸，最后在弹窗中单击"确定"按钮。

(3) 创建楼梯的制图文件

鼠标右键单击一层空白制图文件，再单击"重命名"选项，输入"楼梯"，最后将底图制图文件设为灰色状态，"楼梯"制图文件设为红色状态。

(4) 绘制楼梯

❶ 单击"工具"选项卡，在下拉选项中选择"建筑"模块，单击"楼梯"标签，后单击"Treppenmodellierer"命令即可弹出属性窗口。

❷ 选择图纸要求的楼梯"样式"，输入楼梯尺寸、标高、楼梯级数和平台长度，如图 5.8-2 所示。

❸ 单击"元素"选项卡，添加楼梯中的各种构件，可以根据图纸要求适当添加，如图 5.8-3 所示。

❹ 单击"步"和"竖板"选项卡，调整其厚度、上下方间距，以及添加表面元素，具体情况根据图纸要求确定，如图 5.8-4 所示。

图 5.8-2　输入楼梯尺寸　　　图 5.8-3　添加元素　　　图 5.8-4　调整步参数

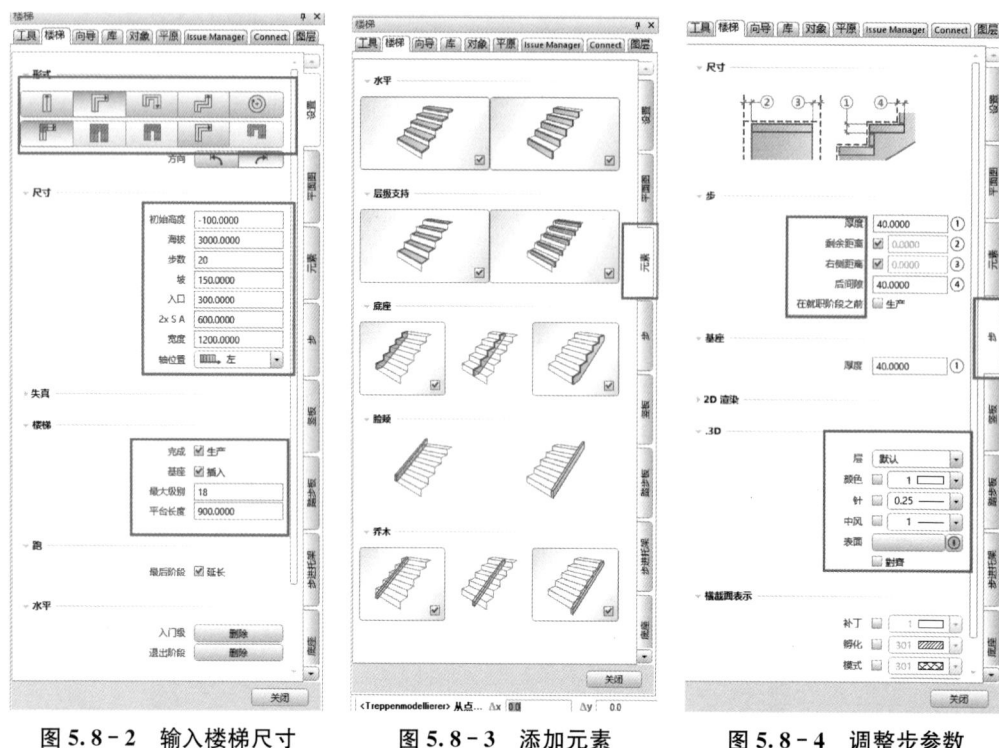

5 单击 "底座" 选项卡，根据图纸要求调整左下部结构、右下部结构、基座及连接处的尺寸和各种数据，在 "3D" 中添加 "表面" 元素，如图 5.8-5、图 5.8-6 所示。

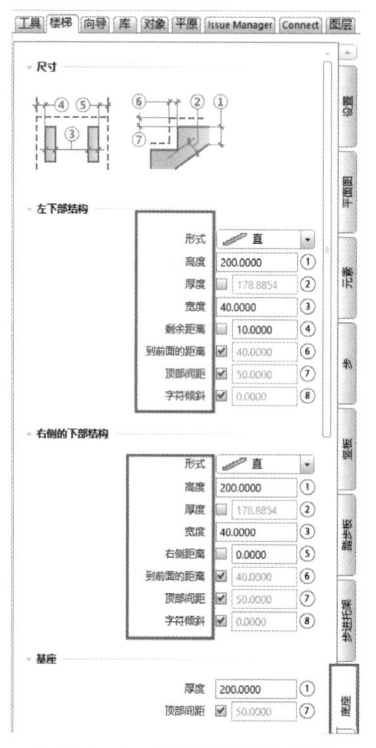

图 5.8-5　调整下部结构参数　　　图 5.8-6　调整表面元素

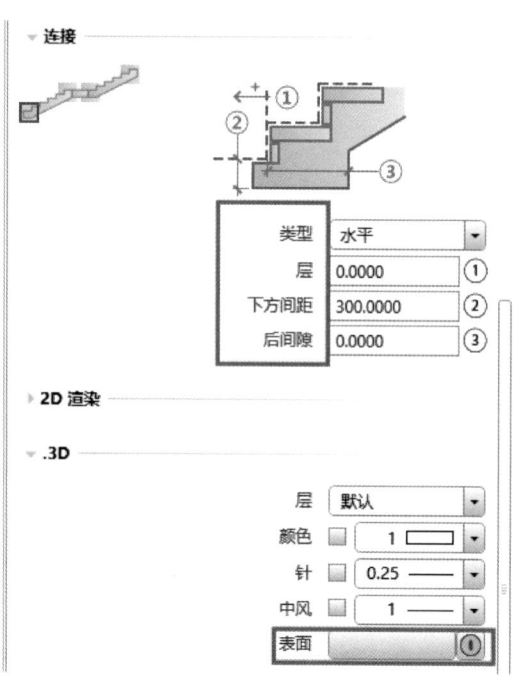

第五章 结构建模

⑥ 对应图纸在绘图区域找到相应的位置，单击鼠标左键即可放置成功，如图 5.8-7 所示。

图 5.8-7 绘制完成

2. 第二种结构楼梯创建方法

① 单击"工具"选项卡，在下拉选项中选择"建筑"模块，单击"楼梯"标签，然后单击"楼梯向导"命令。

② 在弹出的"楼梯向导"窗口，选择合适楼梯形状，并根据图纸输入楼梯宽度、长度及台阶参数，如图 5.8-8 所示。

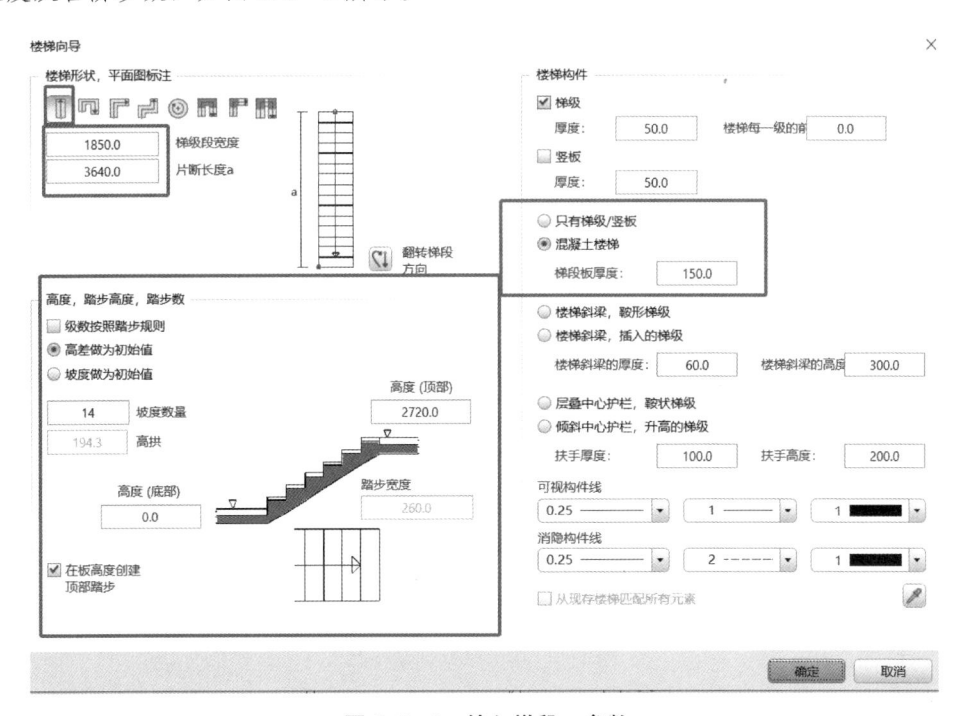

图 5.8-8 输入梯段一参数

127

③ 参数输入完成之后，单击"确定"按钮关闭"楼梯向导"窗口，在合适位置单击鼠标左键将构件放置，可通过"旋转"命令进行调整角度和方向，如图 5.8-9 所示。

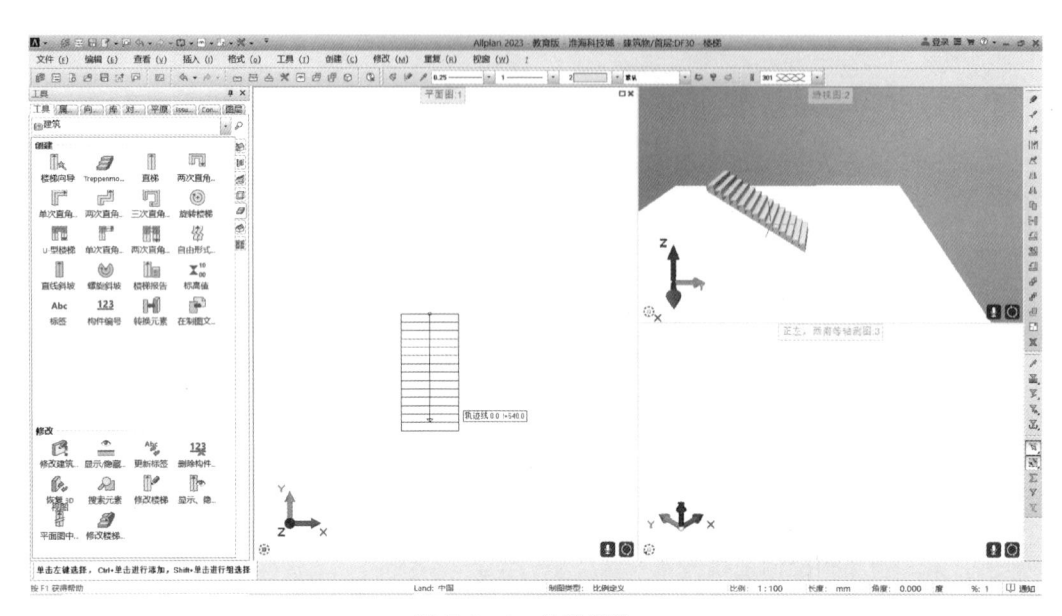

图 5.8-9　放置梯段一

④ 单击"工具"选项卡，在下拉选项中选择"建筑"模块，单击"基本：墙，洞口，构件"标签，单击"板"命令，通过"板"命令绘制楼梯休息平台，如图 5.8-10 所示。

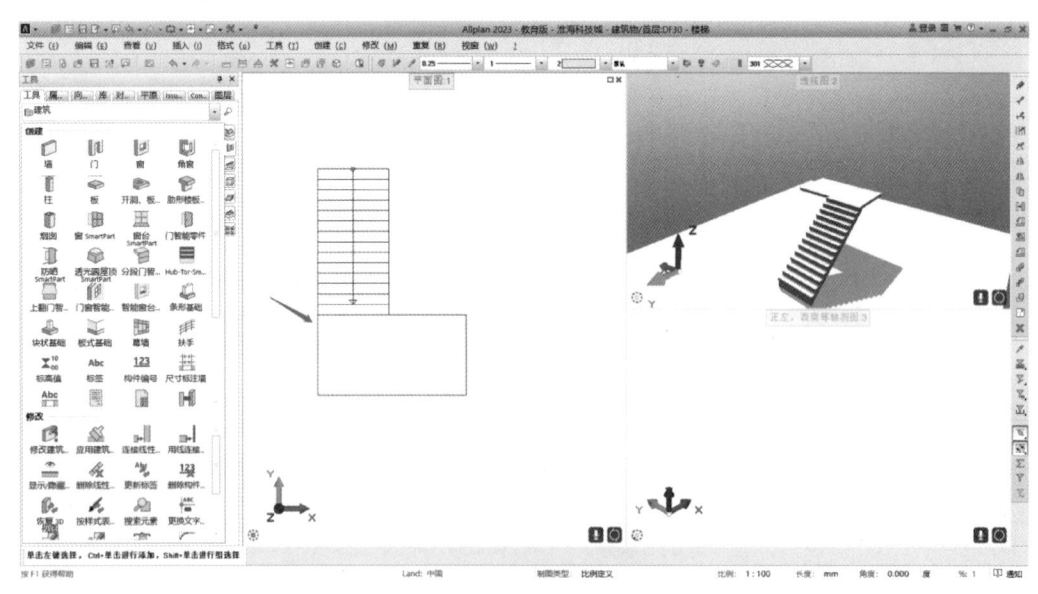

图 5.8-10　绘制休息平台

5 单击"楼梯向导"命令，根据要求修改楼梯休息平台的参数信息，并放置在合适的位置，如图 5.8-11、图 5.8-12 所示。

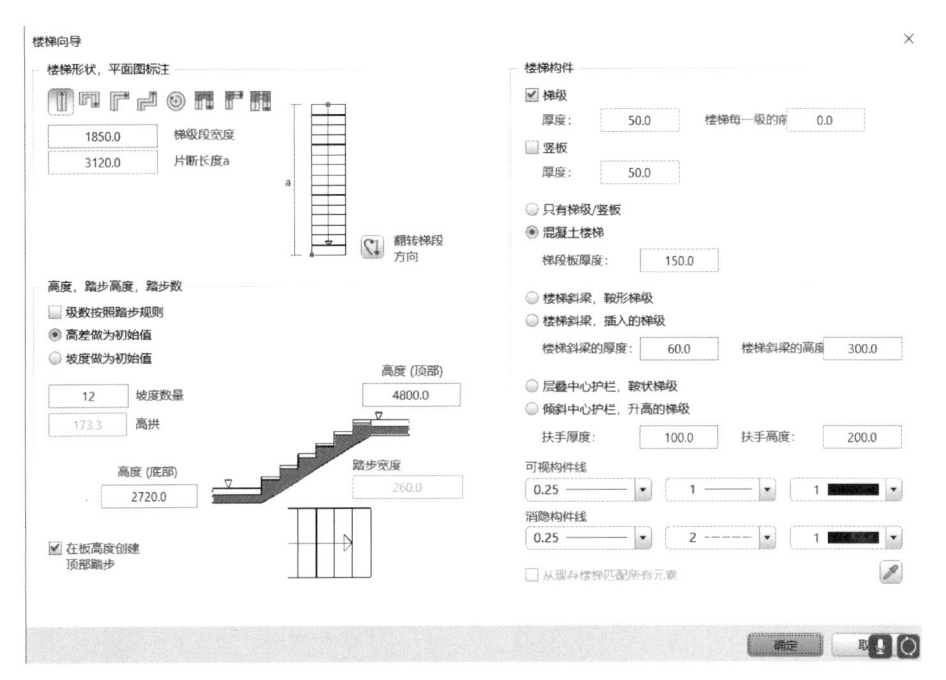

图 5.8-11　输入梯段二参数

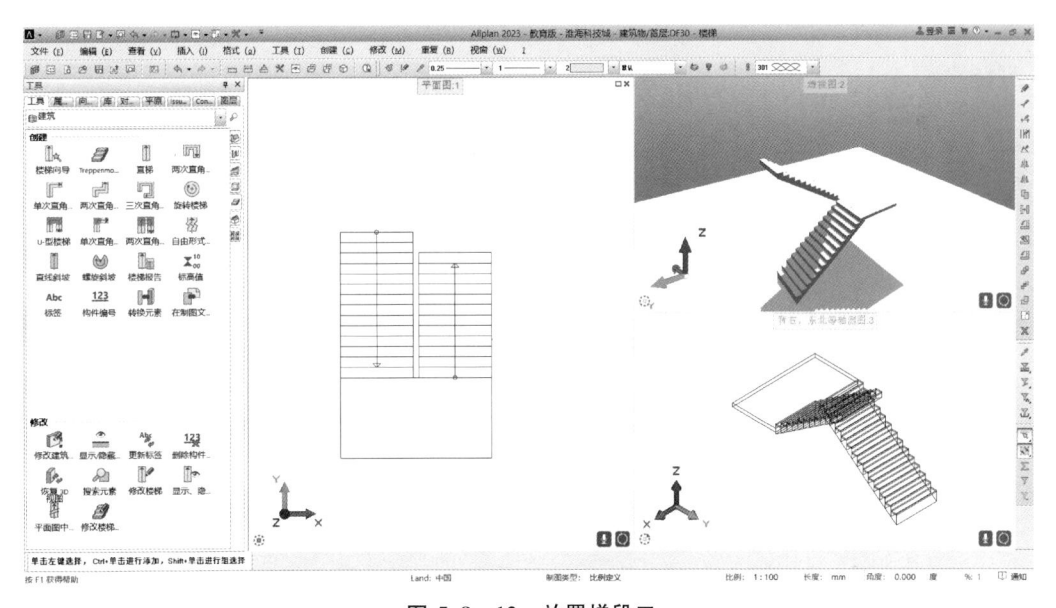

图 5.8-12　放置梯段二

3. 旋转楼梯画法

1 单击"旋转楼"梯命令，单击鼠标左键确认圆心，在左下角输入内圆半径，

129

单击鼠标左键确认起点和终点,再输入外圆半径,之后弹出窗口,填写标高等信息,如图 5.8－13、图 5.8－14 所示。

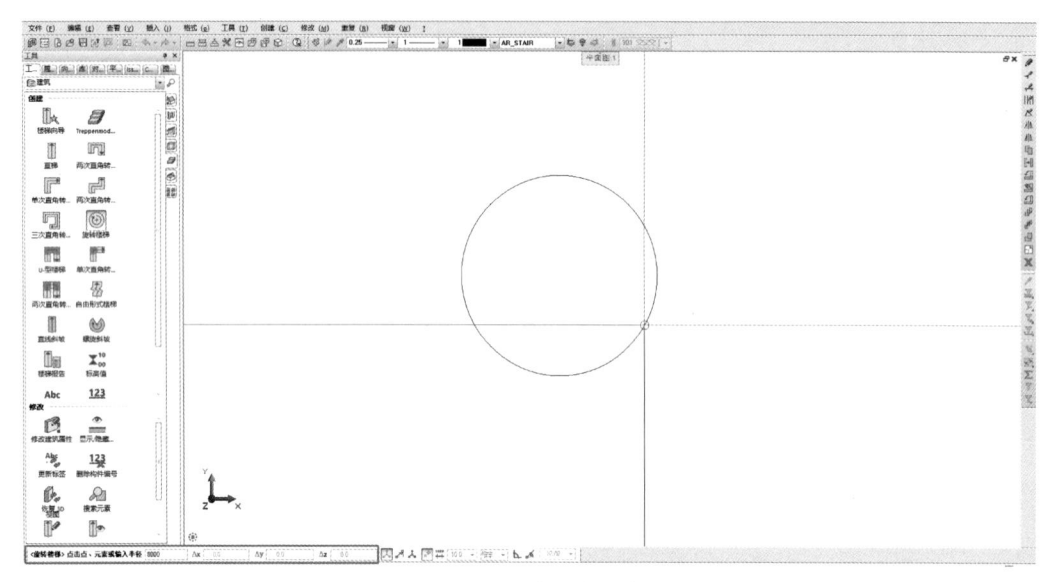

图 5.8－13　确定内圆半径

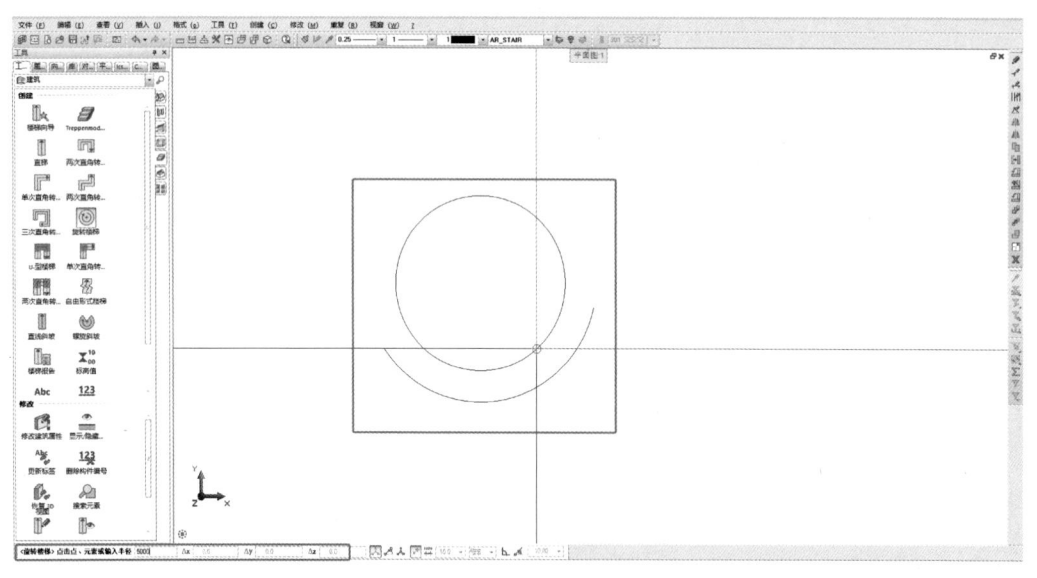

图 5.8－14　确定外圆半径

❷ 确定螺旋楼梯的直径以起始点之后弹出窗口,先确定输入的内外圆直径的大小是否正确,再单击高度,在弹出的窗口中输入螺旋楼梯的高度,如图 5.8－15 所示。

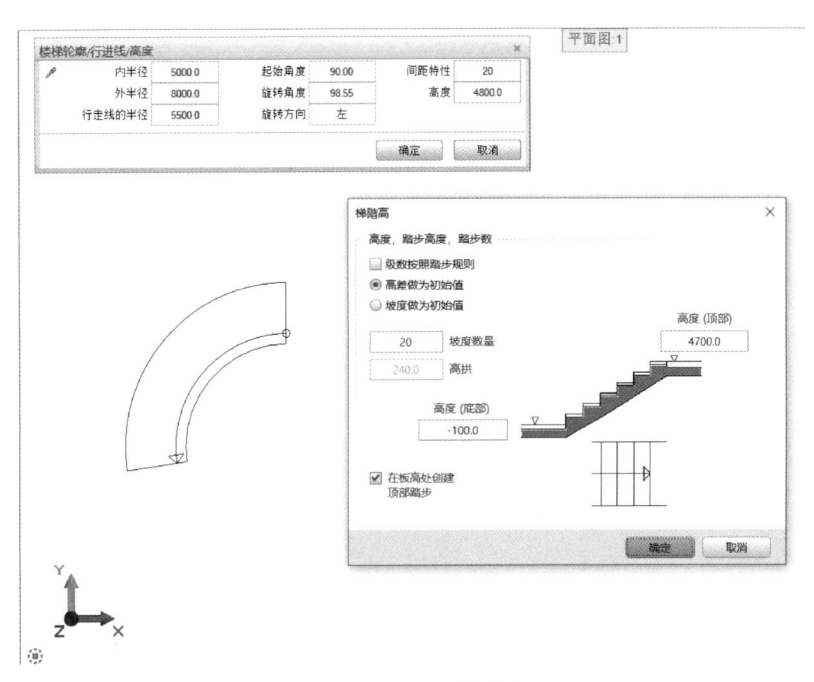

图 5.8-15 调整高度

3 在所有信息填写完毕后,单击"确定"按钮后退出窗口,再单击关闭,单击"是"后完成楼梯放置,如图 5.8-16 所示。

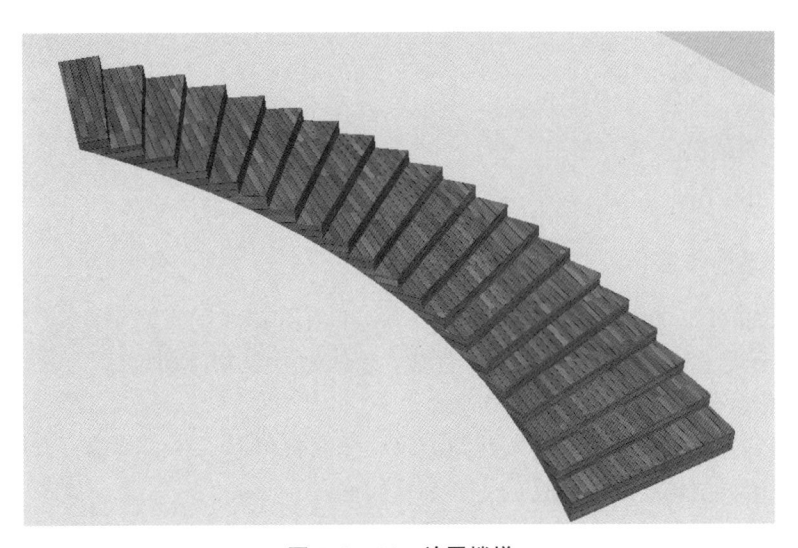

图 5.8-16 放置楼梯

第六章 建筑建模

章节概述

在前面的章节中，我们学习了使用 Allplan 创建结构模型的方法，本章内容中，我们将依据建筑施工图中的构造做法进行建筑模型的创建，通过砌体墙、幕墙、门窗、内装修等构件模型创建任务的学习，了解在 Allplan 中建筑构件相关参数的设置方法，掌握创建建筑模型的方法和流程。

学习目标

◎ 了解建筑专业模型中各构件属性特点。
◎ 了解建筑专业各构件参数的设置方法。
◎ 掌握建筑专业各构件模型的创建方法。

扫码，看视频教程

砌体墙模型创建

6.1 砌体墙模型创建

6.1.1 知识导入

1. 砌体墙的概念

砌体墙是指用块体和砂浆通过一定的砌筑方法砌筑而成的墙体。

2. 砌体墙的作用

在建筑物的空间布局上，墙体是划分水平空间不可缺少的重要元素，建筑物的使用功能在很大程度上取决于墙体的位置和性能，墙体的主要作用体现在以下三个方面。

（1）承重作用

承重墙具有承重作用，承担着建筑屋顶、楼面板传递给它的荷载、自身的荷载及风荷载，是砖混结构、混合结构的主要承重构件。

（2）围护作用

外墙是建筑围护结构的主体，担负着抵御大自然中风、霜、雪、雨的侵袭，阻止噪声和太阳辐射干扰、保温隔热等作用，保障建筑物维持正常使用功能。

（3）分隔作用

墙体是划分建筑水平空间的重要构件，界定室内、室外空间，并将室内空间划分为满足不同使用功能的空间，如居室与居室的分隔、楼梯间与办公区域的分隔等。

在砌体结构中，砌体墙往往起到以上三个作用。而对于钢筋混凝土承重的框架、剪力墙、筒体等结构来说，砌体墙主要起到围护和分隔作用，并不承重。

3. 墙体的设计要求

根据位置和功能的不同，墙体设计应满足以下要求：

（1）满足强度和稳定性要求

墙体的强度是指墙体承受荷载的能力，它取决于墙体选用的材料及强度等级、墙体截面积、构造和施工方式。

（2）满足热工要求

外墙是建筑围护结构的主体，其热工性能直接影响建筑使用和能耗的高低。建筑热工设计应与所在地区的热工分区相适应，根据需要对外墙进行保温和隔热设计。

（3）满足隔声要求

作为围护或分隔作用的墙体，必须具有良好的隔声能力。增加墙体厚度，选用密度大的墙体材料，设置中空墙、双层墙或采用吸声材料均能有效提高墙体的隔声能力。

（4）满足防水、防潮要求

地下室墙体以及卫生间、厨房、实验室等用水房间的墙体不仅应满足防潮、防水要求，还应满足易清洗、耐摩擦、耐腐蚀等要求。

（5）满足防火要求

建筑墙体采用的材料及厚度应符合《建筑防火通用规范》（GB 55037—2022）的要求，当建筑物的单层建筑面积或长度达到一定指标时，应划分防火分区，以防止火势蔓延。

（6）满足建筑工业化要求

建筑工业化快速发展，墙体改革是工业化的关键，要求改革以（烧结）普通砖为主的墙体材料，发展和应用轻质高强的墙体材料，以减轻自重、降低成本、提高机械化施工速度、提高工效、满足可持续发展和环境保护的需要。

4. 墙体的构造

（1）常用砌体材料及规格

砌体墙所用材料主要分为块材和胶结材料两部分。砌筑用的块材多为刚性材料，即其力学性能中抗压强度较高，但抗弯、抗剪较差，这样的材料有（烧结）普通砖、石材、各类不配筋的水泥砌块等。当砌体墙在建筑物中作为承重墙时，整个墙体的抗压强度主要由砌筑块材的强度决定，而不是由胶结材料的强度决定的。砌筑块材的强度等级表示如下。普通砖：MU30、MU25、MU20、MU15、MU10、MU7.5。石材：MU100、MU80、MU60、MU50、MU40、MU30、MU20、MU15、MU10。水泥砌块：MU15、MU10、MU7.5、MU5、MU3.5。

（2）砂浆

砂浆是砌块的胶结材料。常用的砂浆有水泥砂浆、石灰砂浆和混合砂浆。水泥砂浆由水泥、砂加水拌合而成，属于水硬性材料，强度高，但可塑性和保水性较差，适用于砌筑地下部分的墙体和基础。石灰砂浆由石灰膏、砂加水拌合而成，可塑性很好，属于气硬性材料，防水性差，强度低，适用于砌筑非承重墙和荷载较小的墙体。

混合砂浆由水泥、石灰膏、砂加水拌合而成，既有较高的强度，又有良好的可塑性、保水性，在地上砌体中被广泛应用。

砌墙用砂浆统称砌筑砂浆，用强度等级表示，共分为 M30、M25、M20、M15、M10、M7.5 和 M5 七个等级。

（3）构造柱

为了提高墙体的抗震能力和稳定性，我国相关规范对地震设防地区砌体结构建筑的层数、高度、横墙间距、圈梁及墙垛的尺寸均作了一定的限制，设置构造柱也是加强建筑整体性的重要措施之一。

（4）砌块墙材料及组砌方式

为了减轻自重和节约用砖，可用轻质砌块来砌筑填充墙。目前应用范围较广的砌块有炉渣混凝土砌块、陶粒混凝土砌块、加气混凝土砌块等。目前应用主要以中小型砌块为主，炉渣混凝土砌块和陶粒混凝土砌块的厚度通常为 90mm，加气混凝土砌块厚度多采用 100mm，砌块填充墙厚由砌块尺寸决定。砌块墙是目前填充墙应用最广泛的类型。

6.1.2 重点解析

本项目建筑施工图中砌体墙包含建筑外墙和内墙，根据建筑施工图设计总说明中墙体工程可知：除图中注明外，本工程外墙采用厚 200mm 加气混凝土砌块，选用 A3.5-B06 级砌块，用不小于 Ma5.0 水泥砂浆砌筑；其他内隔墙采用厚 100mm 或 200mm 加气混凝土砌块，选用 A3.5-B06 级砌块，用不小于 Ma5.0 水泥砂浆砌筑。墙体砌筑时应严格按照选用材料有关规范、规程及产品施工要点、构造节点要求、防开裂构造要求等进行施工。±0.000 以下有水房间的填充墙采用烧结页岩多孔砖，其他房间的填充墙采用加气混凝土砌块。

结合建筑施工图中建筑构造用料做法表可知，外墙做法一共分为 5 种，墙体参数如表 6.1-1 所示，内墙做法一共为 6 种，墙体参数如表 6.1-2 所示。

表 6.1-1　本工程建筑外墙的 5 种做法

编号	名称	用料做法	使用备注
外 1	面砖外墙[1]（外保温）	1. 白水泥擦缝或 1∶1 彩色水泥细砂砂浆勾缝 2. 粘贴 5mm 厚陶瓷锦砖（陶瓷锦砖先用水浸湿） 3. 3~4mm 厚专用粘结剂粘贴（砖缝≤5mm，每 6 层设置 20mm 宽砖缝） 4. 8mm 厚抗裂砂浆复合热镀锌金属网，用塑料锚栓与基层墙体锚固（塑料锚栓双向@500 固定，锚固深度≥30mm） 5. 玻化微珠保温砂浆（厚度详见节能专篇） 6. 3mm 厚专用界面砂浆 7. 墙体，清理并喷湿表面	

---

[1] 参见中国建筑标准设计研究院编《外墙外保温建筑构造》（国家建筑标准设计图集 10J121），中国计划出版社，2010，第 B-1 页；中国建筑标准设计研究院编《工程做法》（国家建筑标准设计图集 J909、G120），中国计划出版社，2008，第 WQ17 页。

续表

编号	名称	用料做法	使用备注
外2	面砖外墙① （内保温）	1. 白水泥擦缝或1：1彩色水泥细砂砂浆勾缝 2. 粘贴5mm厚陶瓷锦砖（陶瓷锦砖先用水浸湿） 3. 3～4mm厚专用粘结剂粘贴（砖缝≤5mm，每6层设置20mm宽砖缝） 4. 9mm厚1：3水泥砂浆打底压实抹平 5. 墙体，清理并喷湿表面 6. 3mm厚专用界面砂浆 7. 玻化微珠保温砂浆（厚度详见节能专篇） 8. 4mm厚抗裂砂浆压入耐碱玻璃纤维网布一层 9. 根据内墙面不同功能需求，按相应构造做法，按序施工	用于砖墙，加气混凝土墙需做调整
外3	涂料外墙② （外保温）	1. 喷涂外墙漆（一遍底漆，两遍面漆） 2. 抗裂柔性耐水腻子刮平（两遍） 3. 3～5mm厚抹面胶浆复合耐碱玻璃纤维网布满铺（首层复合两层耐碱玻璃纤维网布），同时弹性底涂 4. 玻化微珠保温砂浆（厚度详见节能专篇） 5. 3mm厚专用界面砂浆 6. 墙体，清理并喷湿表面	
外4	真石漆外墙③ （内、外保温）	1. 喷真石漆（一遍底漆，两遍面漆） 2. 抗裂柔性耐水腻子刮平（两遍） 3. 6mm厚1：2.5水泥砂浆抹平 4. 12mm厚1：3水泥砂浆打底，扫毛或划出纹道 5. 墙体，清理并喷湿表面 6. 3mm厚专用界面砂浆 7. 玻化微珠保温砂浆（厚度详见节能专篇） 8. 4mm厚抗裂砂浆压入耐碱玻璃纤维网布一层 9. 根据内墙面不同功能需求，按相应构造做法，按序施工	
外5	水泥砂浆外墙 （女儿墙内侧）	1. 抹20mm厚1：25水泥砂浆加5％的防水剂 2. 墙体，清理并喷湿表面	

---

① 参见中国建筑标准设计研究院编《外墙内保温建筑构造》（国家建筑标准设计图集11J122），中国计划出版社，2011，第C-1页；中国建筑标准设计研究院编《工程做法》（国家建筑标准设计图集J909、G120），中国计划出版社，2008，第WQ16页。

② 参见中国建筑标准设计研究院编《外墙外保温建筑构造》（国家建筑标准设计图集10J121），中国计划出版社，2010，第B-1页；中国建筑标准设计研究院编《工程做法》（国家建筑标准设计图集J909、G120），中国计划出版社，2008，第WQ9、TL9页。

③ 参见中国建筑标准设计研究院编《外墙内保温建筑构造》（国家建筑标准设计图集11J122），中国计划出版社，2011，第C-1页；中国建筑标准设计研究院编《工程做法》（国家建筑标准设计图集J909、G120），中国计划出版社，2008，第WQ9、TL9页。

表 6.1-2　本工程建筑内墙的 6 种做法

编号	名称	用料做法	使用备注
内 1	水泥砂浆墙面[①]	1. 5mm 厚 1：25 水泥砂浆抹平 2. （1）9mm 厚 1：3 水泥砂浆打底，扫毛或划出纹道（适用于基层为除加气混凝土砌块外的其他墙体） （2）8mm 厚 1：1：6 水泥石灰膏砂浆打底，扫毛或划出纹道（适用于基层为加气混凝土砌块） 3. （1）素水泥浆一遍（内掺建筑胶）（适用于基层为混凝土墙、混凝土空心砌块墙） （2）界面剂一道甩毛（适用于基层为加气混凝土砌块） 4. 墙体，清理并喷湿表面 （其他各类砖墙第 3 项可不做）	毛坯交付的房间水电井
内 2	无机涂料墙面[②]	1. 无机涂料饰面（一遍底漆，两遍面漆） 2. 5mm 厚 1：25 水泥砂浆抹平 3. （1）9mm 厚 1：3 水泥砂浆打底，扫毛或划出纹道（适用于基层为除加气混凝土砌块外的其他墙体） （2）8mm 厚 1：1：6 水泥石灰膏砂浆打底，扫毛或划出纹道（适用于基层为加气混凝土砌块） 4. （1）素水泥浆一遍（内掺建筑胶）（适用于基层为混凝土墙、混凝土空心砌块墙） （2）界面剂一道甩毛（适用于基层为加气混凝土砌块） 5. 墙体，清理并喷湿表面 （其他各类砖墙第 3 项可不做）	标准层公共走道电梯厅、前室等
内 3	面砖防水墙面[③]	1. 白水泥擦缝 2. 5～7mm 厚墙面砖（粘贴前，墙砖充分浸湿） 3. 4mm 厚强力胶粉泥粘结层，揉挤压实 4. 1.2mm 厚聚合物水泥基复合防水涂料，防水层周边沿墙根刷起 300mm 5. （1）9mm 厚 1：3 水泥砂浆分层压实抹平（适用于基层为除加气混凝土砌块外的其他墙体） （2）6 厚 1：0.5：25 水泥石灰膏砂浆分层压实抹平；6mm 厚 1：1：6 水泥石灰膏砂浆打底，扫毛或划出纹道（适用于基层为加气混凝土砌块） 6. （1）素水泥浆一遍（内掺建筑胶）（适用于基层为混凝土墙、混凝土空心砌块墙） （2）界面剂一道甩毛（适用于基层为加气混凝土砌块） 7. 墙体，清理并喷湿表面 （其他各类砖墙第 6 项可不做）	卫生间等有水房间（毛坯交付的房间，第 1、2、3 项不做，由业主二次装修自理）

---

① 参见中国建筑标准设计研究院编《工程做法》（国家建筑标准设计图集 05J909），中国计划出版社，2005，第 P-NQ16 页。

② 参见中国建筑标准设计研究院编《工程做法》（国家建筑标准设计图集 05J909），中国计划出版社，2005，第 P-NQ16 页。

③ 参见中国建筑标准设计研究院编《工程做法》（国家建筑标准设计图集 05J909），中国计划出版社，2005，第 P-NQ31、32 页。

续表

编号	名称	用料做法	使用备注
内4	面砖墙面①	1. 白水泥擦缝 2. 5～7mm厚墙面砖（粘贴前，墙砖充分浸湿） 3. 5mm厚1：2建筑胶水泥砂浆粘结层 4. 素水泥浆一遍 5.（1）9mm厚1：3水泥砂浆打底，扫毛（适用于基层为除加气混凝土砌块外的其他墙体） （2）6mm厚1：0.5：25水泥石灰膏砂浆打底，扫毛或划出纹道8mm厚1：1：6水泥石灰膏砂浆打底，扫毛或划出纹道（适用于基层为加气混凝土砌块） 6.（1）素水泥浆一遍（内掺建筑胶）（适用于基层为混凝土墙、混凝土空心砌块墙） （2）界面剂一道甩毛（适用于基层为加气混凝土砌块） 7. 墙体，清理并喷湿表面 （其他各类砖墙第6项可不做）	首层大堂、电梯厅
内5	花岗石墙面②	1. 稀水泥浆擦缝 2. 20mm厚花岗石板面层，正背面及四周边满涂防碱背涂剂，石板背面预留沟槽，用4mm不锈钢挂钩与卡钩勾牢，灌50mm厚1：2.5水泥砂浆，分层灌注捣实，每层150～200mm且不大于板高1/3， （灌注砂浆前先将板材背面和墙面浇水湿润） 3. 6mm钢筋网（双向间距按石材尺寸定）与墙体膨胀螺栓固定 4. 墙体基面钻孔打入M8×80膨胀螺栓（双向间距按石材尺寸定）	
内6	刮腻子墙面③	1. 满刮腻子两遍 2.（1）9mm厚1：0.5：3水泥石灰膏砂浆分遍抹平（适用于基层为除加气混凝土砌块外的其他墙体） （2）5mm厚1：0.5：25水泥石灰膏砂浆抹平；8mm厚1：1：6水泥石灰膏砂浆打底，扫毛或划出纹道（适用于基层为加气混凝土砌块） 3.（1）素水泥浆一遍（内掺建筑胶）（适用于基层为混凝土墙、混凝土空心砌块墙） （2）界面剂一道甩毛（适用于基层为加气混凝土砌块） 4. 墙体，清理并喷湿表面 （其他各类砖墙第4项可不做）	楼梯间

本任务中，根据图纸中砌体墙的定位，结合外墙装修一览表6.1-3，我们将完成5#楼一层平面图中的砌体墙模型。

---

① 参见中国建筑标准设计研究院编《工程做法》（国家建筑标准设计图集05J909），中国计划出版社，2005，第P-NQ27、28页。

② 参见中国建筑标准设计研究院编《工程做法》（国家建筑标准设计图集05J909），中国计划出版社，2005，第P-NQ26页。

③ 参见中国建筑标准设计研究院编《工程做法》（国家建筑标准设计图集05J909），中国计划出版社，2005，第P-NQ12、13页。

表 6.1-3　外墙装修一览表

部位	名称	编号	颜色	适合部位	备注
外墙面	真石漆墙面	外 4	详见立面标注	详见立面标注	
女儿墙内侧	水泥砂浆墙面	外 5		女儿墙	

说明：1. 本装修表仅供参考。业主特殊要求的装修标准应复核荷载后方可执行。
　　　2. 外墙材料颜色规格由本次设计暂定，具体材料颜色规格施工现场业主另行指定，但需设计方认可后方可施工。

6.1.3　步骤说明

（1）获取图纸信息

打开金砖大厦建筑施工图 5#楼一层平面图，找到一层 5-1 轴/5-2 轴、5-A 轴/5-B 轴间的砌体墙，如图 6.1-1 所示。

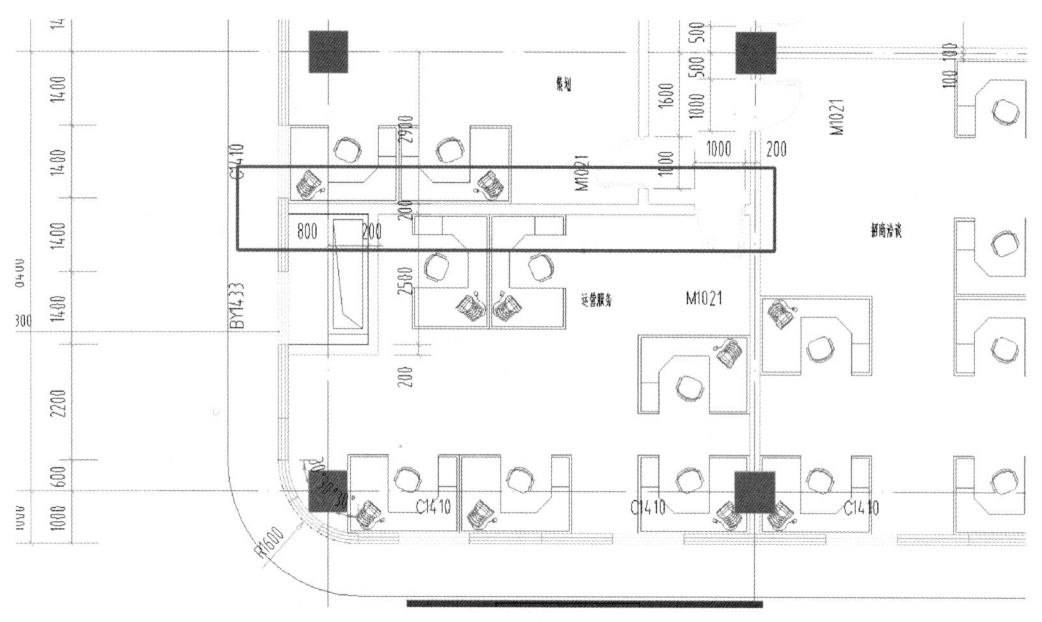

图 6.1-1　砌体墙平面图

（2）导入平面底图

❶在软件左上角找到并单击"在指定项目基础上打开"按钮，或双击绘图区域空白处，打开制图文件集，在弹出的制图文件集窗口选择同一楼层中的一个空白制图文件，将制图文件设为红色状态，轴网制图文件为灰色状态，完成后单击"关闭"按钮退出（新设置制图文件为存放图纸的制图文件，将轴网制图文件设置为底图），如图 6.1-2 所示。

❷选择命令栏中"文件"下拉选项栏中的"引入"，再单击"输入 AutoCAD 数据"按钮，在弹出的窗口中选择需要导入的图纸，单击"打开"即可。

❸导入后的图纸与创建好的轴网位置偏移，框选图纸，单击右侧工具条中的

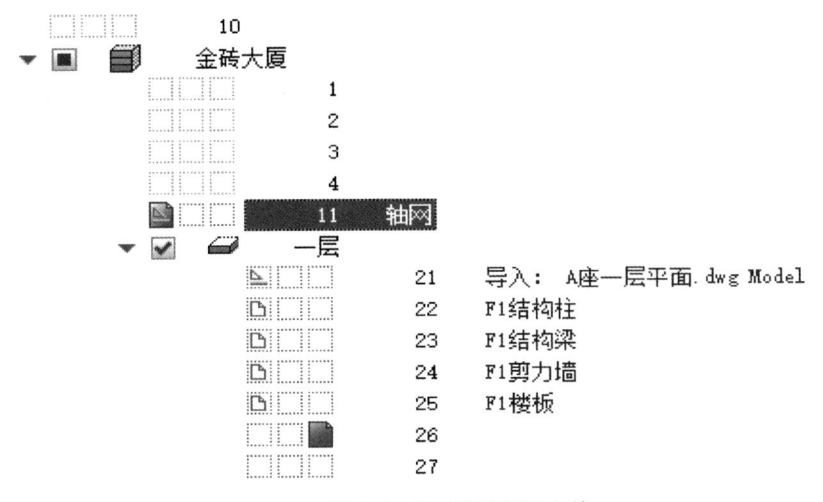

图 6.1-2　设置制图文件

"移动",以 1 轴交 A 轴为"基点",移动到与轴网重合。

(3) 修改砌体墙属性

❶ 单击快速访问托盘中的"工具"选项卡,在下拉选项按钮中切换至"建筑"板块,选择"墙"命令,在弹出的墙窗口中单击属性按钮,如图 6.1-3、图 6.1-4所示。

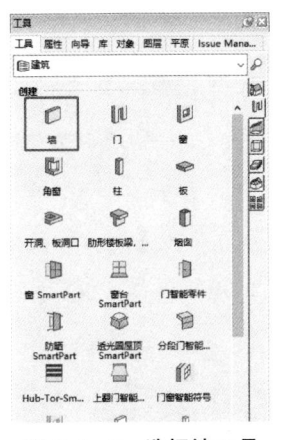

图 6.1-3　选择墙工具　　　图 6.1-4　砌体墙平面图

❷ 在弹出的墙属性窗口中,根据建筑施工图砌体墙数据修改墙的参数,"层数"设置为"1","轴线,定位"设置如图 6.1-5 所示。

❸ 单击"高度设置"　高度设置　按钮,在弹出的高度窗口中输入高度偏移值,顶层选择,从楼层顶标高向下"偏移"设置为"0";底层选择,从楼层底标高向上"偏移"设置为"0",如图 6.1-6 所示。

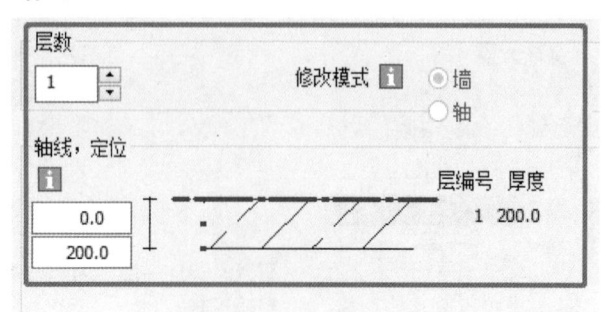

图 6.1-5　修改墙参数

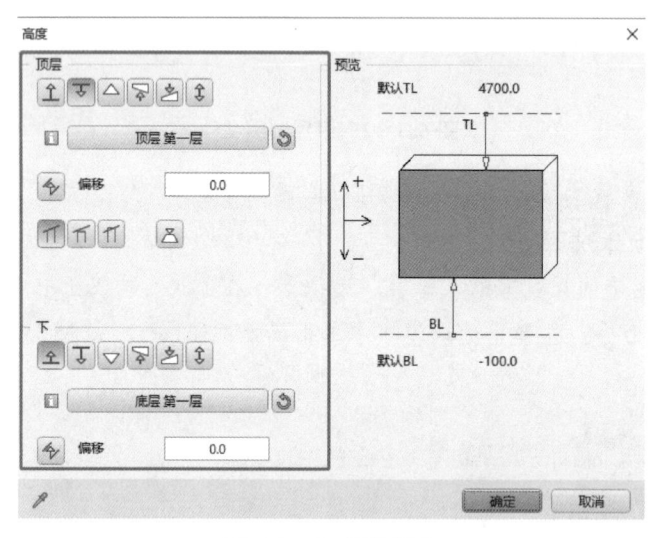

图 6.1-6　调整高度

（4）绘制砌体墙

❶ 设置完成后，绘制一层 5-1 轴/5-2 轴、5-A 轴/5-B 轴间的砌体墙。

❷ 继续绘制一层平面图中其余的砌体墙，绘制完成后的一层砌体墙模型如图 6.1-7 所示。

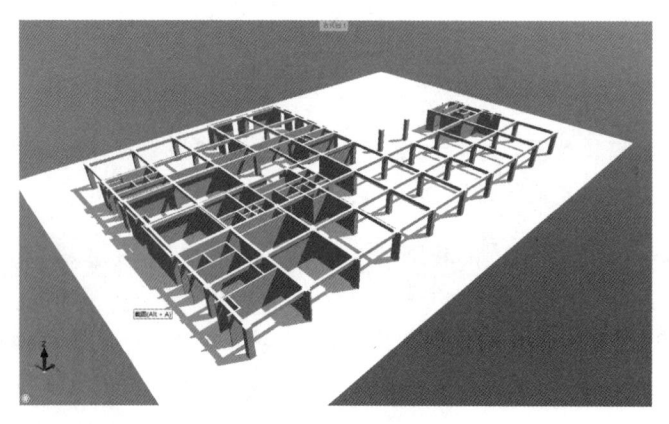

图 6.1-7　绘制完成

6.2 幕墙模型创建

扫码，看视频教程

幕墙模型创建

6.2.1 知识导入

幕墙是建筑的外墙围护，不承重，像幕布一样挂上去，故又称帷幕墙，是现代大型和高层建筑常用的带有装饰效果的轻质墙体。幕墙由面板和支撑结构体系组成，相对主体结构来说有一定位移能力或自身有一定变形能力。

1. 幕墙特点

(1) 造型美观，装饰效果好

幕墙打破了传统的建筑造型模式，窗与墙在外形上没有了明显的界线，从而丰富了建筑造型。

(2) 质量轻，抗震性能好

幕墙材料的质量一般为 30~50kg/m²，是混凝土墙板的 1/7~1/5，大大减轻了围护结构的自重。

(3) 施工安装简便，工期较短

幕墙构件大部分是在工厂加工而成的，减少了现场安装操作的工序。

(4) 维修方便

幕墙构件多是由单元构件组合而成，如局部有损坏可以很方便地维修或更换，从而延长了幕墙的使用寿命。幕墙是外墙轻型化、工业化、装配化、机械化较理想的形式，在现代大型建筑和高层建筑上得到了广泛应用。

2. 幕墙的类型

较常用的分类方式是按幕墙所用的饰面材料划分。

(1) 玻璃幕墙

玻璃幕墙主要是应用玻璃作为饰面材料，覆盖在建筑物的表面的幕墙。采用玻璃幕墙作外墙面的建筑物，显得光亮、明快、挺拔，有较好的统一感。玻璃幕墙对制作技术要求高，而且投资大、易损坏、耗能大，所以一般只在重要的公共建筑立面处理中使用。

(2) 金属幕墙

金属幕墙的表面装饰材料是利用一些轻质金属（如铝合金、不锈钢等）加工而成的各种压型薄板。这些薄板经表面处理后，作为建筑外墙的装饰面层，不仅美观新颖、装饰效果好，而且自重轻、连接牢靠、耐久性好。

(3) 铝塑板幕墙

铝塑板幕墙是利用铝板与塑料的复合板材进行饰面的幕墙。该类饰面具有金属质感、晶莹光亮、美观新颖，装饰效果好，不仅施工简便、连接牢靠，耐久、耐候性也较好，应用相当广泛。

(4) 石材幕墙

石材幕墙利用天然的或者人造的大理石、花岗岩作为外墙饰面。该类饰面具有豪华、典雅、大方的装饰效果，可点缀和美化环境。该类饰面施工简便、操作安全，连接牢固可靠，耐久、耐候性很好。石板与金属骨架间多用金属连接件钩或挂连接。

(5) 轻质混凝土挂板幕墙

轻质混凝土挂板幕墙是一种装配式轻质混凝土墙板系统。利用混凝土可塑性强的特点，墙板可以制成表面有凹凸变化的形式，或者仿竹木等各种纹理，还可以喷涂各种彩色涂料。

3. 幕墙的主要组成材料

幕墙主要由骨架材料、饰面板及封缝材料组成。为了安装固定和修饰完善幕墙，还应配有连接固定件和装饰件等。

(1) 骨架材料

幕墙骨架是幕墙的支撑体系，它承受面层传来的荷载，并将荷载传给主体结构。幕墙骨架一般采用型钢、铝合金型材和不锈钢型材等材料。型钢多用工字钢、角钢、槽钢、方管钢等，钢材的材质以 Q235 为主，这类型材强度高、价格较低，但维修费用高。铝合金型材多为经特殊挤压成型的铝镁合金型材，并经过阳极氧化着色表面处理。型材规格及断面尺寸是根据骨架所处位置、受力特点和大小而决定的。这类型材价格较高，但构造合理、安装方便、装饰效果好。不锈钢型材一般采用不锈钢薄板压弯或冷轧制造成钢框格或竖框，其造价高、规格少。

(2) 饰面板

常见的饰面板材料主要有玻璃和金属薄板材料。用于建筑幕墙的玻璃：浮法玻璃具有两面平整、光洁的特点，比普通平板玻璃光学性能优良；热反射玻璃（镜面玻璃）能通过反射太阳光中的辐射热而达到隔热目的；镜面玻璃能映照附近景物和天空，可产生丰富的立面效果；吸热玻璃的特点是能使可见光透过、限制带热量的红外线透过，其价格适中，应用较多；中空玻璃具有隔声和保温的功能效果。此外，还有夹层玻璃、夹丝玻璃和钢化玻璃。用于建筑幕墙的金属薄板有铝合金、不锈钢、搪瓷涂层钢、铜等薄板，其中铝合金板使用最为广泛，比较高端的建筑使用不锈钢板。为了达到建筑外围护结构的热工要求，金属墙板的内侧均要用矿棉等材料作保温材料和隔热层。

(3) 封缝材料

封缝材料是用于幕墙与框格之间、框格与框格之间缝隙的材料，如填充材料、密封材料和防水材料等。填充材料主要用于幕墙型材凹槽两侧间隙内的底部，起填充作用，以避免玻璃与金属之间的硬性接触，起缓冲作用，一般多为聚乙烯泡沫胶系，也可用橡胶压条；密封材料采用较多的是橡胶密封条，嵌入玻璃两侧的边框内，起密封、缓冲和固定压紧作用；防水材料主要是封闭缝隙和胶结，常用的是硅酮系列密封胶，在玻璃装配中，硅酮胶常与橡胶密封条配合使用，内嵌橡胶条、外封硅酮胶。

(4) 连接件、固定件

连接件多采用角钢、槽钢、钢板加工而成，其形状因应用部位的不同和用于幕墙结构的不同而变化；固定件主要有金属膨胀螺栓、普通螺栓、拉铆钉、射钉等。连接件应选用镀锌件或者对其进行防腐处理，以保证其具有较好的耐腐蚀性、耐久性和安全可靠性。一般多采用角钢垫板和螺栓，采用螺栓连接可以调节幕墙变形。

（5）装饰件

装饰件主要包括后衬墙（板）、扣盖件，以及窗台、楼地面、踢脚、顶棚等与幕墙相接处的结构部件，起装饰、密封与防护的作用。

4. 幕墙的设计原则

（1）满足强度和刚度要求

幕墙的骨架和饰面板都需要考虑自重和风荷载的作用，幕墙及其构件都必须有足够的强度和刚度。

（2）满足温度变形和结构变形要求

由于内外温差和结构变形的影响，幕墙可能会产生胀缩和扭曲变形，因此，幕墙与主体结构之间、幕墙元件与元件之间均应采用柔性连接。

（3）满足围护功能要求

幕墙是建筑物的围护构件，墙面应具有防水、挡风、保温、隔热及隔声等能力。

（4）满足防火要求

应根据《建筑防火通用规范》（GB 55037—2022）采取必要的防火措施等。

（5）保证装饰效果

幕墙的材料选择，立面划分均应考虑其外观质量。

（6）做到经济合理

幕墙的构造设计应综合考虑上述原则，做到适用、经济、美观。

6.2.2 重点解析

本任务中，根据5#楼一层平面图和5#楼1-10轴立面图，绘制5-2轴到5-3轴一层南面幕墙，具体位置如图6.2-1、图6.2-2所示。

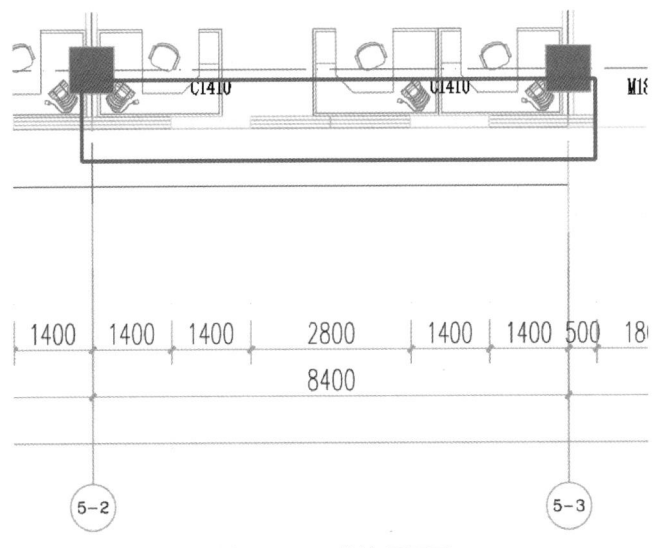

图 6.2-1 幕墙平面图

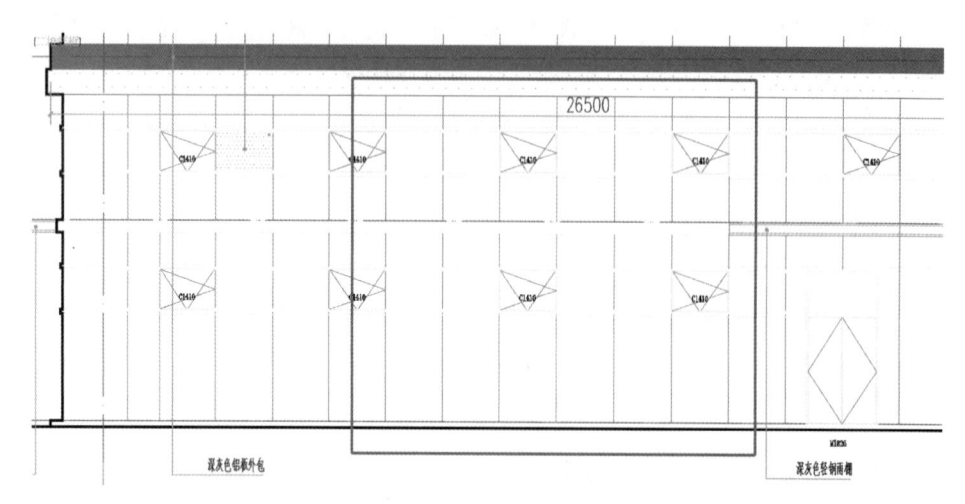

图 6.2-2 幕墙立面图

6.2.3 步骤说明

① 选择"工具"命令标签面板→"建筑"板块→"幕墙"命令。

② 在"外立面"窗口中单击"方案设置" 按钮。

③ 在弹出的"方案"窗口中,选择"1.一般"标签("1.一般"标签指的是单块幕墙的宽度),根据图纸可以得到幕墙宽度均为1400,在"部分长度"输入框中输入每块玻璃宽度"1400",如图6.2-3所示。

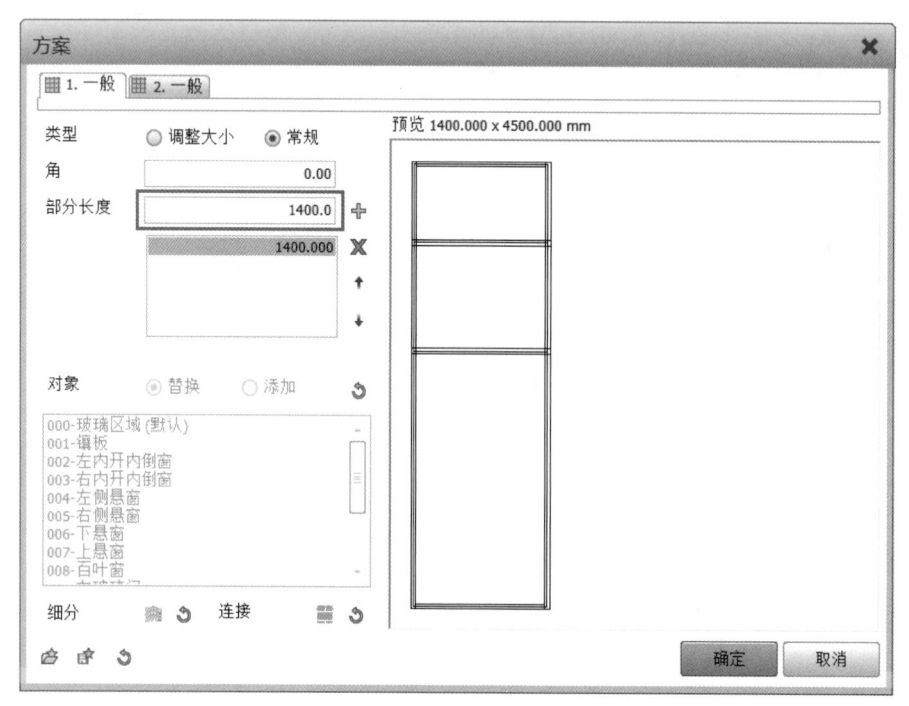

图 6.2-3 修改宽度

第六章　建筑建模

4 切换到"2.一般"标签("2.一般"标签指的是幕墙高度),根据图纸计算幕墙整体高度,由下至上依次增加幕墙高度,在"部分长度"输入框中依次输入高度"2600""1100""800",每增加一层高度需单击"生成"➕按钮,再单击"确定"按钮,如图 6.2-4 所示。

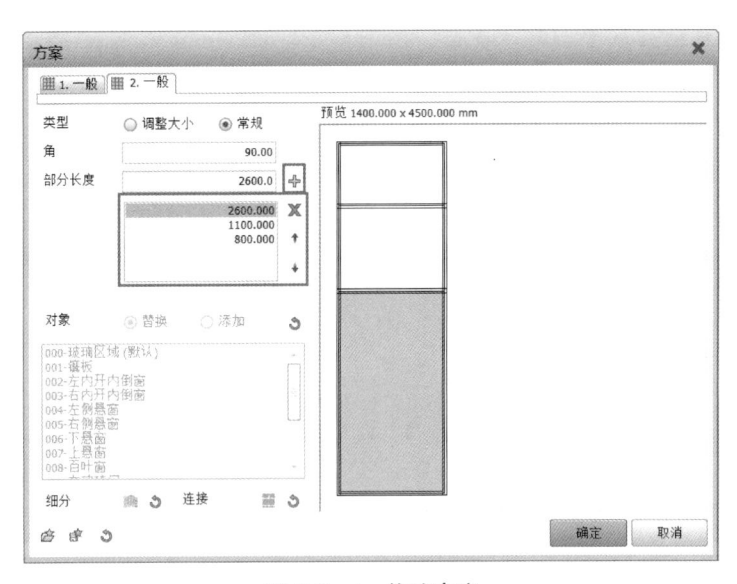

图 6.2-4　修改高度

5 在"外立面"窗口中单击"对象定义"▦按钮,修改竖梃尺寸,根据图纸得到竖梃"宽度"和"深度",如图 6.2-5 所示。

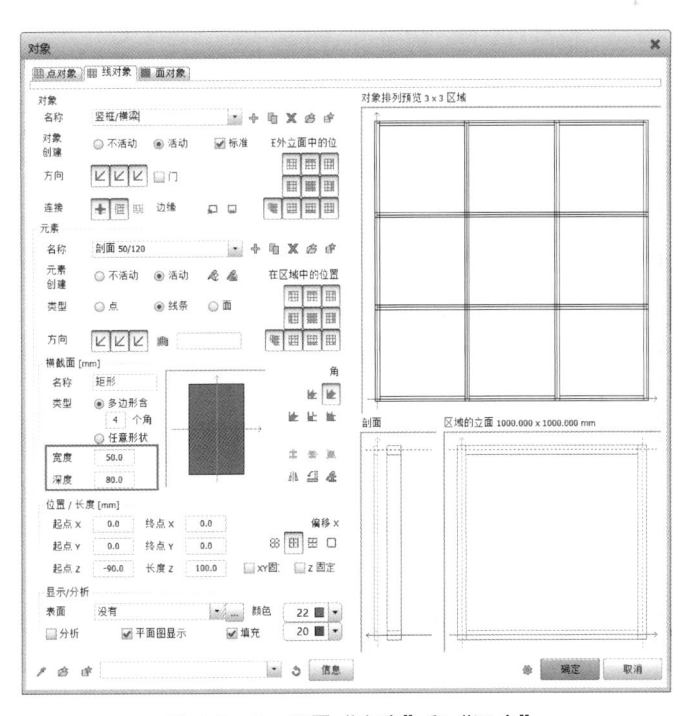

图 6.2-5　设置"宽度"和"深度"

145

⑥ 沿着图纸上的标注绘制出幕墙路径线,单击"应用"按钮。绘制过程中如图出现蓝色箭头⇩,表示的是幕墙玻璃朝内或朝外的选项,根据图纸要求在"外立面"窗口中单击"反转" 按钮调整。

⑦ 对不同高度的幕墙可分段绘制,设置幕墙宽高时,以单端尺寸进行设置,而后在图纸上相同位置绘制出第二段幕墙路径线,单击"应用"按钮,随后在侧视图中对它的高度进行调整,如图 6.2-6 所示。

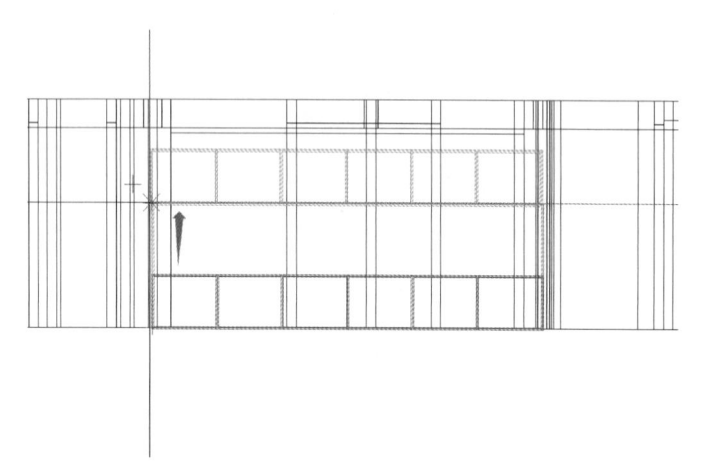

图 6.2-6　手动调整高度

⑧ 放置窗。选择绘制好的幕墙,单击鼠标右键,在弹出的菜单中选择"分配对象",如图 6.2-7 所示;在弹出来的"对象布局"窗口中选择"面对象",单击"确定"按钮。

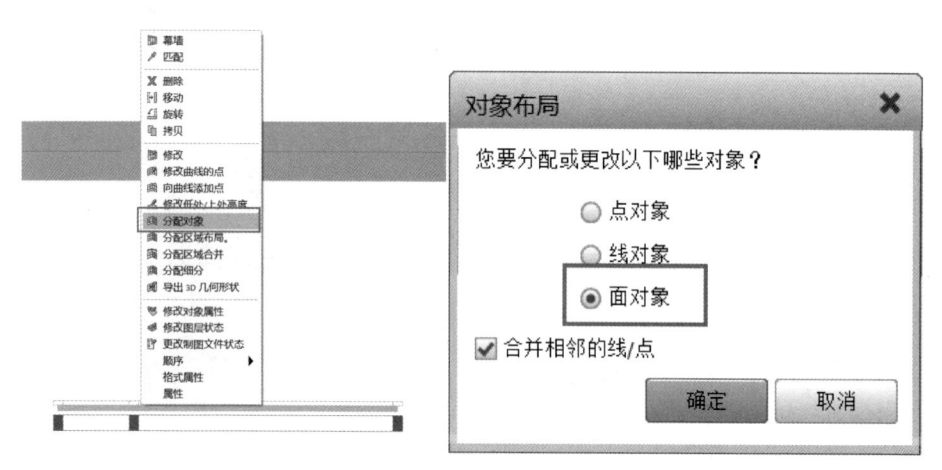

图 6.2-7　分配对象

⑨ 在动画视窗中选择要放置窗的幕墙中心点,根据图纸在弹出的"对象布局"窗口中选择"右内开内倒窗",单击"确定"按钮,如图 6.2-8 所示。

第六章 建筑建模

图 6.2-8 选择窗

⑩ 修改完所有幕墙嵌板样式，最后单击"应用"按钮，如图 6.2-9 所示。

图 6.2-9 选择应用

⑪ 窗分配完后，绘制完的幕墙效果图如图 6.2-10 所示。

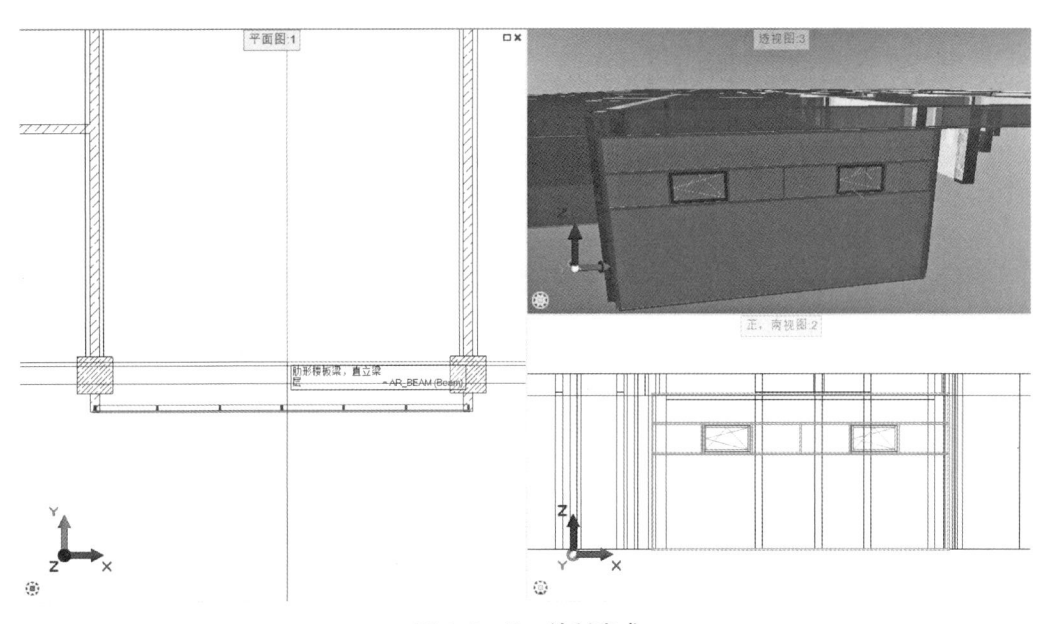

图 6.2-10 绘制完成

147

6.3 门窗模型创建

6.3.1 知识导入

1. 建筑门窗在建筑工程中的应用和作用

门窗是建筑围护结构工程中不可缺少的组成部分，是建筑物内外联系的主要途径。

门在建筑上的主要作用是围护、分隔和室内外交通疏散。作为建筑的围护构件，应考虑保温隔热、隔声、防风等作用；作为建筑外观来说，门的位置、大小、数量、材质、造型等对装饰起着重要的作用；作为交通和疏散的构件，门的位置、大小、数量、开启方式等应符合建筑的使用要求和相关的规范要求。窗在建筑上起采光、通风和围护作用，同时也起装饰作用。采用何种形式的窗，需要考虑建筑的使用功能和建筑造型等。

门窗受建筑物内外环境因素的影响。在不同气候的地区和不同季节，通过门窗起到利用和防止环境因素的作用，以满足人对长时间停留房间的建筑物理、环境卫生、气温、心理、安全等多方面的需求。

2. 门的形式

门可以按开启方式、使用材料、构造、功能、位置等进行分类。

第一，按开启方式可分为平开门、弹簧门、推拉门、折叠门、旋转门、卷帘门等，根据《建筑制图标准》（GB/T 50104—2010），常见门图例如图6.3-1所示。

平开门：构造简单、开启灵活、制作安装和维修方便，在建筑工程中被广泛使用。

弹簧门：开启后可自动关闭，适用于有自动关闭要求的场所。单向弹簧门常用于卫生间的门，双向弹簧门常用于公共建筑门厅的门。

推拉门：开启时占用空间小，但构造复杂。

折叠门：门扇可拼合、折叠推移到洞口的一侧或两侧，占用空间小。

旋转门：对防止内外空气对流有一定作用，一般用于人员频繁进出且有采暖或空调设备情况下的外门，但是构造复杂、造价较高。

卷帘门：适用于门洞较大，不便安装地面门体的地方。常用于店铺、车库、仓库等。

第二，按使用材料可分为木门、钢门、铝合金门、塑料门（塑钢门）、玻璃门、混凝土门等。

第三，按构造可分为镶板门、拼板门、夹板门、百叶门等。

第四，按功能可分为普通门、保温门、防火门、防爆门、隔声门、防盗门、防辐射门等。

第五，按位置可分为外门和内门。外门位于外墙上，应满足保温、隔热、耐腐蚀

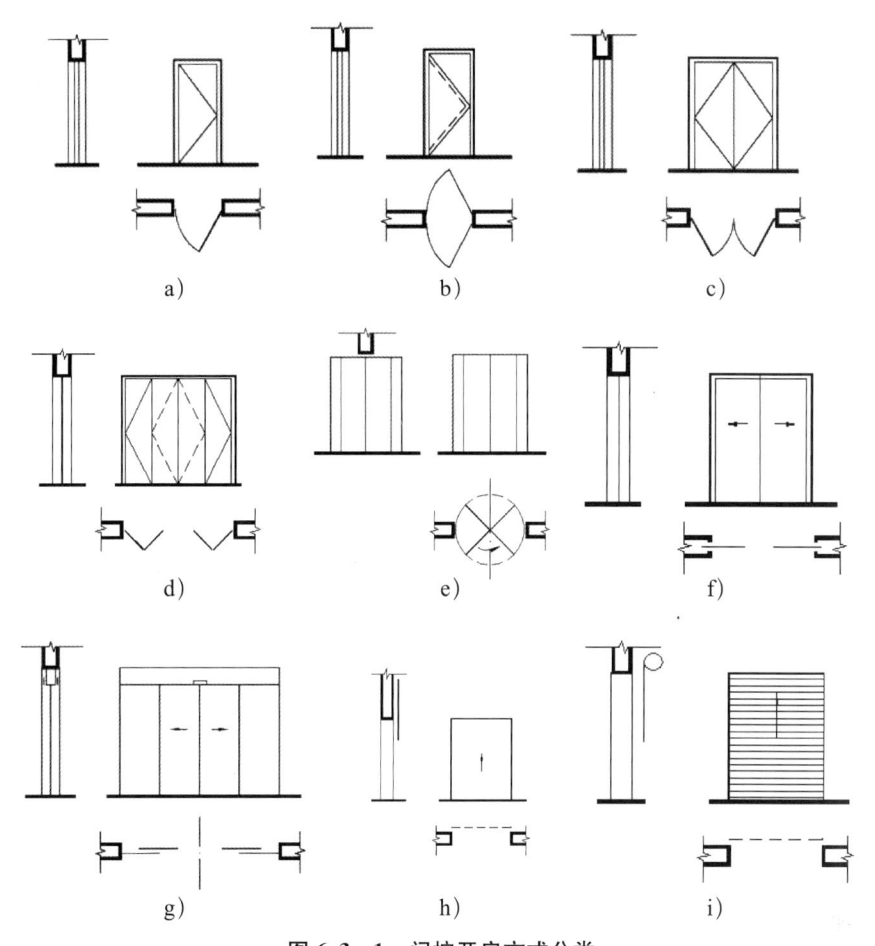

图 6.3-1 门按开启方式分类
a) 单扇平开或单向弹簧门　b) 单扇平开或单向弹簧门　c) 单面开启双扇门（包括平开或单面弹簧）
d) 折叠门　e) 旋转门　f) 墙中双扇推拉门　g) 自动门　h) 提升门　i) 竖向卷帘门

及装饰等要求；内门位于内墙上，应满足隔声、隔视线等要求。

3. 窗的形式

窗可以按开启方式、使用材料、层数、位置等进行分类。

第一，按开启方式可分为固定窗、平开窗、悬窗、立转窗、推拉窗、百叶窗等，根据《建筑制图标准》(GB/T50104—2010)，常见窗图例如图 6.3-2 所示。

固定窗：固定窗的玻璃直接嵌固在窗框上，窗扇不能开启。仅用于采光、观察、围护，不能通风。常用于走道的固定部分。

平开窗：可向内开或向外开，有单层和双层之分。构造简单、开启灵活、维修方便，在建筑工程中被广泛采用。

悬窗：按铰链和转轴的位置不同，分为上悬窗、中悬窗和下悬窗。上悬窗和中悬窗向外开，防雨效果好，利于通风，常用于门上的亮子和不方便手动开启的高窗；下悬窗不能防雨，开启时占较多的室内空间，多与上悬窗组成双层窗，用于有特殊要求

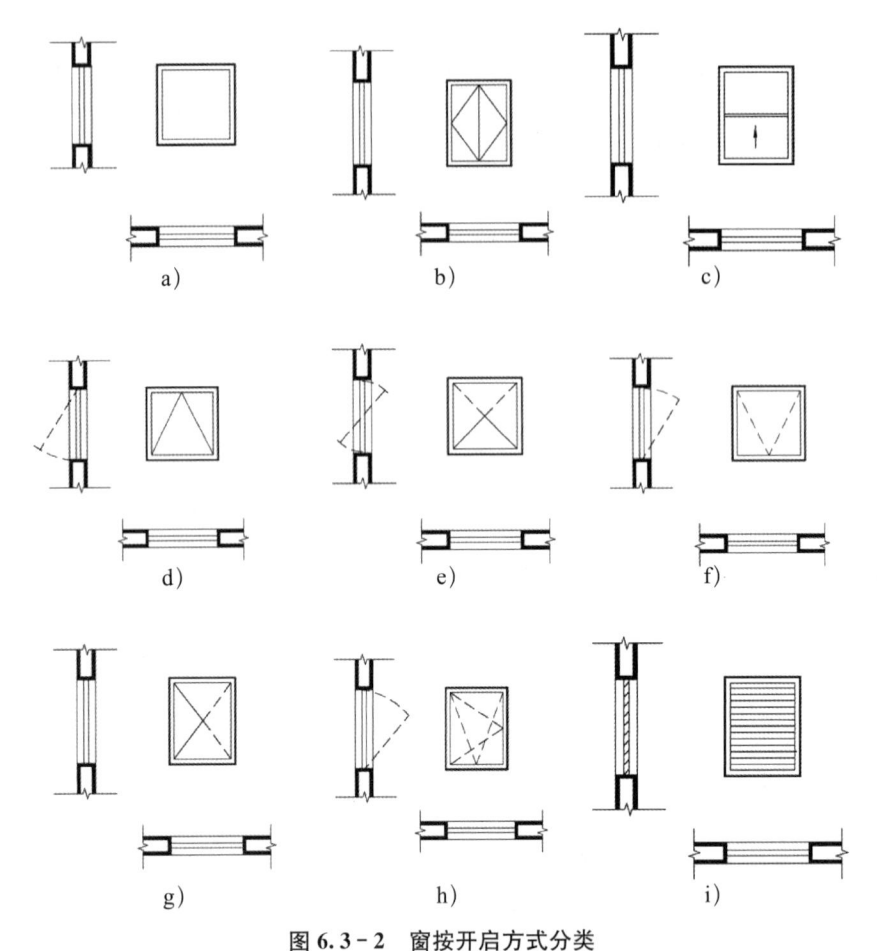

图 6.3-2 窗按开启方式分类
a）固定窗　b）单层外开平开窗　c）上推窗　d）上悬窗　e）中悬窗
f）下悬窗　g）立转窗　h）内开平开内倾窗　i）百叶窗

的房间。

立转窗：通风效果好，但防雨及密封性较差，多用于单层厂房的低侧窗，不适用于寒冷和多风沙的地区。

推拉窗：分垂直推拉窗和水平推拉。开启后不占室内空间，适宜安装大玻璃，但通风面积受限制。

百叶窗：遮阳、防雨及通风效果较好。

第二，按使用材料可分为木窗、钢窗、铝合金窗、塑钢窗、纱窗等。

第三，按层数可分为单层窗和双层窗。单层窗构造简单、造价低，常用于一般建筑；双层窗保温、隔热、隔声、防尘效果较好，用于对窗有较高要求的建筑。

第四，按位置可分为外窗和内窗。外窗位于外墙上，内窗位于内墙上。

6.3.2 重点解析

本项目建筑施工图中本工程门窗选用普通铝合金门窗，参数如图6.3-3所示。

类型	设计编号	洞口尺寸(mm)	数量 1	数量 2~26	RF	合计	备注
普通门	M0721	700X2100		8X25=200		200	塑钢门(用户自理)
	M0921	900X2100		10X25=250		250	实木门(用户自理)
	M1021	1000X2100	2			2	钢制平开门
	M1121	1100X2100		2X25=50	2	52	钢制平开门
	M1221	1200X2100			2	2	钢制平开门
	M1524	1500X2400	2			2	钢制防盗门
	TLM1624	1600X2400		6X25=150		150	铝合金推拉门 80系列普通铝合金型材 5mm中透光ow-E+12mm空气+5mm白玻 —框面积5% (用户自理)
	TLM1824	1800X2400		4X25=100		100	
	TLM2724	2700X2400		4X25=100		100	
乙级防火门	FM乙0921	900X2100		4X25=100		100	乙级防火门(经消防部门认可)
	FM乙1121	1100X2100	2	2X25=50		52	
	FM乙1121a	1050X2100		4X25=100		100	
丙级防火门	FM丙0618	600X1800	1	1X25=25		26	丙级防火门(经消防部门认可)
	FM丙1218	1200X1800	1	1X25=25		26	
普通窗	C0915	900X1500		12X25=300	2	302	50系列普通铝合金型材 5mm中透光ow-E+12mm空气+5mm白玻 —框面积5%
	C1215	1200X1500		2X25=50		50	
	C1515	1500X1500		2X25=50		50	
	C2412P	2400X1200	2			2	
	C1615P	1600X1500		1X25=25		25	
	C2415P	2400X1500		1X25=25		25	
	C1215a	1200X1500	2		2	4	
凸窗	TC1818	1800X1800		2X25=50		50	50系列普通铝合金型材 5mm中透光ow-E+12mm空气+5mm白玻 —框面积5%
	TC2018	2000X1800		2X25=50		50	
	TC2118	2100X1800		2X25=50		50	
	TC1818a	1800X1800		2X25=50		50	

图 6.3-3 本工程门窗参数

本工程门窗由具有设计资质的专业公司根据设计洞口尺寸、立面分格、开启方式、建筑功能及所在地的气候、环境等具体条件，计算确定。门窗满足抗风压、水密性、气密性、隔声、隔热、防玻璃炸裂、防火、防雷等技术要求。按要求配齐五金零件，并绘制加工图纸，经设计单位及甲方认可后方能制作安装，铝合金门窗使用的建筑型材壁厚一般不低于以下数值：外门不应小于2.2mm，内门不应小于2.0mm；外窗不应小于1.8mm，内窗不应小于1.4mm。幕墙、玻璃屋顶为3.0mm。同时框料由厂家根据立面规格、风压等因素确定其厚度。本设计所标门窗洞口尺寸均为结构尺寸，门窗樘与洞口间隙应满足安装固定需要，由制作单位确定。所有外门窗与四周连接处应严格按有关技术规程施工，做到密闭防渗。门窗安装质量需满足《建筑装饰装修工程质量验收标准》(GB 50210—2018)要求。

卫生间采用磨砂玻璃或压花玻璃。若选用压花玻璃，压花面应在室外一面；若选用磨砂玻璃，磨砂面应在室内一面。变配电室的门窗玻璃应采用夹丝玻璃，当采用其他玻璃时或采用通风窗时，应加设金属网，网孔尺寸不大于10mm×10mm。

本工程门窗立樘安装位置除注明外，平开内门立樘与开启方向墙面平齐，平开外门立樘与开启方向墙面平齐、内外窗布置在墙中心。甲级和乙级防火门均安装闭门器；管道井检修门为丙级防火门，定位平外侧墙面，凡未注明距地高度者均做300mm高C20混凝土门槛。卷帘门、人防门、防火门、防盗门等门及玻璃雨棚，均由专业生产厂家进行设计制作安装，并提供技术条件进行施工配合预埋。

根据本工程中门窗参数图6.3-1可以读取本工程所有门窗的类型、设计编号、洞口尺寸、数量、材质等信息，根据门大样图（见图6.3-4）和窗大样图（见图6.3-5）可以知晓门窗的具体形式，结合建筑平立剖施工图，可以明确门窗的具体位置。

本任务中，我们将完成5#楼一层平面图中的门窗模型绘制。

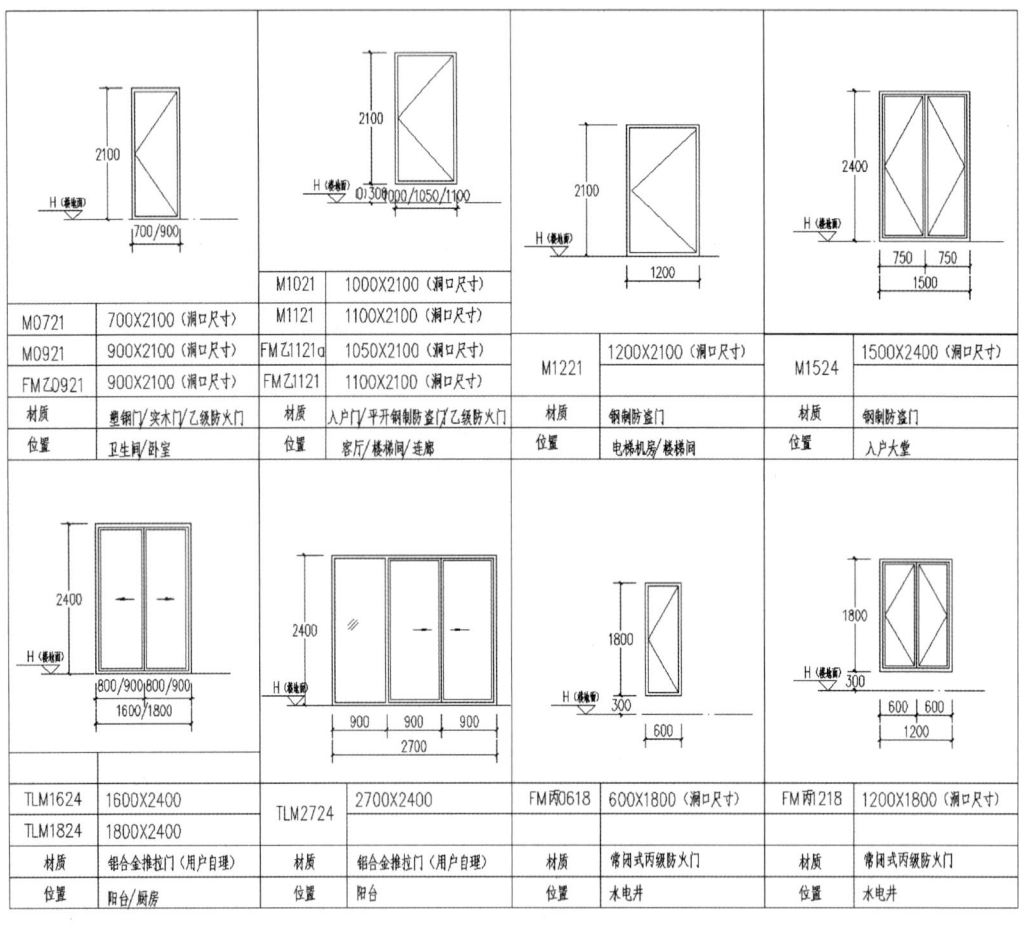

图6.3-4 门大样图

6.3.3 步骤说明

1. 门的创建

（1）获取图纸信息

打开金砖大厦一层平面图，找到一层5-1轴/5-2轴、5-A轴/5-B轴间门编号为M1021的位置，如图6.3-6所示。

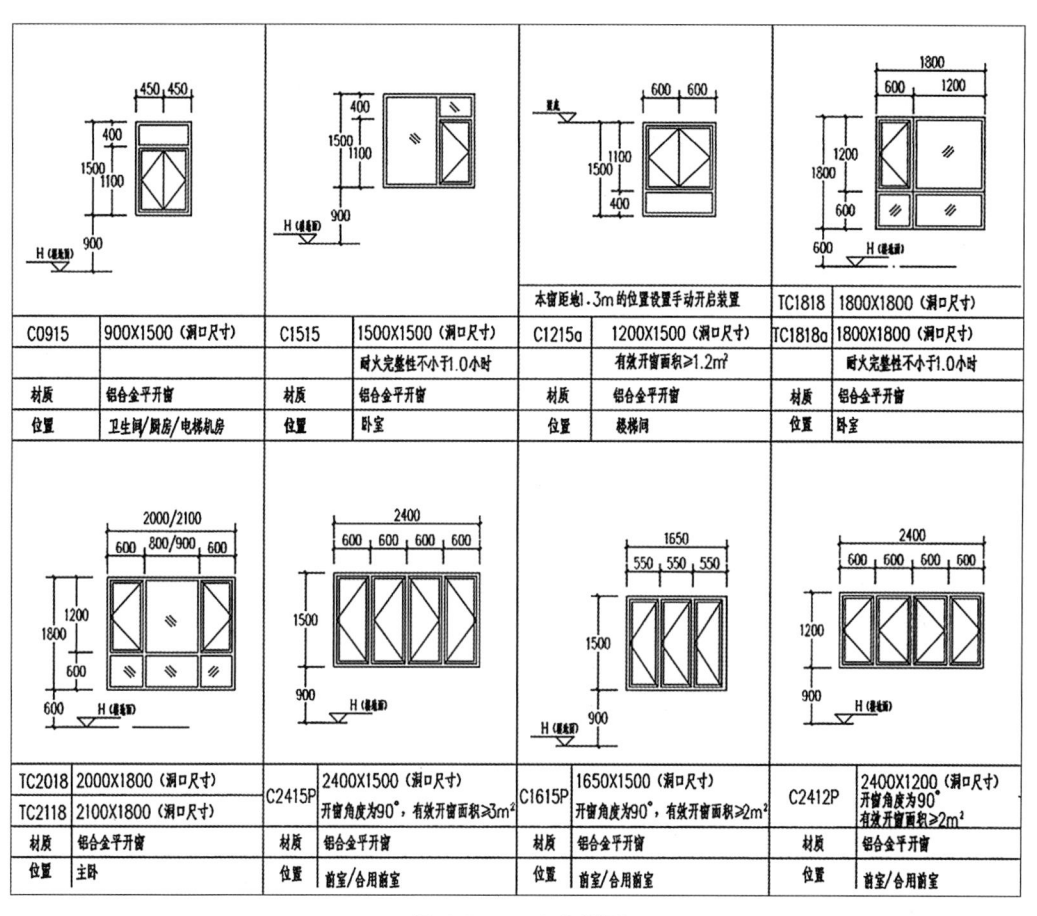

C0915 900X1500（洞口尺寸）	C1515 1500X1500（洞口尺寸） 耐火完整性不小于1.0小时	本窗距地1.3m的位置设置手动开启装置 C1215a 1200X1500（洞口尺寸） 有效开窗面积≥1.2m²	TC1818 1800X1800（洞口尺寸） TC1818a 1800X1800（洞口尺寸） 耐火完整性不小于1.0小时
材质 铝合金平开窗	材质 铝合金平开窗	材质 铝合金平开窗	材质 铝合金平开窗
位置 卫生间/厨房/电梯机房	位置 卧室	位置 楼梯间	位置 卧室
TC2018 2000X1800（洞口尺寸） TC2118 2100X1800（洞口尺寸）	C2415P 2400X1500（洞口尺寸） 开窗角度为90°，有效开窗面积≥3m²	C1615P 1650X1500（洞口尺寸） 开窗角度为90°，有效开窗面积≥2m²	C2412P 2400X1200（洞口尺寸） 开窗角度为90°，有效开窗面积≥2m²
材质 铝合金平开窗	材质 铝合金平开窗	材质 铝合金平开窗	材质 铝合金平开窗
位置 主卧	位置 前室/合用前室	位置 前室/合用前室	位置 前室/合用前室

图 6.3-5　窗大样图

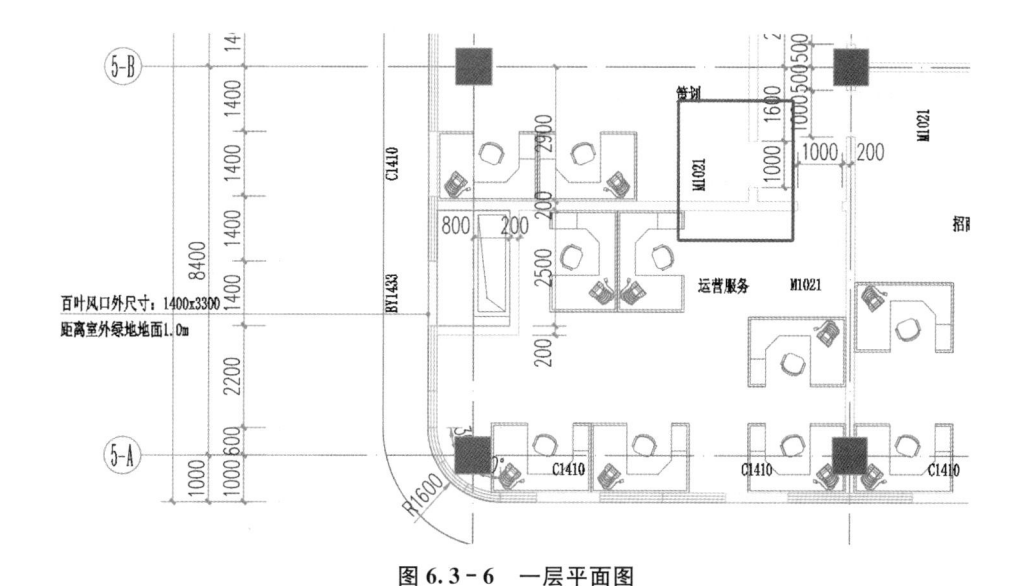

图 6.3-6　一层平面图

（2）修改门模型属性

❶ 选择"工具"命令标签面板→"建筑"模块→"门"命令，在弹出的"门"窗口中单击属性按钮 ✓ 。

❷ 在"门"属性窗口的"洞口"标签中，选择洞口形状，并输入洞口尺寸，如图 6.3-7 所示。

图 6.3-7　输入洞口尺寸

❸ 单击"高度" 高度... 按钮，在弹出的"高度"弹窗中输入高度偏移值。顶层选择 ⬆ ，从楼层底标高向上偏移，由于门离地 300mm，所以门顶自底标高偏移值为"2400"；底层选择 ⬆ ，从楼层底标高向上偏移值为"300"，如图 6.3-8 所示。

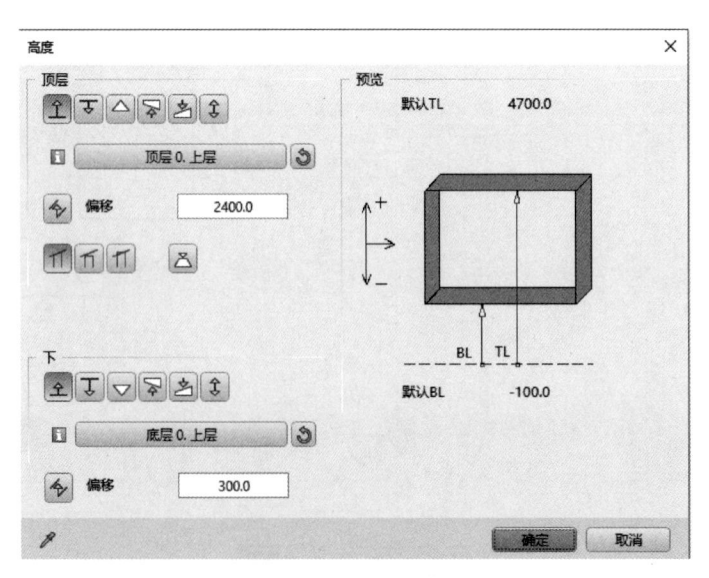

图 6.3-8　调整高度

④ 继续在"门"属性窗口中选择"数据库"按钮,如图 6.3-9 所示。

图 6.3-9 选择数据库

⑤ 在弹出的"库"窗口中,选择"默认"文件夹→"建筑"文件夹→"门"文件夹→"内门 1l"文件夹,选择符合图纸的单开门,单击"OK"按钮。

(3) 放置门模型

① 将光标放置于墙线之上,出现一个红色矩形框,移动到门位置端点,使矩形框与图纸门位置重合。

② 单击左键后,左下方出现"门参考点或到参考点偏移",如门洞预览位置与图纸重合,则直接按〈Enter〉键跳过。

③ 跳过之后,左下方出现"门设置属性,端点或者到洞口末端的偏移",如门属性设置正确,则直接按〈Enter〉键跳过。

④ 跳过之后,出现一个门预览模型需确定朝向,朝向的确定与单击位置相反,图纸当中的门朝西方向开,位于南侧的砌体墙上,所以需要在东北方向单击左键,如图 6.3-10、图 6.3-11。

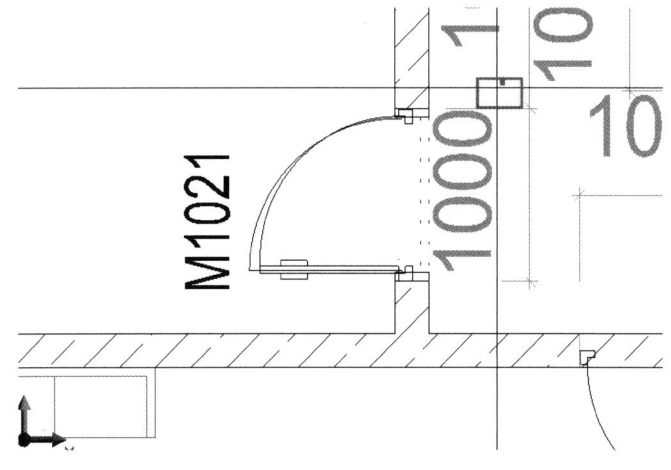

图 6.3-10 确定朝向

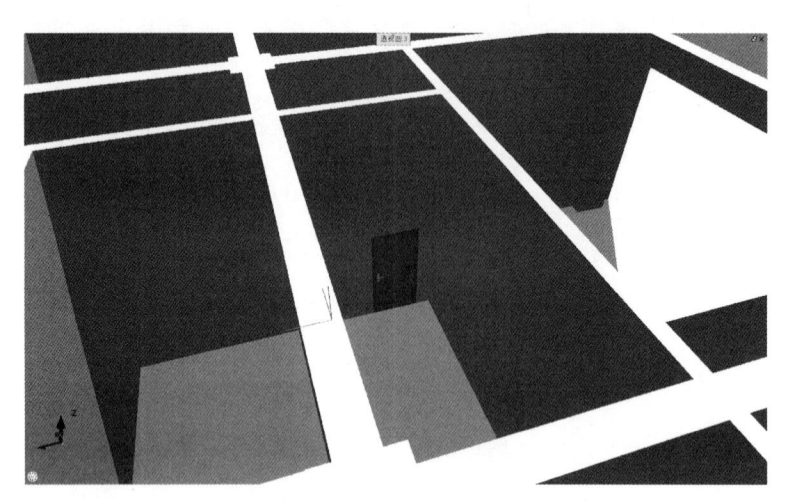

图 6.3-11　绘制完成

2. 窗的创建

（1）对窗进行属性设置

❶ 选择"工具"命令标签面板→"建筑"模块→"窗"命令，在弹出的"窗"窗口中单击属性按钮。

❷ 在"窗"属性窗口的"洞口"标签中，选择洞口形状，并输入洞口尺寸，如图 6.3-12 所示。

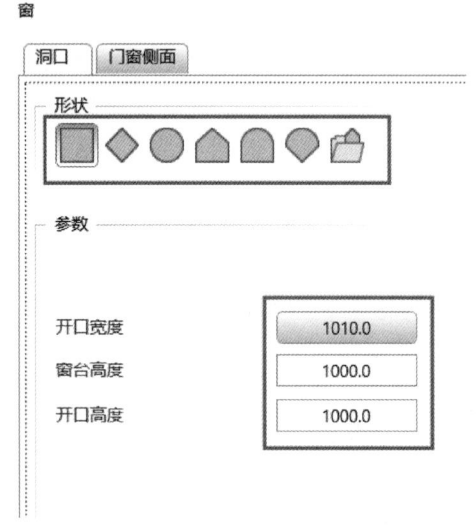

图 6.3-12　输入洞口尺寸

❸ 单击"高度"　高度…　按钮，在弹出的"高度"弹窗中输入高度偏移值。顶层选择　全　，从楼层底标高向上偏移，由于窗离地 1000mm，所以窗顶自底标高偏移值为"2000"；底层选择　全　，从楼层底标高向上偏移值为"1000"，如图 6.3-13

所示。

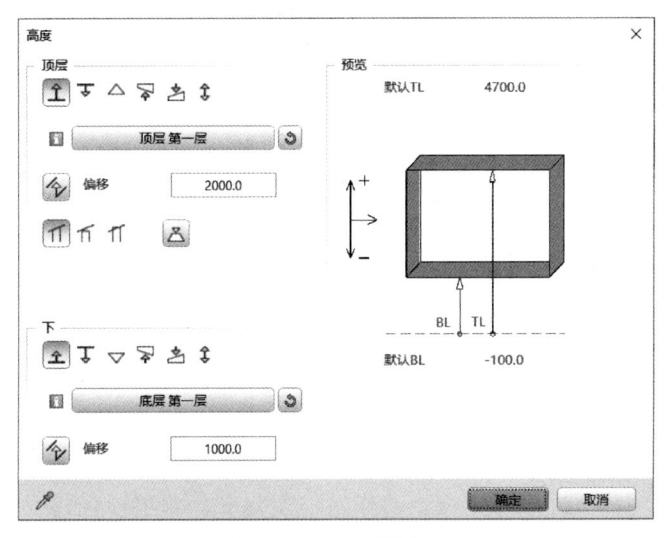

图 6.3 - 13　调整高度

④ 继续在"窗"属性窗口中选择"数据库"按钮，如图 6.3 - 14 所示。

图 6.3 - 14　选择数据库

⑤ 在弹出的"库"窗口中，选择"默认"文件夹→"建筑"文件夹→"窗"文件夹，选择符合图纸的窗样式，单击"OK"按钮。

（2）放置窗模型

① 将光标放置于墙线之上，出现一个红色矩形框，移动到窗位置端点，使矩形框与图纸窗位置重合。

② 单击左键后，左下方出现"窗参考点或到参考点偏移"，如窗洞预览位置与图纸重合，则直接按〈Enter〉键跳过。

③ 跳过之后，左下方出现"窗设置属性，端点或者到洞口末端的偏移"，如窗属性设置正确，则直接按〈Enter〉键跳过即可。

6.4 内装修模型创建

6.4.1 知识导入

建筑物的楼层地面和底层地面统称为室内楼地面。根据室内楼地面装饰构造做法可分为整体式楼地面构造、块材楼地面、木及木制品楼地面和人造软质制品楼地面。

1. 整体式楼地面

常见的有水泥砂浆楼地面、细石混凝土楼地面、现浇水磨石楼地面及涂布楼地面等。

（1）水泥砂浆楼地面

水泥砂浆楼地面是在混凝土垫层或楼板上抹水泥砂浆形成面层，其特点是构造简单、坚固、耐磨、防水、造价低廉，但导热系数大、易结露、易起灰、不易清洁，是一种被广泛采用的低档楼地面。通常有单面层和双面层两种做法。

（2）现浇水磨石楼地面

现浇水磨石楼地面整体性好、防水、不起尘、易清洁、装饰效果好，但导热系数偏大、弹性小，适用于人群停留时间较短，或需经常用水清洗的楼地面，如门厅、营业厅、厨房、盥洗室等房间。其构造为双层构造，底层用 10～15mm 厚的水泥砂浆找平后，按设计图案用 1∶1 的水泥砂浆固定分隔条（铜条、铝条或玻璃条），然后用 1∶（1.5～2.5）水泥石渣浆抹面，厚度为 12mm，经养护一周后磨光打蜡形成。

2. 块材楼地面

块材楼地面是利用各种天然或人造的预制块材或板材，通过铺贴形成面层的楼地面。这种楼地面易清洁、经久耐用、花色品种多、装饰效果强，但工效低、价格高，属于中高档的楼地面，适用于人流量大、清洁要求和装饰要求高、有疏水作用的建筑。常见的块材楼地面有陶瓷锦砖（马赛克）楼地面、陶瓷地面砖楼地面、大理石及花岗岩楼地面等形式。

（1）缸砖、瓷砖、陶瓷锦砖楼地面

缸砖、瓷砖、陶瓷锦砖楼地面共同特点是表面致密光洁、耐磨、吸水率低、不变色，属于小型块材。

（2）花岗石板、大理石板楼地面

花岗石板、大理石板的尺寸一般为 300mm×300mm 至 600mm×600mm，厚度为 20～30mm，属于高级楼地面材料。铺设前应按房间尺寸预定制作，铺设时需预先试铺，合适后再开始正式粘贴，具体做法是：先在混凝土垫层或楼板找平层上实铺 30mm 厚 1∶（3～4）干硬性水泥砂浆做结合层，上面撒素水泥面（洒适量清水），然后铺贴楼地面板材，缝隙挤紧，用橡胶锤或木槌敲实，最后用素水泥浆擦缝。花岗石板的耐磨性与装饰效果好，但价格昂贵，属于高级的地面装修材料。

3. 木及木制品楼地面

木楼地面弹性好、不起尘、易清洁、导热系数小,但造价较高,是一种高级楼地面的类型。木楼地面按构造方式分为空铺式和实铺式两种,此外还有复合木地板楼地面。

4. 人造软质制品楼地面

常见的人造软质制品楼地面主要有橡胶地毡楼地面、塑料地板楼地面和地毯楼地面。

6.4.2 重点解析

楼地面不同构造做法交界处和地坪高差变化处,除注明外均位于平齐门扇开启面处。凡设有地漏或排水沟的房间楼地面,均应做防水层,四周垂直面应涂起高300mm,外粘细砂,门口突出宽300mm。出入口处外台阶、各层卫生间、阳台、外走廊等门口处高点完成面标高应低于相应楼层标高20mm。厨房、卫生间和有防水要求的楼板及层间退台屋面、顶层露台、平台等周边除门洞外,应向上设一道高度不小于300mm的混凝土防水反坎,与楼板一同浇筑,相应结构平面图应表示。

本图中除注明外,楼地面标高及相关坡度如表6.4-1所示。结合建筑施工图中建筑构造用料做法表可知,内装修楼地面做法共8种,楼地面具体做法如表6.4-2所示。

表6.4-1 楼地面标高及相关坡度

位置	结构标高/m	标高	完成面坡度
楼梯间、厅房	$H-0.050$	建筑面层为50mm	阳台、卫生间为1% 屋顶平台为2% 排水沟为1%
厨房	$H-0.050$	建筑面层完成后门口处距室内楼地面高差10mm	
卫生间	$H-0.150$	建筑面层完成后门口处距室内楼地面高差30mm	
阳台、外廊	$H-0.100$	建筑面层完成后门口处距室内楼地面高差50mm	

注:H为建筑楼层标高。

表6.4-2 本工程建筑楼地面的八种做法

编号	名称	地面/楼面用料做法	使用备注
地1/楼1	毛坯地面/楼面①	1. 面层由二次装修定 2. 80mm厚C15砼垫层随捣随抹平/钢筋混凝土楼板 3. 素土夯实,压实系数≥93%	用于毛坯交付的房间

---

① 参见中国建筑标准设计研究院编《楼地面建筑构造》(国家建筑标准设计图集12J304),中国计划出版社,2012,第8页。

续表

编号	名称	地面/楼面用料做法	使用备注
地2/楼2	水泥砂浆地面/楼面①	1. 20mm厚1:2.5水泥砂浆，表面撒适量水泥粉抹压平整 2. 水泥浆一道（内掺建筑胶） 3. 80mm厚C15混凝土垫层/钢筋混凝土楼板 4. 素土夯实，压实系数≥93% 注：水泥砂浆面层施工完成后要浇水养护，避免开裂。	用于有配置电梯楼栋的楼梯间、电梯机房等要求不高的房间
地3/楼3	防滑地砖地面/楼面②	1. 8～10mm厚防滑地砖，干水泥擦缝， 2. 20mm厚1:3干硬性水泥砂浆表面撒水泥粉 3. 水泥浆一道（内掺建筑胶） 4. 80mm厚C15混凝土垫层/钢筋混凝土楼板 5. 素土夯实，压实系数≥93%	用于未配置电梯楼栋的楼梯间、室内公共走道、电梯厅、前室等
地4/楼4	地砖防水地面/楼面③	1. 8～10mm厚防滑地砖，干水泥擦缝 2. 30mm厚1:3干硬性水泥砂浆表面撒水泥粉 3. 1.5mm厚聚合物水泥基复合防水涂料，防水层四周反起300mm，门口处涂出200mm宽。 4. 最薄处20mm厚1:3水泥砂浆找坡层抹平（卫生间找1%坡） 5. 水泥浆一道（内掺建筑胶） 6. 厚80mm C15混凝土垫层/钢筋混凝土楼板 7. 素土夯实，压实系数≥93%	卫生间（用于毛坯交付的房间第1、2项不做，由业主二次装修自理）
地5/楼5	大理石、花岗石地面/楼面④	1. 厚20mm大理石板（花岗石板），水泥浆擦缝 2. 厚20mm 1:3干硬性水泥砂浆表面撒水泥粉 3. 水泥浆一道（内掺建筑胶） 4. 厚80mm C15混凝土垫层/钢筋混凝土楼板 5. 素土夯实，压实系数≥93%	
地6/楼6	细石混凝土地面/楼面⑤	1. 50mm厚C25细石混凝土，表面撒1:1水泥砂子随打随抹光，表面涂密封固化剂 2. 水泥浆一道（内掺建筑胶） 3. 80mm厚C15混凝土垫层/钢筋混凝土楼板 4. 素土夯实，压实系数≥93%	

---

① 参见中国建筑标准设计研究院编《楼地面建筑构造》（国家建筑标准设计图集12J304），中国计划出版社，2012，第8页。

② 参见中国建筑标准设计研究院编《楼地面建筑构造》（国家建筑标准设计图集12J304），中国计划出版社，2012，第59页。

③ 参见中国建筑标准设计研究院编《楼地面建筑构造》（国家建筑标准设计图集12J304），中国计划出版社，2012，第60页。

④ 参见中国建筑标准设计研究院编《楼地面建筑构造》（国家建筑标准设计图集12J304），中国计划出版社，2012，第67页。

⑤ 参见中国建筑标准设计研究院编《楼地面建筑构造》（国家建筑标准设计图集12J304），中国计划出版社，2012，第10页。

续表

编号	名称	地面/楼面用料做法	使用备注
地7/楼7	混凝土（重载地面）地面①	1. 150mm厚C25混凝土，内配单层6钢筋网@150mm×150mm，随打随抹平，涂密封固化剂 2. 300mm厚级配碎石，压实系数≥0.95，地基承载力特征值f_{ak}≥100kPa 3. 素土夯实，压实系数≥93%	仓库
	外保温楼面②	1. 钢筋混凝土楼板，表面清洁干净 2. 界面剂一道 3. 2mm厚粘结胶泥 4. 保温板（材料及厚度详节能专篇，附加专用螺栓固定） 5. 表面喷刷涂料另选	挑空楼板
地8/楼8	抗静电活动地板地面/楼面	1. 150~250mm高抗静电活动地板 2. 20mm厚1:25水泥砂浆找平 3. 水泥浆一道（内掺建筑胶） 4. 80mm厚C15混凝土垫层/钢筋混凝土楼板 5. 素土夯实，压实系数≥93%	消防控制室

本任务结合施工图中室内装修一览表6.4-3相关位置信息，我们将完成5#楼一层平面图和三层平面图中相关楼地面模型。

表6.4-3 室内装修一览表

部位		顶棚		内墙面		楼（地）面		墙裙、踢脚		备注
		编号	材料	编号	材料	编号	材料	编号	材料	
一层	入户大堂、电梯厅	棚3	石膏板	内4	面砖	楼3/地3	防滑地砖			
	楼梯间	棚2	腻子	内6	腻子	楼2	水泥砂浆	踢1	水泥砂浆	
	架空层/天井底	棚2	腻子	内6	腻子	楼2	水泥砂浆	踢1	水泥砂浆	

---

① 参见中国建筑标准设计研究院编《楼地面建筑构造》（国家建筑标准设计图集12J304），中国计划出版社，2012，第169页。

② 参见中国建筑标准设计研究院编《楼地面建筑构造》（国家建筑标准设计图集12J304），中国计划出版社，2012，第169页。

续表

部位		顶棚		内墙面		楼（地）面		墙裙、踢脚		备注
		编号	材料	编号	材料	编号	材料	编号	材料	
二层至九层	前室、电梯厅	棚4	无机涂料	内2	无机涂料	楼3	防滑地砖	踢2	面砖	
	楼梯间	棚2	腻子	内6	腻子	楼2	水泥砂浆	踢1	水泥砂浆	住宅塔楼楼梯
	连廊	棚4	无机涂料			楼2	水泥砂浆			
	厅房	棚1	结构混凝土顶板	内1	水泥砂浆	楼1	结构混凝土楼板			
	套内卫生间	棚1	结构混凝土顶板	内3	防水涂料	楼4	防水涂料			毛坯交付
	管井	棚1	结构混凝土楼板	内1	水泥砂浆	楼1	结构混凝土楼板			
	开敞阳台	棚2	腻子			楼1	结构混凝土楼板			封面详外墙做法
屋面	楼梯间	棚2	腻子	内6	腻子	楼2	水泥砂浆	踢1	水泥砂浆	
	电梯机房	棚2	腻子	内6	腻子	楼2	水泥砂浆	踢1	水泥砂浆	

6.4.3 步骤说明

1 选择"工具"命令标签面板→"建筑"模块→在分类托盘中选择"房间、表面、楼层"类别→选择"房间"命令，如图6.4-1所示；在弹出的"房间"窗口中单击属性命令 ✓ 。

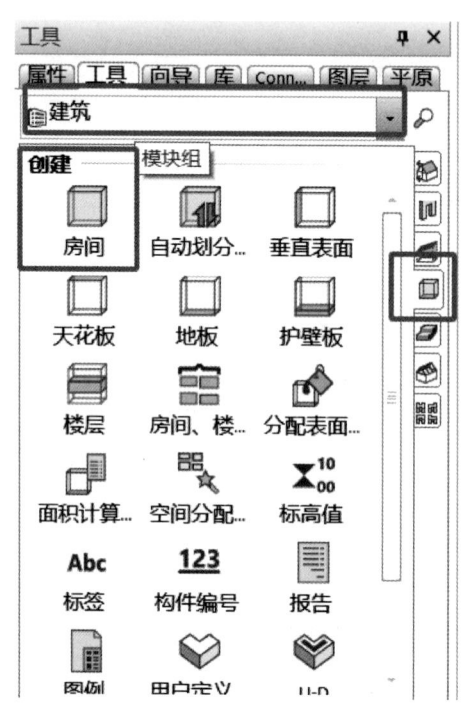

图 6.4-1 选择房间

2 在"房间"窗口中选择"房间"标签页，填入房间基本信息，如图 6.4-2 所示。

图 6.4-2　输入房间信息

3 在"饰面"标签页中，按照图纸设计说明中的构造做法填入具体数据，设置完成后单击"确定"按钮，如图 6.4-3 所示。

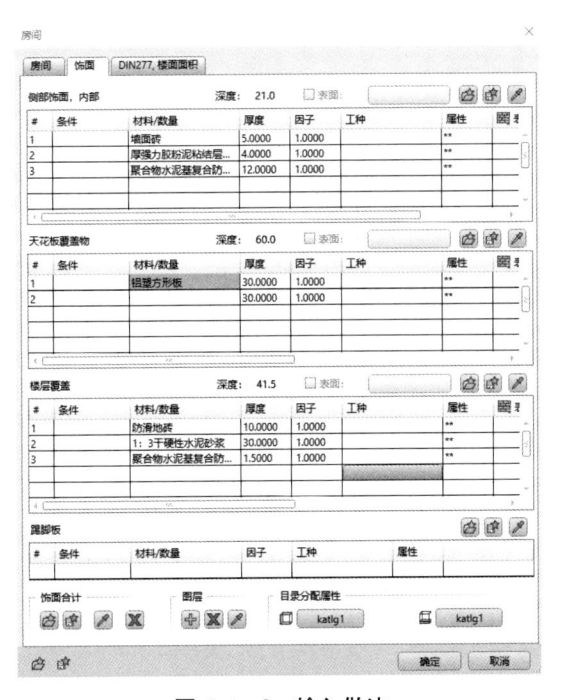

图 6.4-3　输入做法

❹ 按照图纸中的房间轮廓描出房间范围，完成墙面、地面及天花板内装修模型创建，如图6.4-4所示。

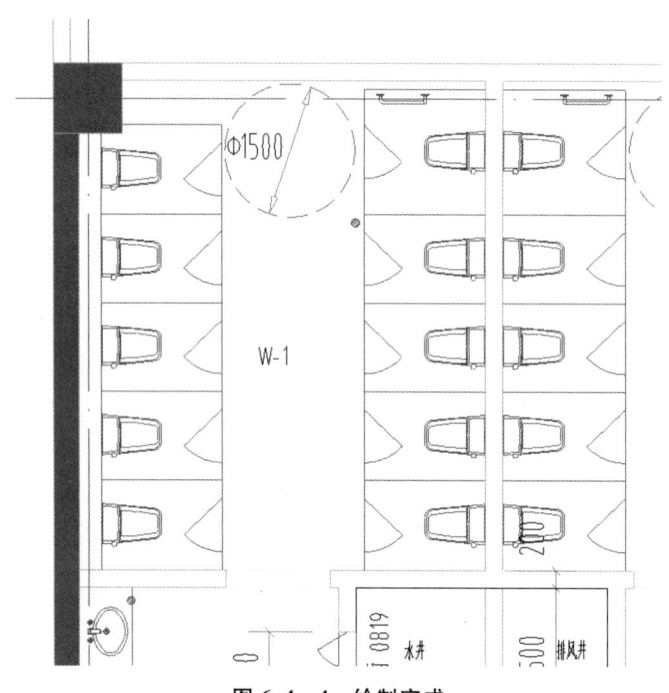

图 6.4-4　绘制完成

扫码，看视频教程

零星构件模型创建

6.5　零星构件模型创建

6.5.1　知识导入

阳台一般是指多层或高层建筑物中有永久性上盖、围护结构、底板与房屋相连的房屋附属设施，是建筑物室内的延伸。阳台对建筑物采光通风以及建筑外观有着重要的影响。阳台给人们提供了一个舒适的活动空间，是居住建筑中用以联系室内外空间和改善居住条件的重要组成部分。

雨棚是设置在建筑物出入口上方用以遮挡雨水、保护外门免受雨水侵害，并有一定装饰作用的水平构件。

1. 阳台

阳台是楼房建筑中，房间与室外接触的平台。阳台主要由阳台板和栏杆（栏板）扶手组成，阳台板是阳台的承重构件，栏杆（栏板）扶手是阳台的围护构件，设在阳台临空一侧。

（1）阳台的类型

阳台按照其与外墙的相对位置分为凹阳台、凸阳台、半凸半凹阳台和转角阳台。

按阳台的使用功能不同，分为生活阳台（靠近客厅或卧室）和服务阳台（靠近厨房或卫生间）。

（2）阳台的结构布置

凹阳台实为楼板层的一部分，是将阳台板直接搁置在墙上，构造与楼板层相同。凸阳台的受力构件为悬挑构件，其挑出长度和构造必须满足结构受力和抗倾覆的要求，钢筋混凝土凸阳台的结构布置方式大体可以分为挑梁式、压梁式和挑板式三种。

（3）阳台的细部构造

栏杆（栏板）扶手。栏杆（栏板）扶手是设置在阳台外围的垂直构件，主要是供人们扶倚之用，作为阳台的用护构件，为保证人们在阳台上活动安全，应具有足够的强度和适当的高度，要求坚固可靠、舒适美观。阳台栏杆（栏板）按材料分，有砖砌栏板、金属栏杆和钢筋混凝土栏杆。扶手有金属扶手和混凝土扶手，金属杆件和扶手表面要进行防锈处理。

阳台隔板。阳台隔板用于双连阳台，常见有砖砌隔板和钢筋混凝土隔板两种。考虑抗震因素，现在多采用钢筋混凝土隔板。

2. 雨棚

雨棚一般设置在建筑物外墙出口上方，用来遮挡风雨、保护大门，同时对建筑外立面起着较强的美化作用。由于房屋的性质、出入口大小和位置、地区气候特点及立面造型的影响，雨棚的形式各异。

根据雨棚板的支承不同，既有采用门过梁悬挑板方式的，也有采用墙或柱支承方式的。其中最简单的是过梁悬挑板式，即悬挑雨棚。悬挑板板面与过梁顶面可不在同一标高上，梁较板面标高高出，以免雨水浸入墙体，悬挑板一般较薄，外沿常做加高处理。板面需做防水，靠墙处做泛水。

玻璃采光雨棚是用阳光板、钢化玻璃作雨棚面板的新型透光雨棚，主要有梁柱式、单柱式和无柱式三种类型。近年来，这类雨棚以其轻巧美观、透明新颖、富有现代感的造型被广泛应用于各类建筑入口。

6.5.2 重点解析

根据建筑施工图5#楼二层平面图南立面5-3轴与5-5轴之间，设置雨棚①。建筑施工图5#楼一层平面图中北立面5-4轴与5-6轴之间，防火门FM1826甲上部分别设置雨棚③。

本任务中，根据施工图中所给出的雨棚①和雨棚③大样，我们将完成5#楼一、二层中各处雨棚模型。

本任务将使用3D线、延伸、旋转、附加修改建筑属性命令进行操作和绘制。

6.5.3 步骤说明

1. 雨棚的创建

获取图纸信息。该详图在建筑 5# 二层平面图中,从平面图中可以确定雨棚位置,而详图可以获取雨棚构造以及尺寸,如图 6.5-1、图 6.5-2 所示。

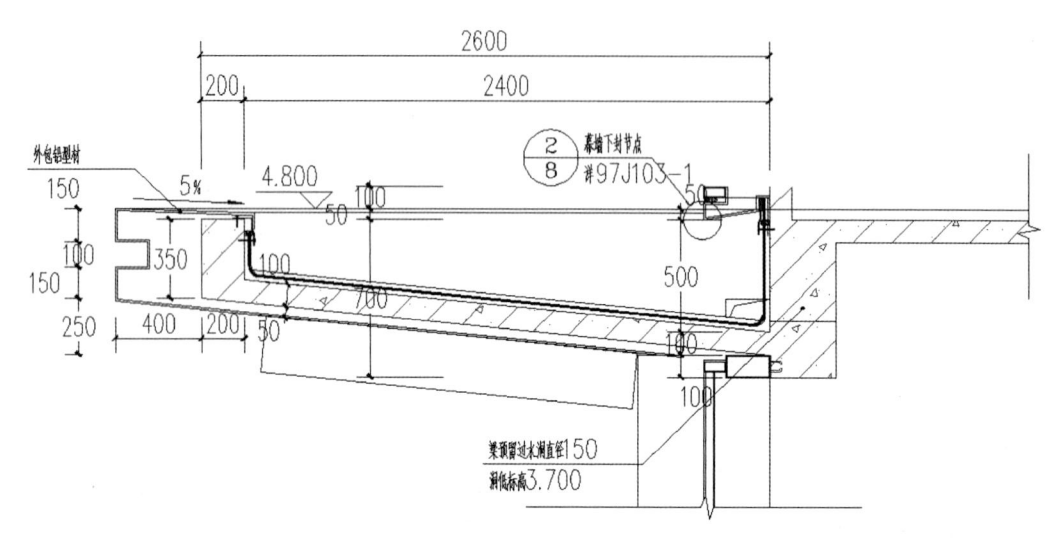

图 6.5-1 雨棚①大样

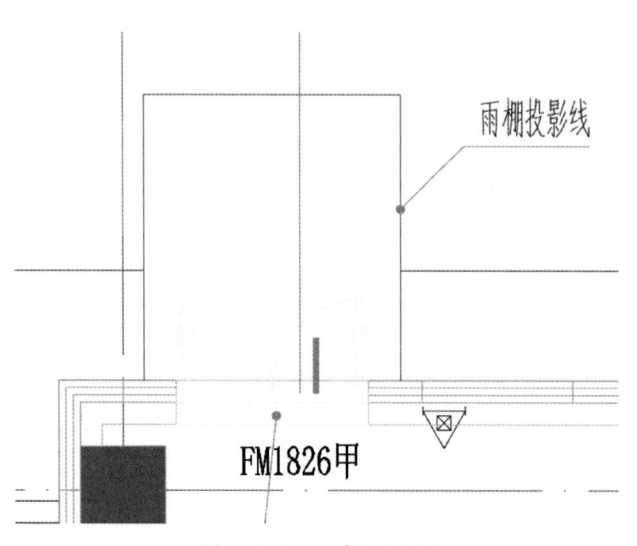

图 6.5-2 雨棚平面图

1 选择"快速访问"托盘中"工具"命令标签面板,单击下拉按钮,选择"基本"模块,在分类托盘中选择"草图"类别,选择"线"命令,绘制出零星构件的轮廓线,如图 6.5-3 所示。

图 6.5-3 绘制轮廓

第六章 建筑建模

② 框选画好的 2D 轮廓线,单击"快速访问"托盘中下拉按钮切换至"附加工具"模块,选择"转换元素"命令,在弹出的"转换模式"窗口中选择"2D 结构到 3D 线/曲线"命令,单击"是"按钮,即将 2D 界面转换为 3D 元素,如图 6.5-4 所示。

③ 选择右侧工具栏中的"旋转"命令,在弹出的"输入选项"窗口中单击"自由 3D"按钮,如图 6.5-5 所示。

图 6.5-4 选择"转换模式"　　图 6.5-5 选择"自由 3D"

④ 按照左下角命令提示选取旋转基点,绘制出旋转参照轴线,在左下角输入框中输入"90",并按〈Enter〉键将轮廓在空间中旋转 90°,如图 6.5-6 所示。

图 6.5-6 输入空间旋转参数

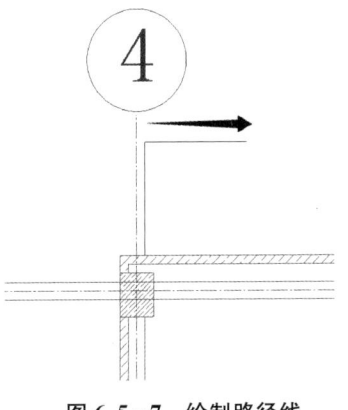

图 6.5-7 绘制路径线

⑤ 将旋转好的轮廓移动到图纸上节点相应位置。

⑥ 单击"工具"托盘,选择下拉选项中的"附加工具"模块组,单击切换至"3D 建模"模块,然后单击开启"3D 线"按钮。

⑦ 根据平面图雨棚的位置,绘制出雨棚截面的路径线,如图 6.5-7 所示。

⑧ 单击"工具"托盘,选择下拉选项中的"附加工具"模块组,单击切换至"3D 建模"模块,然后单击"沿路径挤出"按钮。

167

⑨ 根据"沿路径挤出"要求，先单击截面，再选择路径创建模型，最后效果如图 6.5-8 所示。

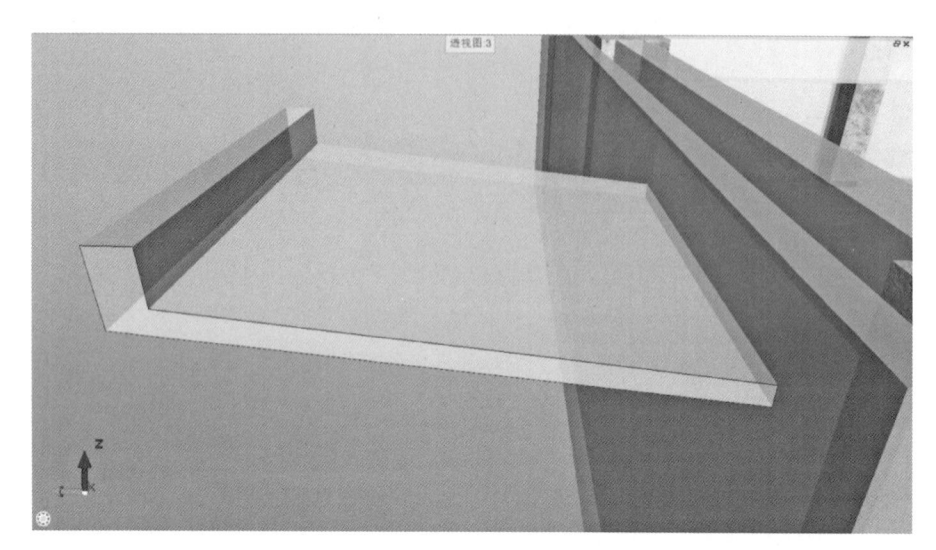

图 6.5-8 绘制完成

第七章 工程深化

章节概述

在前面的章节中,我们学习了使用 Allplan 软件创建结构及建筑模型的相关操作,在本章内容中,我们将依据给定的金砖大厦施工图进行工程深化,了解并掌握在 Allplan 软件中进行节点模型创建、工程配筋、碰撞检查等操作的相关参数设置、流程及方法。

学习目标

◎ 了解结构专业各构件钢筋配置的属性特点。
◎ 掌握结构施工图识图方法。
◎ 掌握结构专业各构件钢筋创建方法。
◎ 掌握结构模型碰撞检查方法。

扫码,看视频教程

结构柱配筋

7.1 结构柱配筋

7.1.1 知识导入

1. 柱纵筋

当柱子纵筋直径全部相同,且各边根数也相同时(包括矩形柱、圆形柱),纵筋表示注写在"全部纵筋"一栏中;除此之外,柱纵筋分角筋、截面 b 和 h 边的中部钢筋三项分别注写。

2. 柱箍筋

包括钢筋级别、直径和间距。用斜线"/"区分柱子端部箍筋加密区与柱身非加密区长度范围内箍筋的不同间距。当箍筋沿柱子全高为一种间距时,则不使用"/"线。

7.1.2 重点解析

以金砖大厦一层框架柱为例创建钢筋。需关注信息:一层墙、柱配筋图,柱配筋表,结构设计总说明;已创建的一层柱结构模型文件。《国家建筑标准设计图集》为基准进行分析和绘制。

7.1.3 步骤说明

1. 框架柱配筋

(1) 创建配筋制图文件

❶ 在软件左上角找到并单击"在指定项目基础上打开" ▦ 按钮或左键双击绘图区空白处。

❷ 在文件集里新建一个制图文件，单击鼠标右键，"重命名"为"框架柱配筋"，红色显示即可，如图7.1-1所示。

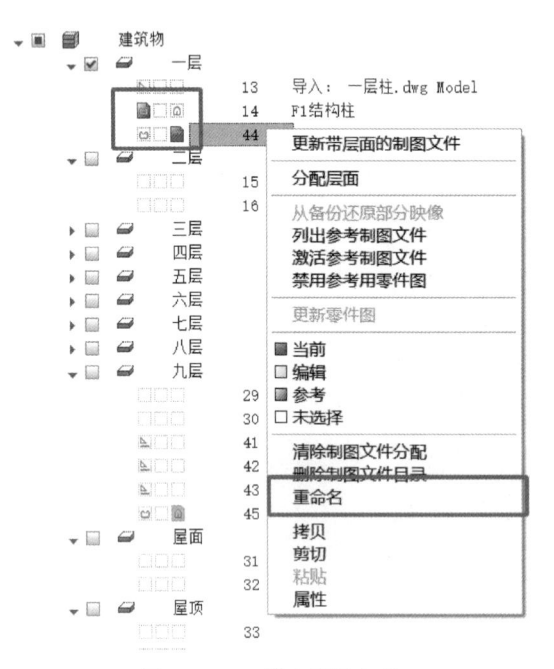

图7.1-1 创建制图文件

(2) 创建框架柱配筋视图

❶ 以 KZ1a 框架柱为例，打开给定的柱模型，在"快速访问栏"托盘中选择"工具"托盘，在"视图、剖面、详细说明"模块组中单击"创建视图"按钮。

❷ 在"创建视图"中单击"过滤器"中的"选择"按钮，鼠标左键框选需要配置钢筋的框架柱，之后在空白处右键单击确认，选择"视图"中的"正、南视图"以及"俯视图"，在绘图区空白处拉出视图，如图7.1-2所示。

(3) 绘制钢筋

❶ 在"快速访问栏选"托盘中，选择"工具"托盘，"工程"模块组中单击"条筋形状"按钮。

❷ 在"条筋形状"对话框下拉列表中选择"封闭式钢筋"，在弹出的对话框中勾选"扩展以适应边缘"，同时通过箍筋图例下方的窗口调整箍筋参数，将光标移动到

第七章 工程深化

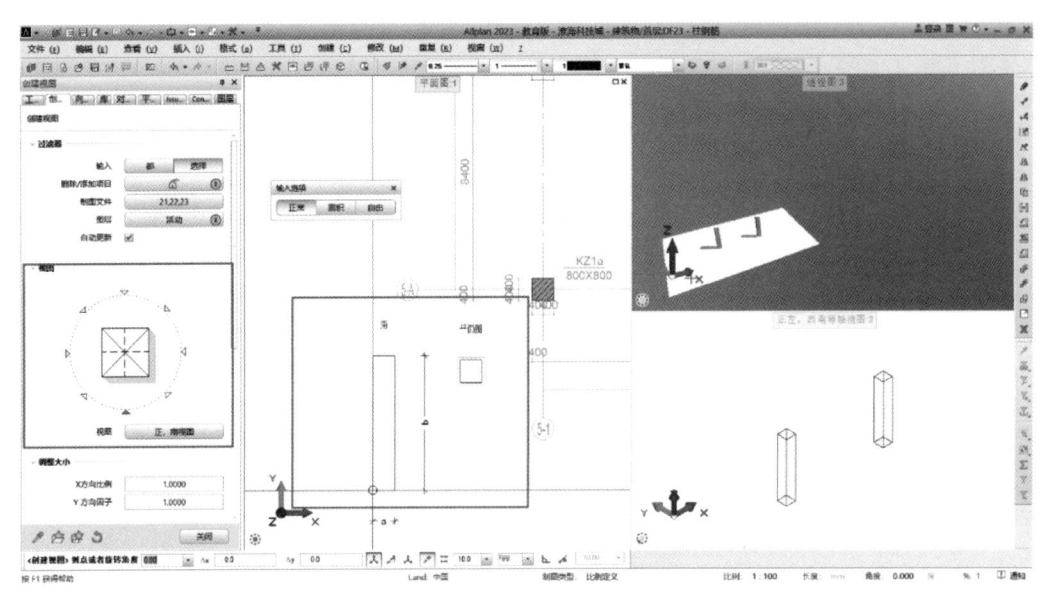

图 7.1-2 创建视图

绘图区中柱的边缘，软件会自动识别轮廓并显示箍筋弯钩位置，单击确定，随后根据图纸单击箍筋弯钩所在角（一般为右上角），最后按〈Esc〉键退出命令，如图 7.1-3、图 7.1-4 所示。

图 7.1-3 选择封闭式箍筋　　　　图 7.1-4 创建箍筋

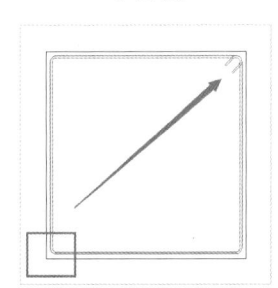

❸ 在"快速访问栏选"托盘中，选择"工具"托盘，"工程"模块组中单击"放置条筋形状"按钮。

❹ 在"放置条筋形状"对话框下拉列表中选择"线性放置"，注意此处不勾选弹出对话框中的"对齐"，同时在图例下方的窗口调整参数，单击选中柱平面视图中的箍筋，光标捕捉到柱正视图右下角，单击鼠标左键，并在左下角 y 坐标输入加密区距离并按〈Enter〉键确定，右上角同理（加密钢筋设置长度按图纸要求），最后按〈Esc〉键退出，如图 7.1-5、图 7.1-6 所示。

171

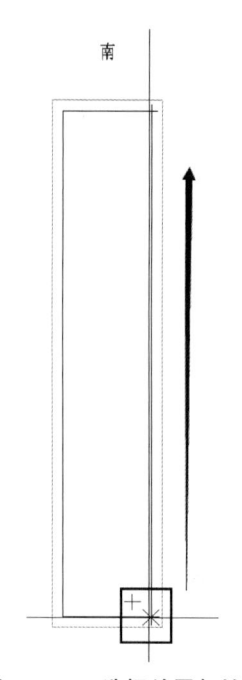

图 7.1-5 选择线性放置　　　　　　　图 7.1-6 选择放置起始点

⑤ 调整加密区参数。选中柱平面视图中的箍筋，光标捕捉到柱正视图右上角，并在左下方预输入栏中的 y 坐标值输入加密钢筋长度，如图 7.1-7 所示。

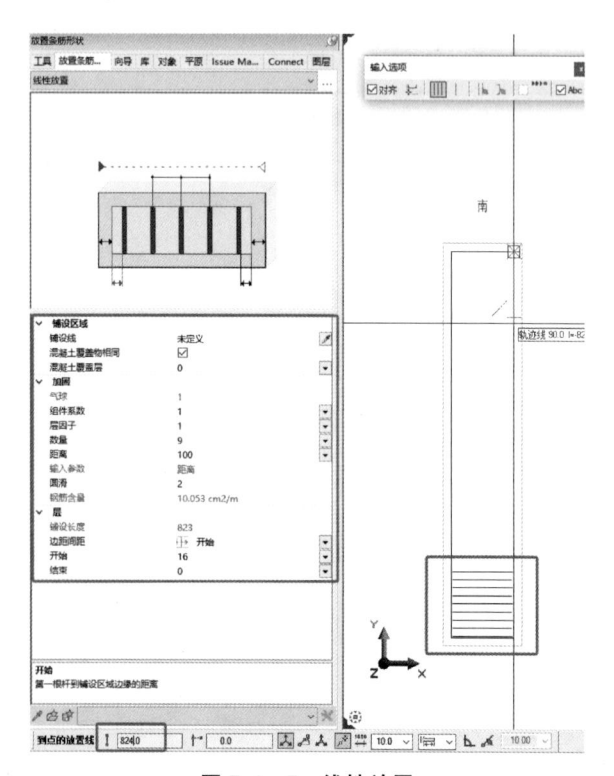

图 7.1-7 线性放置

⑥ 非加密区箍筋放置，除间距不一样外，操作同加密区，完成后如图 7.1-8 所示。

⑦ 在"快速访问栏选（托盘）"中，选择"工具"托盘中的"工程"模块，单击"条筋形状"按钮。

⑧ 在"条筋形状"对话框下拉列表中选择"直钢筋"，从柱正视图右下角往上单击鼠标左键绘制钢筋，按〈Esc〉键退出，如图 7.1-9 所示。

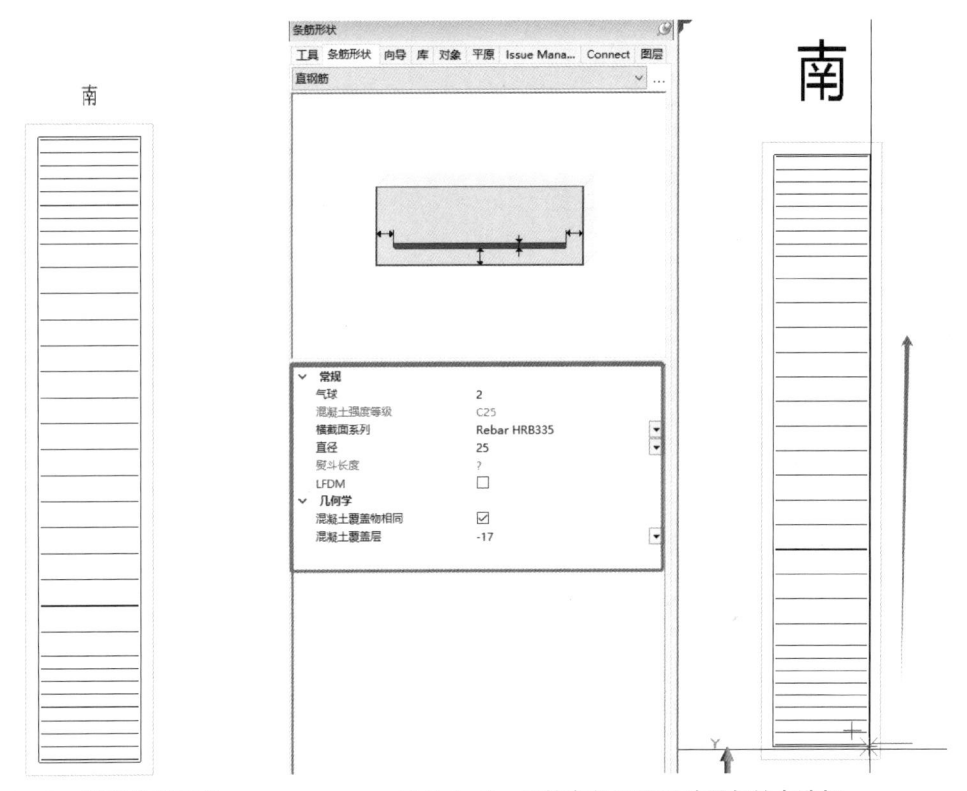

图 7.1-8　箍筋放置完成　　图 7.1-9　纵筋参数设置及放置起始点选择

⑨ 在"工程"模块组中选择"放置条筋形状"命令，在"放置条筋形状"对话框下拉列表中选择"单一放置"，选中柱正视图刚刚绘制的竖向钢筋，在柱平面视图中按图纸要求放置钢筋，放置完毕后按〈Esc〉键退出，如 7.1-10 所示。

⑩ 用相同的方法绘制其他尺寸的钢筋，如图 7.1-11 所示。

⑪ 在"工程"模块组中单击"条筋形状"按钮，在"条筋形状"对话框下拉列表中选择"任意形状"，在弹出的对话框中勾选"扩展以适应边缘"，根据图纸要求调整参数（勾选上弯钩），在柱平面视图中合适的位置绘制拉筋，最后按〈Esc〉键退出，如图 7.1-12 所示。用相同的方法绘制其他尺寸的拉筋，如图 7.1-13 所示。

图 7.1-10 单一放置

图 7.1-11 绘制其他钢筋

图 7.1-12 绘制拉筋

图 7.1-13 绘制完成

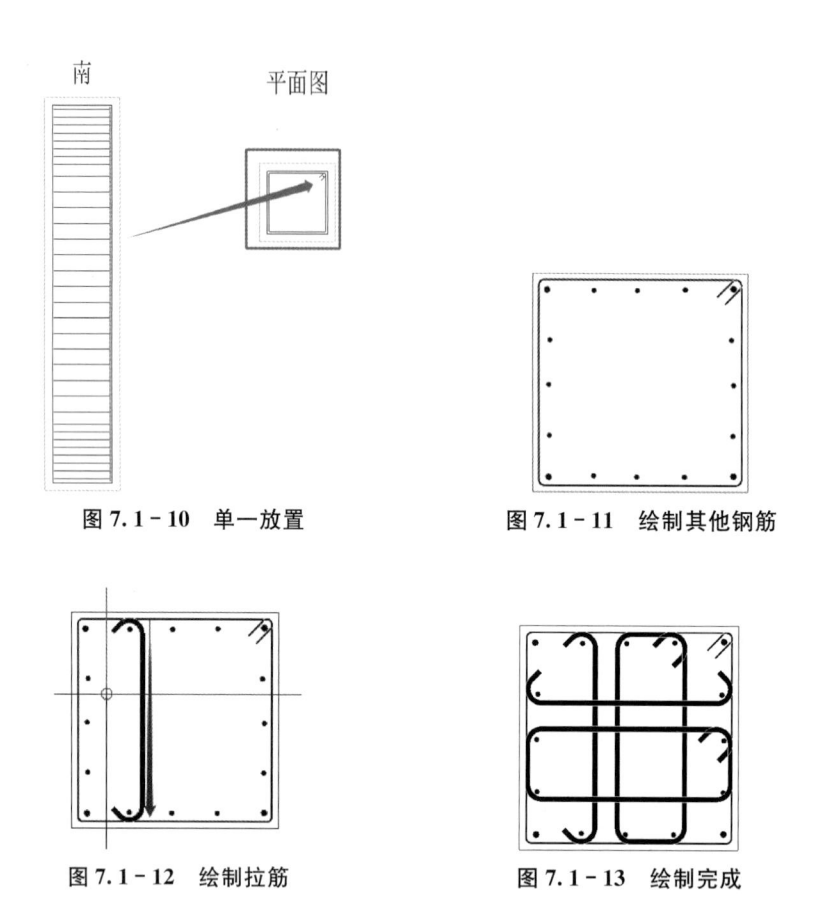

⑫ 按照箍筋放置方法在柱正面图中依次放置所有拉筋,设置好加密区和非加密区。

⑬ 最后绘制结果如图 7.1-14 所示。

图 7.1-14 完成效果

2. 剪力墙柱配筋

（1）创建剪力墙柱配筋视图

❶ 以 DZ2 剪力墙柱为例，打开给定的剪力墙柱结构模型，在"快速访问栏"托盘中选择"工具"托盘，在"视图、剖面、详细说明"模块组中单击"创建视图"按钮。

❷ 在"创建视图"中单击"过滤器"中的"选择"按钮，左键框选需要配置钢筋的剪力墙柱，在空白处右键单击确认，选择"视图"中的"正、南视图"、"左、西视图"及"俯视图"，在绘图区空白处拉出视图，如图 7.1-15 所示。

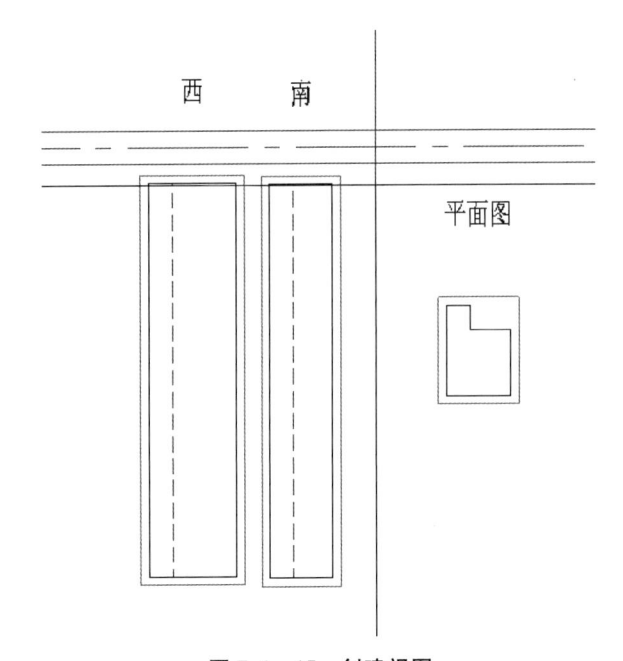

图 7.1-15　创建视图

（2）绘制钢筋

❶ 在"快速访问栏"托盘中，选择"工具"托盘，在"工程"模块组中单击"条筋形状"按钮。

❷ 在"条筋形状"对话框下拉列表中选择"直钢筋"，在柱南视图中从下向上单击鼠标左键绘制钢筋，按〈Esc〉键退出。

❸ 在"工程"模块组中单击"放置条筋形状"按钮，在"放置条筋形状"对话框下拉列表中选择"单一放置"，选中柱南视图刚刚绘制的竖向钢筋，在柱平面视图中按图纸要求放置钢筋，放置完毕后按〈Esc〉键退出，如图 7.1-16 所示。

❹ 根据图纸，如有直径不同的钢筋，单击需要修改尺寸的钢筋，在弹框中修改尺寸即可，如图 7.1-17 所示。

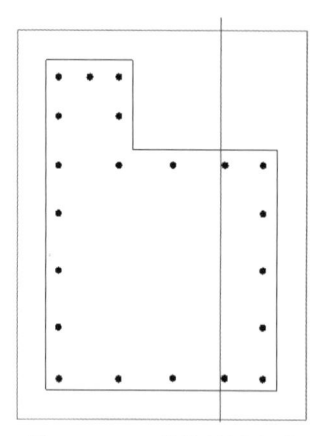

图 7.1-16　纵筋放置完成　　　　图 7.1-17　修改钢筋直径

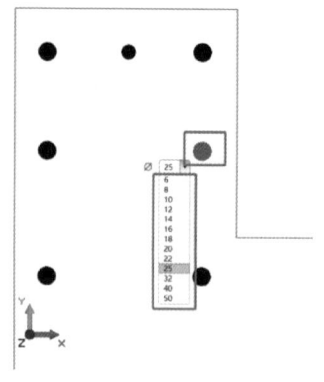

⑤ 在"条筋形状"对话框下拉列表中选择"封闭式钢筋",在弹出的对话框中取消勾选"扩展以适应边缘",同时通过下方的窗口调整箍筋参数,框选对角两点确定箍筋轮廓,随后根据图纸单击选择箍筋弯钩所在角,最后按〈Esc〉键退出命令,如图 7.1-18 所示。

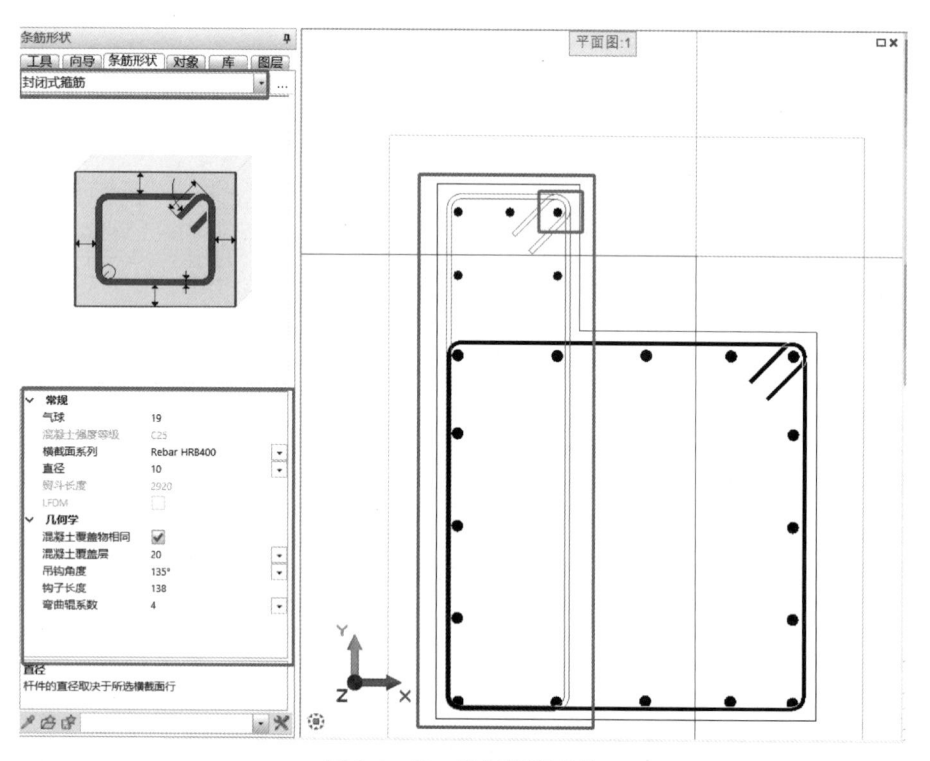

图 7.1-18　绘制箍筋形状

⑥ 在"工程"模块组中单击"条筋形状"按钮,在"条筋形状"对话框下拉列表中选择"任意形状",在弹出的对话框中勾选"扩展以适应边缘",同时通过图例下方的窗口根据图纸要求调整参数(勾选上弯钩),在柱平面视图中合适的位置绘制拉

筋，最后按〈Esc〉键退出。

7⃣ 通过上述箍筋绘制方法补充其他箍筋，如图 7.1-19 所示。

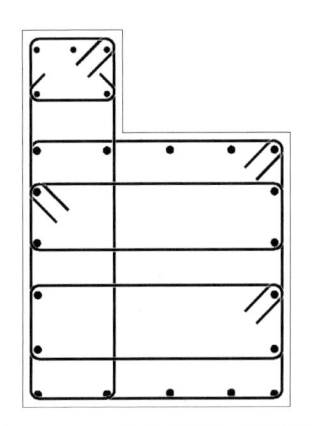

图 7.1-19　确定箍筋和拉筋形状

8⃣ 在"放置条筋形状"对话框下拉列表中选择"线性放置"，注意此处勾选弹出对话框中的"对齐"，同时在下方的窗口调整参数，单击选中柱平面图中的箍筋，光标捕捉到柱南视图右下角，单击鼠标左键拖向右上角（根据图纸可得间距统一为100），按〈Esc〉键退出，如图 7.1-20 所示。

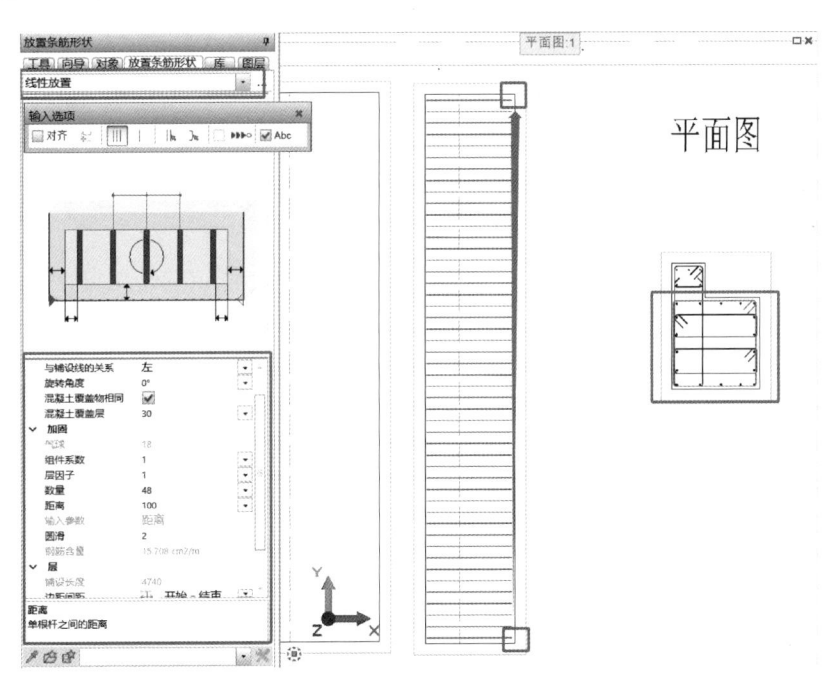

图 7.1-20　放置箍筋和拉筋

⑨ 用同上的方法放置其他箍筋和拉筋，最后效果如图 7.1-21 所示。

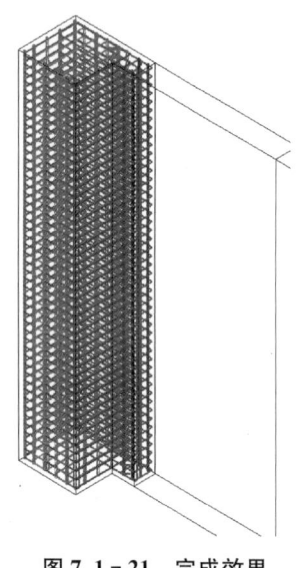

图 7.1-21 完成效果

7.2 结构梁配筋

扫码，看视频教程

结构梁配筋

7.2.1 知识导入

梁钢筋的组成一般包括：上部纵筋、架立筋、侧面构造纵筋、受扭钢筋、下部纵筋、箍筋、吊筋、附加箍筋等。

在任务操作之前应能够正确识读梁平法施工图，同时能识读结构梁截面尺寸、标高及配筋。并掌握纵筋、箍筋及构造筋的连接构造要求与做法。

在此任务中以楼层框架梁为例，钢筋包括：纵向钢筋、箍筋、附加钢筋。其中纵向钢筋分为：上部纵筋（上部通长筋、端支座负筋、中间支座负筋）、中部纵筋（侧面构造钢筋、侧面受扭钢筋）、下部纵筋。箍筋分为：梁左右两端的加密区箍筋、梁中部的非加密区箍筋。附加钢筋：在主次梁相交处在主梁内的附加钢筋和吊筋。

7.2.2 重点解析

以金砖大厦一层顶梁为例，需关注信息：金砖大厦结构施工图-结构梁图纸、结构设计总说明中混凝土强度等级、钢筋的混凝土保护层厚度等；结构梁的截面尺寸、钢筋级别、直径、间距、箍筋肢数及复合方式等；已创建的一层顶梁结构模型文件；以《国家建筑标准设计图集》为基准进行分析和绘制。

7.2.3 步骤说明

1. 结构梁配筋

（1）获取图纸信息

打开金砖大厦结构施工图的结构梁图纸，找到一层顶梁配筋图，以 KL1 框架梁为例，由图可知：梁截面尺寸为 400mm×600mm，钢筋型号皆为 HRB400，其中箍筋（四肢箍）直径 8mm，加密区间距 100mm，非加密区间距 200mm；梁上部纵筋（角筋）直径 25mm，架立筋（中部筋）直径 12mm；梁下部纵筋直径 25mm，构造筋直径 12mm，如图 7.2-1 所示。

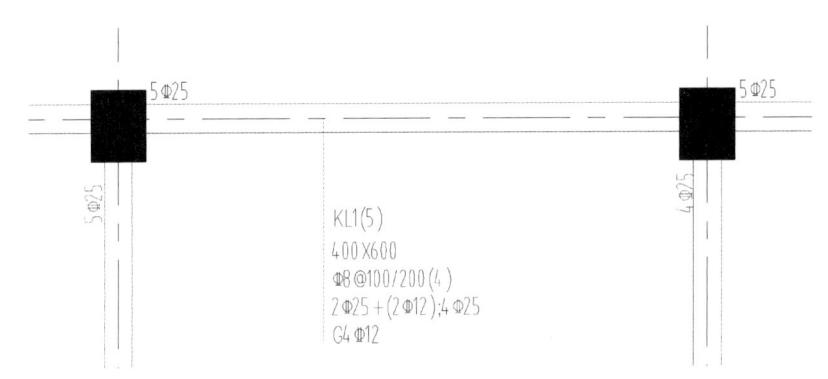

图 7.2-1　KL1 配筋图

打开在第五章中已创建的结构梁模型，按照结构施工图放置钢筋。

（2）创建梁视图

❶ 单击"在指定项目基础上打开"按钮或左键双击绘图区空白处，在弹出的制图文件集里新建一个制图文件，右键重命名为"框架柱配筋"，红色显示即可。

❷ 在"快速访问栏"托盘中找到"工具"选项卡下拉列表中选择"视图、剖面、详细说明"，单击"视图和剖面"中的"创建视图"按钮。

❸ 在"创建视图"模块下单击"过滤器"中的"选择"按钮，选择"视图"中的"正、南视图"以及"右、东视图"，框选需要配筋的梁，在绘图区空白处拉出视图，如图 7.2-2 所示。

（3）添加钢筋

❶ 在"快速访问栏"托盘中单击"工具"选项卡，在"工程"模块中单击"条筋形状"按钮。

❷ 在"条筋形状"对话框下拉列表中选择"封闭式钢筋"，在弹出的对话框中调整箍筋参数及混凝土保护层厚度，勾选"扩展以适应边缘"，将光标移动到绘图区中梁东视图的边缘，软件会自动识别轮廓并显示箍筋弯钩位置，单击确定，按〈Esc〉键并自动弹出标签，再次按〈Esc〉键自动弹出"放置条筋形状""线性放置"界面。

❸ 或在"快速访问栏"托盘中单击"工具"选项卡，在"工程"模块中选择"放置条筋形状"。

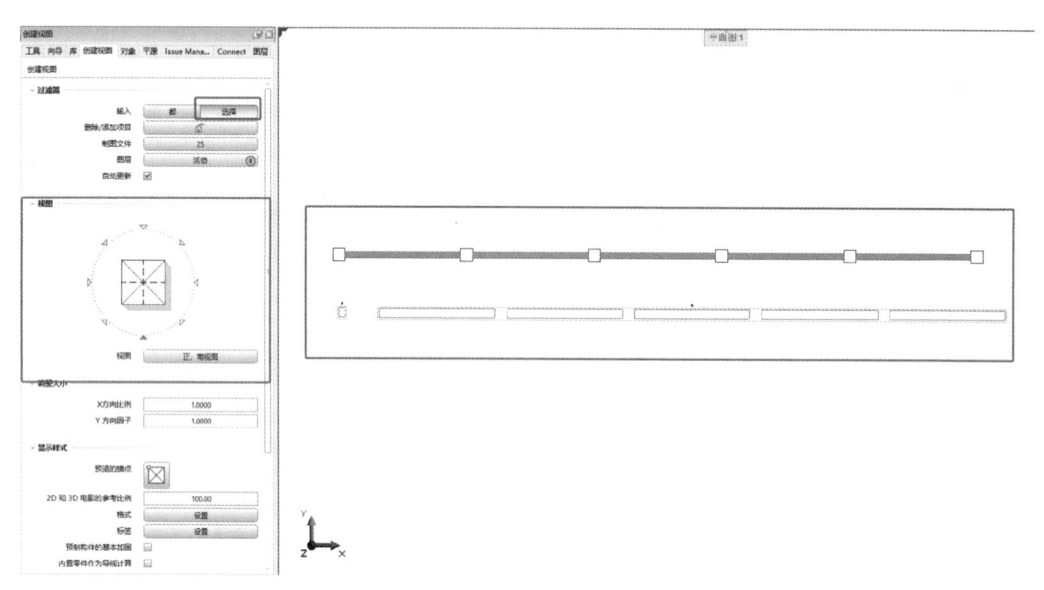

图 7.2-2　创建视图

④ 在"放置条筋形状"对话框下拉列表中选择"线性放置",在弹出的对话框中设置加密区箍筋间距,在"输入选项"中勾选"对齐",选中东视图中的箍筋,光标捕捉到梁南视图左角点单击鼠标左键并在底部工具栏 x 坐标中输入预输入箍筋设置长度,按〈Enter〉键确定,最后按〈Esc〉键退出。再次选中东视图中的箍筋,按照相同步骤放置梁其他端箍筋,按〈Esc〉键退出,如图 7.2-3 所示。

图 7.2-3　加密区箍筋放置完成

⑤ 在下方的窗口设置非加密区箍筋间距,选中梁侧视图中的箍筋,光标捕捉到梁正视图左角点,并在底部工具栏 x 坐标中输入加密箍筋长度,按〈Enter〉键捕捉到非加密区箍筋起点,光标捕捉到梁南视图右角点,并在底部工具栏 x 坐标中输入加密区箍筋长度(此时为负值),按〈Enter〉键创建非加密区箍筋,按〈Esc〉键退出。

⑥ 在"快速访问栏"托盘中选择"工具"选项卡,选择"工程"模块中的"条筋形状"。

⑦ 在"条筋形状"对话框下拉列表中选择"直钢筋",在弹出的对话框中根据图纸调整钢筋等级、直径,保护层参数,在梁南视图绘制通长钢筋,按〈Esc〉键退出,如图 7.2-4 所示。

⑧ 在"放置条筋形状"对话框下拉列表中选择"单一放置",单击"梁东视图",根据图纸依次在梁的东视图中分别放置通长筋,按〈Esc〉键退出,如图 7.2-5 所示。

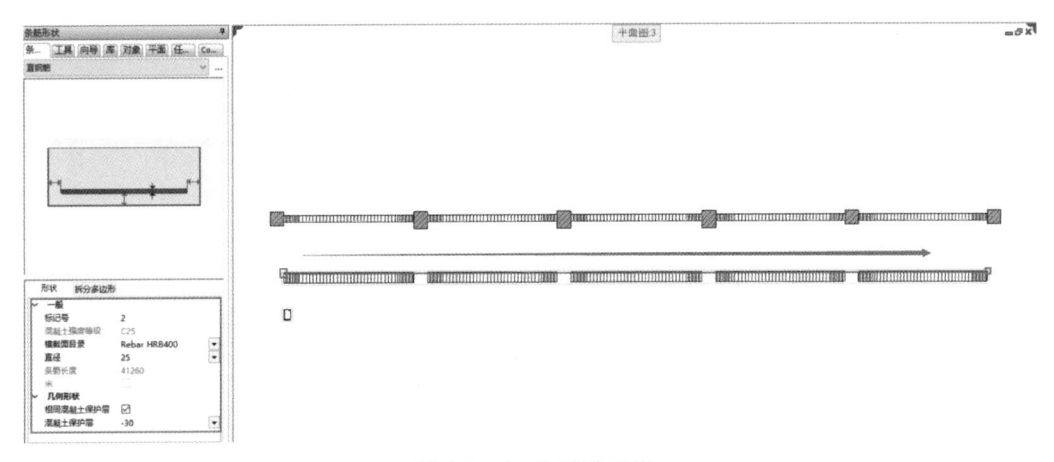

图 7.2-4　绘制通长筋

⑨ 根据图纸，通过上述方法分别在梁东视图中绘制两侧的构造筋，绘制完成如图 7.2-6 所示。

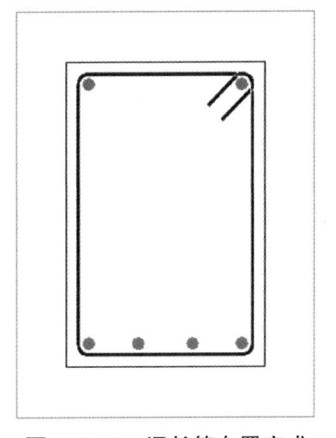

图 7.2-5　通长筋布置完成　　　　图 7.2-6　构造筋布置完成

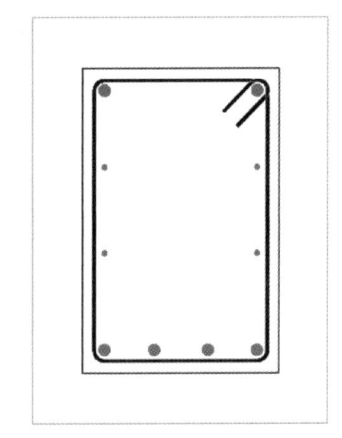

⑩ 在"条筋形状"对话框下拉列表中选择"直钢筋"，在弹出的对话框中根据图纸调整钢筋等级、直径，保护层参数，在梁南视图中选择左侧角点为起始点，然后输入支座负筋长度绘制支座负筋，按〈Esc〉键退出，如图 7.2-7 所示。

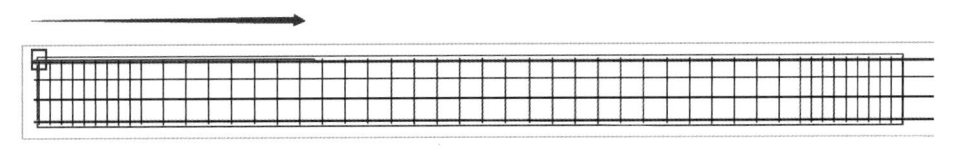

图 7.2-7　绘制支座负筋

⑪ 在"放置条筋形状"对话框下拉列表中选择"单一放置"，单击"梁东视图"，根据图纸原位标注在梁的东视图中分别放置支座负筋，按〈Esc〉键退出，如图 7.2-8 所示。

181

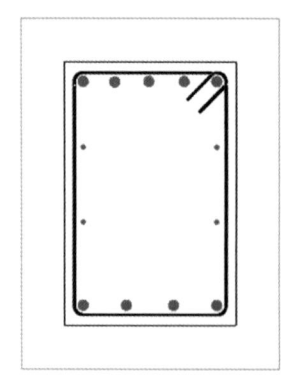

图 7.2-8 放置支座负筋

⓬ 同上方法依次绘制架立筋和其他部位的支座负筋。

⓭ 同上箍筋绘制方法依次绘制其他箍筋和拉筋，如图 7.2-9 所示。

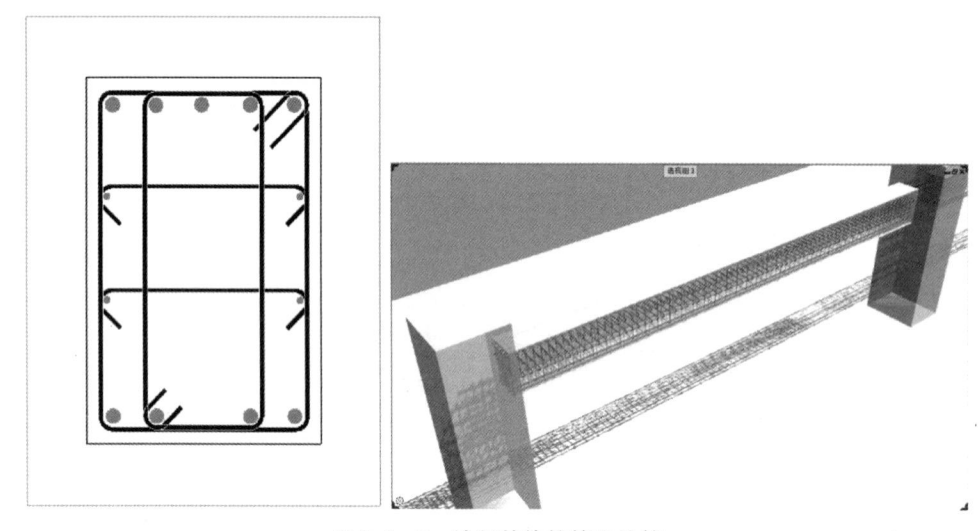

图 7.2-9 绘制其他箍筋和拉筋

扫码，看视频教程

7.3 剪力墙配筋

7.3.1 知识导入

剪力墙竖直和水平分布钢筋的配筋率，一、二、三级时均不应小于 0.25%，四级和非抗震设计时均不应小于 0.20%，此处的配筋率为水平截面全截面的配筋率，以 200mm 厚剪力墙为例，每米的配筋面积为 0.25%×200mm×1000mm＝500mm^2，双排筋，再除以 2，每侧配筋面积为 250mm^2，查配筋表，ϕ8@200 配筋面积为 251mm^2，刚好满足配筋率要求。

7.3.2 重点解析

剪力墙钢筋创建,需关注信息:该剪力墙结构配筋图,结构设计总说明中混凝土强度等级、钢筋的混凝土保护层厚度等;已创建的一层剪力墙结构模型文件;以《国家建筑标准设计图集》为基准进行分析和绘制。

7.3.3 步骤说明

1. 剪力墙模型绘制

❶ 创建配筋制图文件。

①单击"在指定项目基础上打开"按钮或左键双击空白处。

②在文件集里新建一个制图文件,右键"重命名"为"剪力墙配筋",红色显示即可。

❷ 打开金砖大厦结构施工图的5#楼一层墙、柱配筋图,选择最左侧的剪力墙Q1为例,先绘制剪力墙模型,如图7.3-1所示。

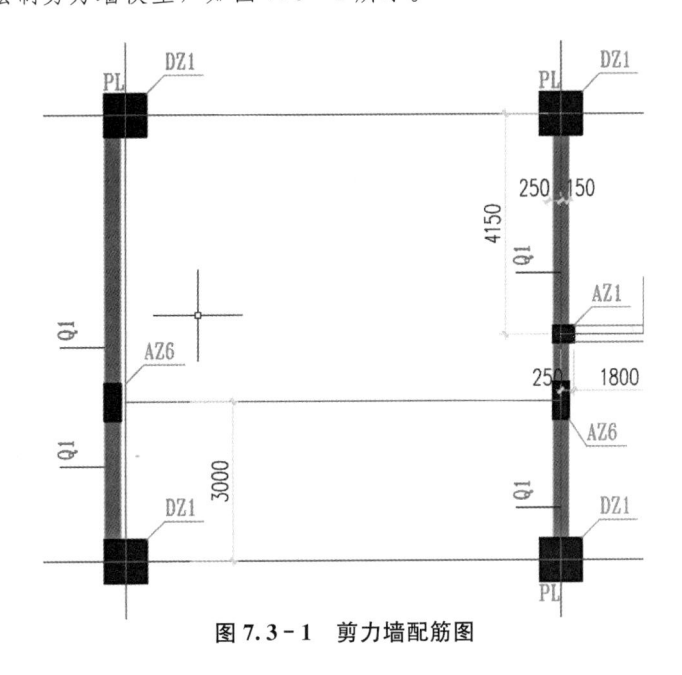

图 7.3-1 剪力墙配筋图

在"快速访问栏"托盘→"工具"选项卡→"建筑"模块中单击"墙",在弹出的对话框中单击"属性",根据图纸设置其参数,如图7.3-2所示。

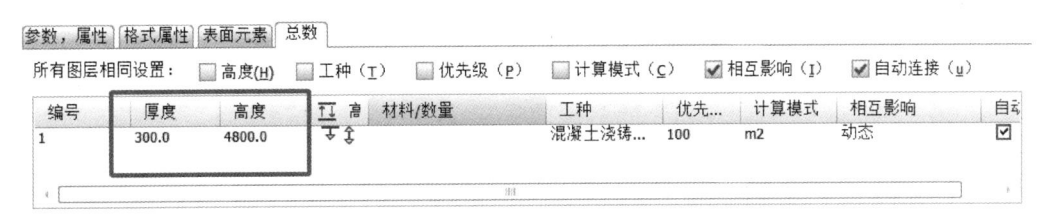

图 7.3-2 设置墙体参数

2. 创建剪力墙钢筋模型

根据结构施工图中给定的一层剪力墙身数据读取 Q1 的钢筋信息，如图 7.3-3 所示。

编号	标高	墙厚	水平分布筋	垂直分布筋	拉筋
Q1(2排)	−0.100~4.700	300	⌀10@200	⌀10@200	⌀6@600
Q2(2排)	−0.100~4.700	250	⌀12@200	⌀10@200	⌀6@600
Q3(2排)	−0.100~4.700	400	⌀12@200	⌀10@200	⌀6@600
Q4(2排)	−0.100~4.700	300	⌀12@150	⌀10@200	⌀6@600
Q5(2排)	−0.100~4.700	300	⌀10@150	⌀10@200	⌀6@600
备注	除特殊注明外，墙体配筋均为水平筋在外、竖向筋在内。 除特殊注明外，墙顶标高同板顶标高。 除特殊注明外，墙为轴线居中或齐柱边。				

图 7.3-3 一层剪力墙身数据

❶ 在"快速访问栏"托盘中找到"库"选项卡，在"默认"目录栏选择"Pythonparts"，最后在"自动加固"中双击"墙"选项，同时在工作流程选项栏里选择"3D 对象"选项框。

❷ 双击"墙"选项，单击需要布置钢筋的剪力墙，钢筋会自动布置，如图 7.3-4 所示。

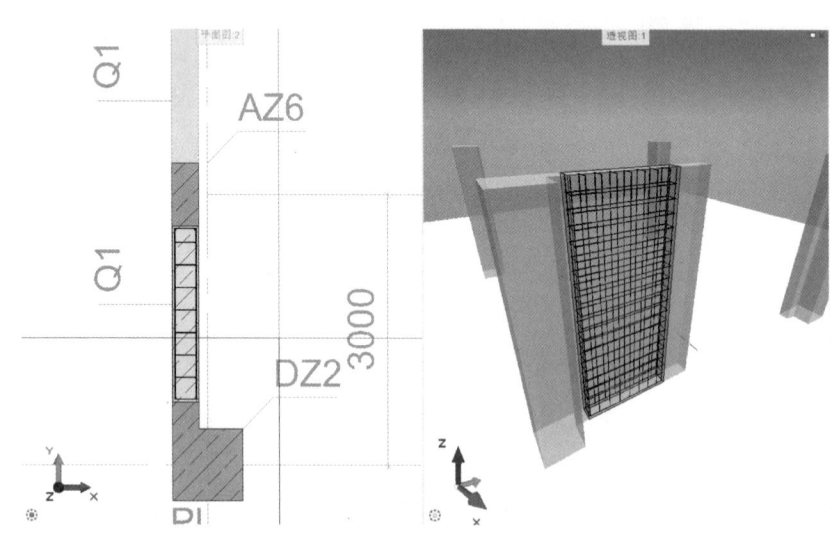

图 7.3-4 选择要布筋的剪力墙

❸ 在左侧弹出的"墙"选项卡→"常规"选项栏中，根据剪力墙身表修改"钢筋设置"如图 7.3-5 所示，在设置好参数后在"工作流程"选项栏中单击"创造"按钮。

第七章　工程深化

图 7.3-5　设置参数

4 打开三视角窗口，将自动生成的钢筋删除，如图 7.3-6 所示。

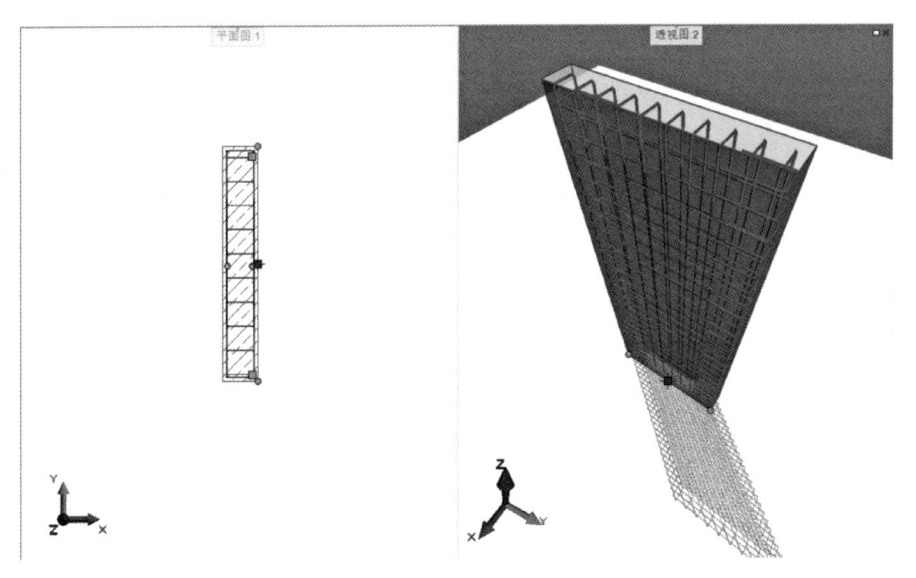

图 7.3-6　删除多余钢筋

5 补充绘制拉筋。
①在"工程"模块组中单击"条筋形状"命令，在弹出的对话框下拉列表中单击

185

"带弯钩的直钢筋"，在下方的窗口中根据图纸要求调整参数，然后在墙平面视图中合适的位置绘制拉筋，最后按〈Esc〉键退出，如图7.3-7所示。

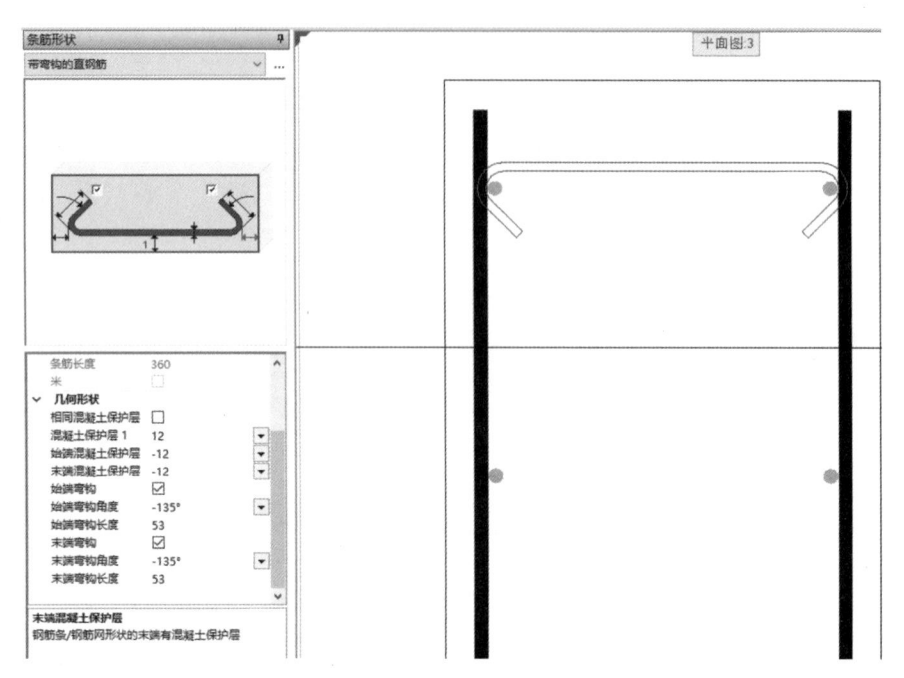

图 7.3-7　绘制拉筋

②在"放置条筋形状"对话框的下拉列表中选择"线性放置"（此处勾选弹出对话框中的"对齐"），同时在下方的窗口调整参数，单击选中墙平面图中的拉筋，光标捕捉到柱南视图右下角，单击鼠标左键并拖向右上角（根据图纸可得间距统一为600），按〈Esc〉键退出，完成后如图7.3-8所示。

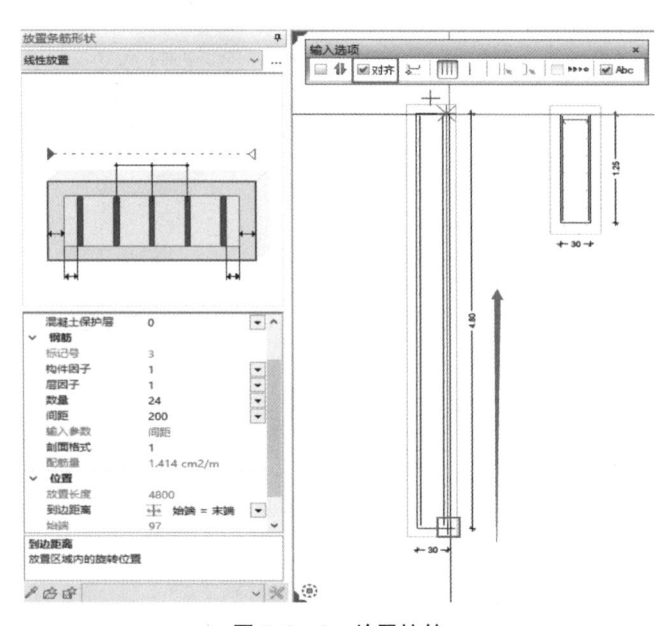

图 7.3-8　放置拉筋

③按照图纸间距通过复制命令完成其他拉筋放置,如图7.3-9所示。

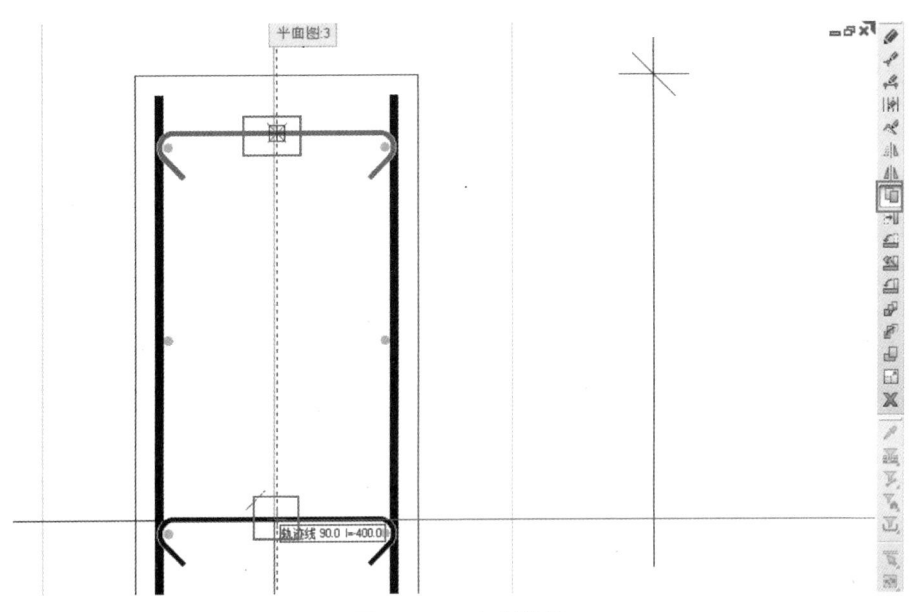

图 7.3-9 复制拉筋

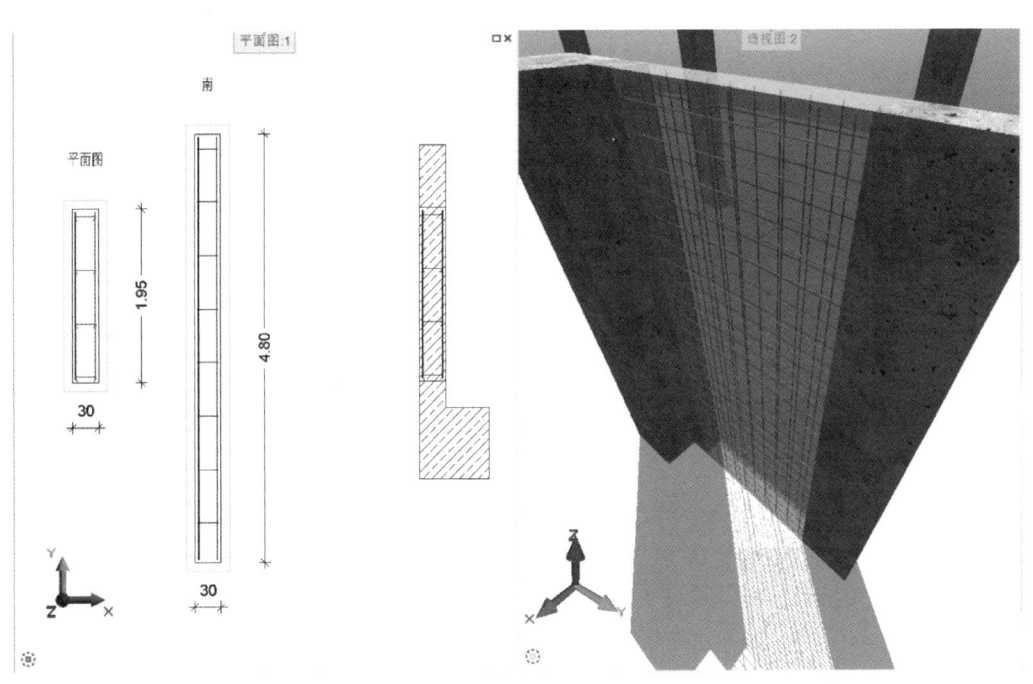

④完成效果如图7.3-10所示。

图 7.3-10 绘制完成

7.4 结构板配筋

扫码，看视频教程

结构板配筋

7.4.1 知识导入

当楼板跨度较小时，楼板配筋受钢筋直径、最小间距制约，楼板钢筋采用 HRB400 钢筋不能充分发挥强度，宜采用 HPB300 钢筋；当楼板跨度较大或跨厚比较大时，楼板配筋主要受承载力控制，与 HPB300 相比，HRB400 钢筋最小配筋率常数限值由 0.20 减小到 0.15，且强度高，当采用 HRB400 钢筋可比采用 HPB300 钢筋节约钢筋 20% 左右；当跨厚比较大时，楼板截面相对有效截面高度小，即钢筋抗弯力臂小，造成钢筋的浪费，且楼板挠度不易满足要求，这种情况下适当增加楼板厚度，减小跨厚比，可以明显减少配筋量。

综合考虑结构安全、刚度以及配筋经济性等因素，2015 年住建部批准修订的《混凝土结构设计规范》对现浇混凝土板的跨度与板厚之比作了以下规定：钢筋混凝土单向板不大于 30，双向板不大于 40；无梁支承的有柱帽板不大于 35，无梁支承的无柱帽板不大于 30。预应力板可适当增加；当板的荷载、跨度较大时宜适当减小。

7.4.2 重点解析

结构板钢筋创建，需关注信息：钢筋尺寸，混凝土厚度等；该结构板配筋图，结构设计总说明；已创建的一层结构板结构模型文件；以《国家建筑标准设计图集》为基准进行分析和绘制。

7.4.3 步骤说明

1. 结构板模型绘制

① 创建配筋制图文件。①单击"在指定项目基础上打开"按钮或左键双击空白处。在文件集里新建一个制图文件，单击鼠标右键，"重命名"为"板配筋"，红色显示即可。

②打开金砖大厦结构施工图的 5# 楼一层顶板配筋图，选择一块结构板为例，如图 7.4-1 所示。

③在"快速访问栏"托盘中找到"工具"选项卡，选择"建筑"模块，选择"板"命令，在弹出的对话框中单击"属性"，之后根据图纸设置其参数，如图 7.4-2、7.4-3 所示，绘制出结构板模型。

② 在"快速访问栏"托盘中单击"视图、剖面图、详细说明"选项卡，在"视图和剖面"目录栏中，单击"创建视图"选项卡，选择"选择"选项，分别创建平面图、西立面图和南立面图，如图 7.4-4 所示。

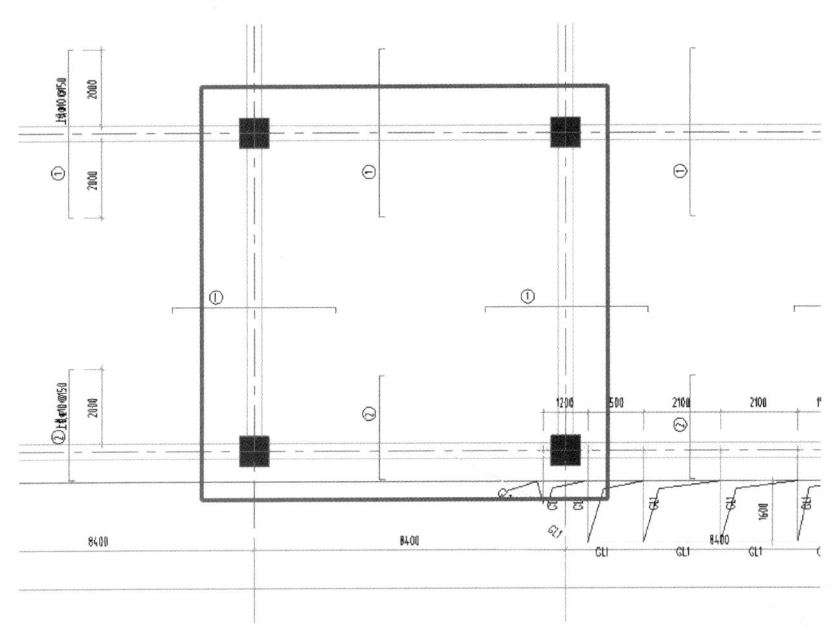

图 7.4-1　板配筋图

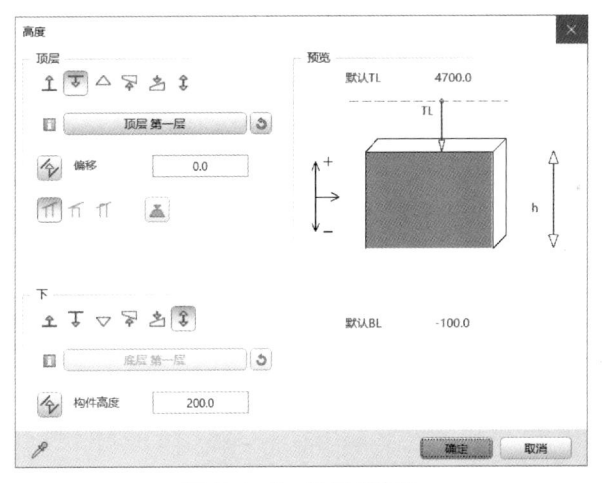

图 7.4-2　设置板参数

说明：
1. 未注明板顶标高为4.700m。
2. 未注明板厚均为200mm，满铺下铁Φ10@150双向，钢筋遇洞口及标高不同处断开。
3. 墙身做法应与建筑图板对后施工。
4. 板上预留洞口详见其它专业，其加强做法，本图未注明的按总说明要求施工。
5. 楼板局部升降板做法见《16G101-1》。
6. 图示 ▨ 表示降板-0.050m，板厚h=120mm，满铺下铁Φ8@200双向，未注明支座上铁钢筋Φ8
   图示 ▨ 表示板厚h=150mm，满铺下铁Φ10@150双向，未注明支座上铁钢筋Φ10@200。
   图示 ▨ 表示板厚h=120mm，满铺下铁Φ8@200双向，未注明支座上铁钢筋Φ8@200。

图 7.4-3　板参数说明

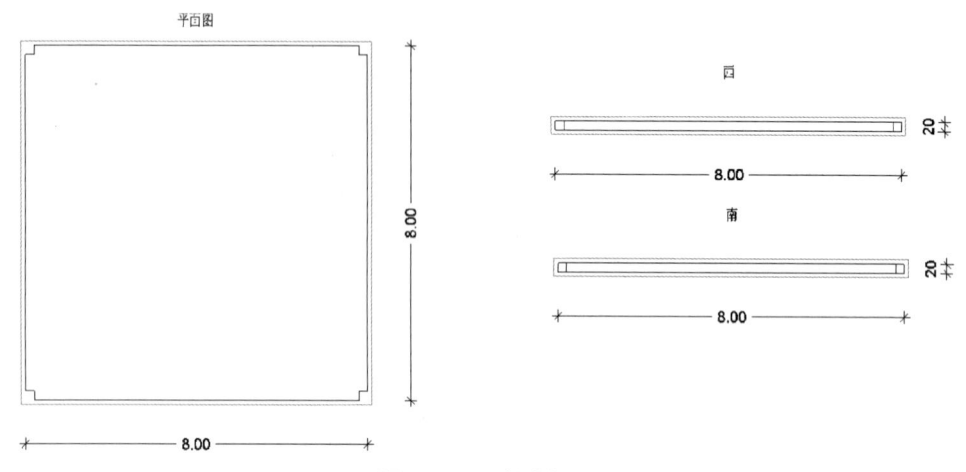

图7.4-4 创建视图

③ 在"快速访问栏"托盘中找到"工程"选项卡,在"条形钢筋"目录栏中选择"条筋形状"→"任意形状"选项,根据图纸修改数据,如图7.2-5所示,然后在视图中从左往右绘制钢筋即可,如图7.4-6所示。

图7.4-5 选择"任意形状"命令

图7.4-6 绘制钢筋形状

④ 在"快速访问栏"托盘中找到"工程"选项卡,在条形钢筋目录栏中选择"放置条筋"选项,单击刚刚绘制的钢筋,再修改左侧的属性,在西立面图中从左往右绘制钢筋线路,再用相同方法绘制上部钢筋,如图7.4-7所示,按〈Esc〉键结束命令。

⑤ 重复步骤(3)的操作,绘制纵向钢筋,如图7.4-8所示。

⑥ 重复步骤(4)的操作,在南立面执行"放置条筋形状"命令,如图7.4-9所示,按〈Esc〉键结束命令。

⑦ 最终效果如图7.4-10所示。

第七章 工程深化

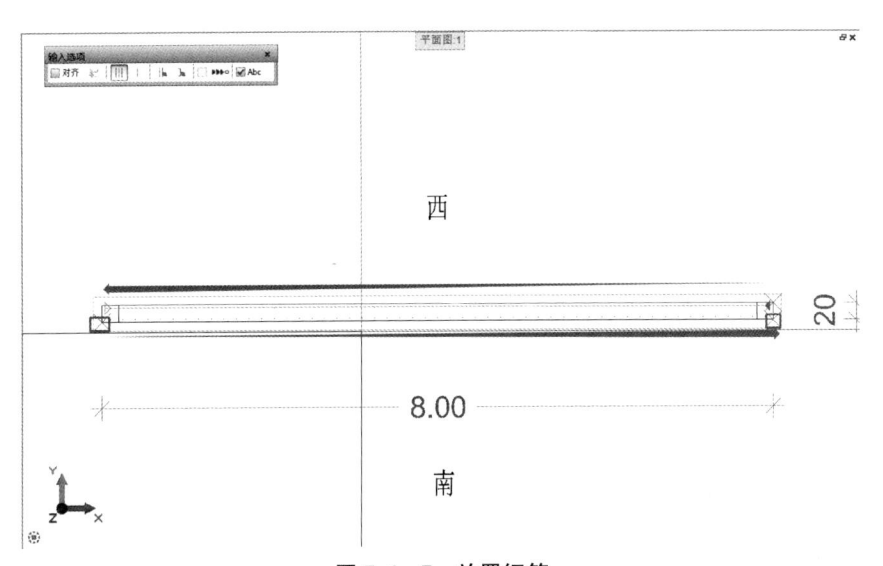

图 7.4-7 放置钢筋

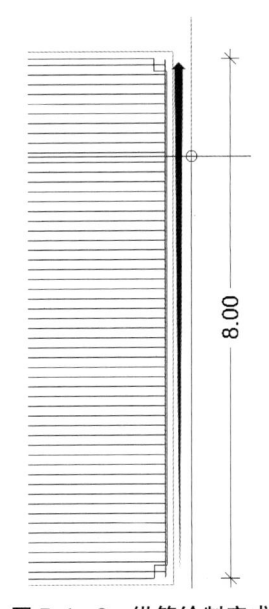

图 7.4-8 纵筋绘制完成

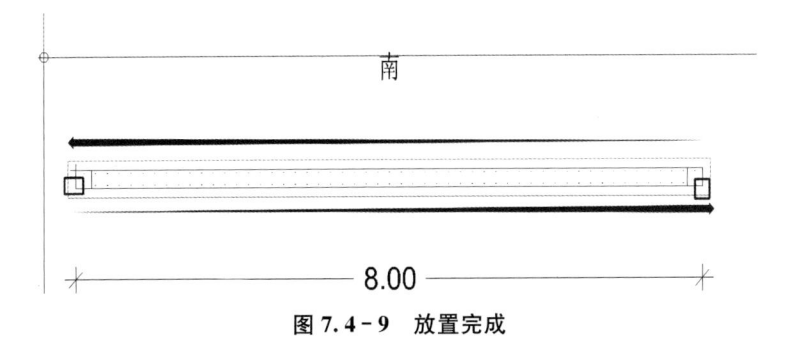

图 7.4-9 放置完成

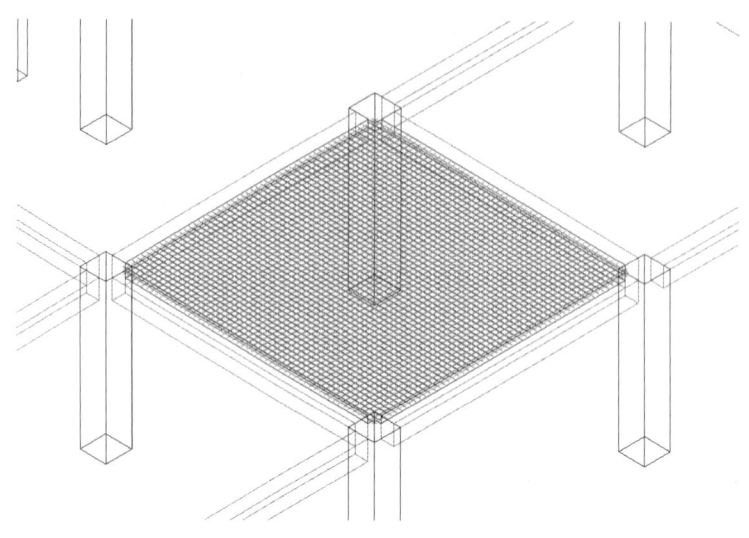

图 7.4-10 完成效果

扫码，看视频教程

节点模型创建

7.5 节点模型创建

7.5.1 知识导入

建筑节点图有时也称大样图，是表明建筑构造细部的图，所谓的建筑幕墙节点图，就是画有幕墙细部构造的图，比如，幕墙板与什么构件连接的，怎么连接的，每个构件的材料、尺寸，甚至有的细到每个螺栓，等等。节点图很常用，特别是用于指导施工方法等。

建筑专业节点包括很多，如檐口、檐沟、女儿墙、泛水、屋脊、屋面设施基础及管道伸出屋面处理、墙体保温处理、变形缝等。涉及一个建筑的很多方面，从室外散水、台阶，到室内楼梯，再到屋顶及屋面构件等的做法。节点做法有专门的图集可以参考，在各省也都根据实际情况编制了适应当地的构造做法。

结构专业节点就是来反映节点处构件代号、连接材料、连接方法及对施工安装要求等，更重要的是表达清楚节点处配置的受力钢筋或构造钢筋的规格、型号、性能和数量，总之结构节点就是来保证建筑节点在该位置可以传递荷载，并且安全可靠。

多数时候，结构专业绘制结构节点时都是将建筑节点大样复制过来，删除构件内部填充部分，建筑标高改为结构标高，等等，绘制上钢筋图样，就算完成结构大样了。

7.5.2 重点解析

以金砖大厦建筑施工图-坡屋顶、节点案例中的檐口节点为例创建模型。

需关注信息：节点的高度，位置和尺寸。

在查看图纸的时候，一定要注意建筑标高和尺寸的起始点，一定要看透节点详图和图集规范才能施工，不要遗漏了结构图和平面图的说明，结构图和平面图很容易有造型冲突。

7.5.3 步骤说明

1. 节点模型创建

（1）创建节点制图文件

单击"在指定项目基础上打开"按钮或左键双击空白处。在文件集里新建一个制图文件，单击鼠标右键，"重命名"为"框架柱配筋"，红色显示即可。

（2）绘制节点截面

在"快速访问栏"托盘→"附加工具"托盘中选择"3D建模"模块组，单击"3D线"，在侧视图中绘制出轮廓（尺寸按图纸要求，绘制过程中3D线不能断开），如图7.5-1所示。

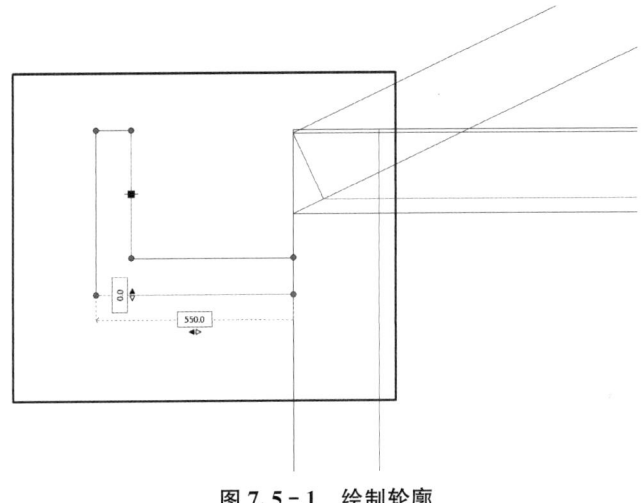

图 7.5-1 绘制轮廓

（3）绘制路径线

在"快速访问栏"托盘→"附加工具"托盘中选择"3D建模"模块组，单击"3D线"，在平面图中沿着墙边绘制出路径线（根据图纸要求绘制，路径线在平面图中要与绘制截面贴合），如图7.5-2所示。

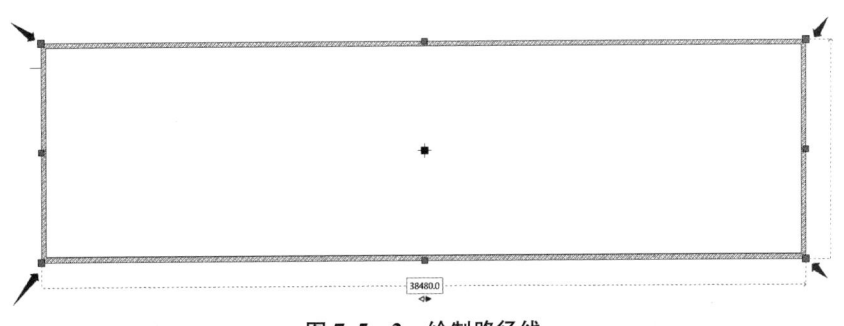

图 7.5-2 绘制路径线

(4) 沿路径挤出绘制模型

❶ 在"快速访问栏"托盘→"附加工具"托盘中选择"3D建模"模块组,单击"延路径挤出"。

❷ 在侧视图中,先点选绘制的截面,再点选绘制的路径线,最后按〈Esc〉键结束命令,就绘制完成了。如图 7.5-3、图 7.5-4 所示。

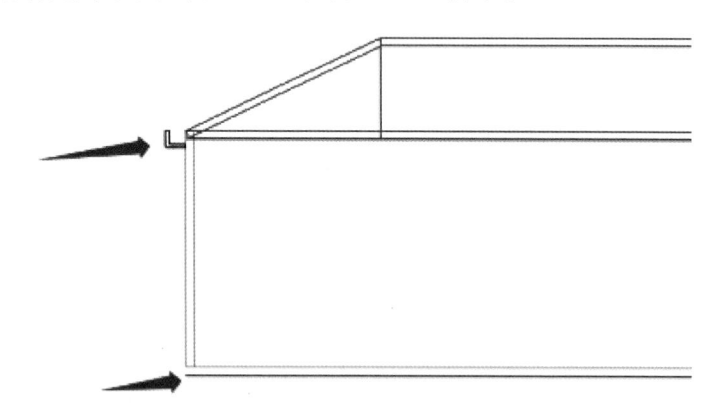

图 7.5-3 选择截面和路径线

图 7.5-4 绘制完成

扫码,看视频教程

碰撞检查

7.6 碰撞检查

7.6.1 知识导入

Allplan 的碰撞检查功能可快速发现设计中存在的不合理问题并及时解决,最大限度地避免项目返工的风险。

7.6.2 重点解析

以给定的结构梁模型为例检查其碰撞情况，需关注信息：含有冲突的构件会自动标红，自动审查模型的碰撞，等等。

7.6.3 步骤说明

❶ 打开图纸，在"快速访问栏"托盘中找到"工具"选项卡，在"附加工具"模块中单击"碰撞检查"按钮，如图7.6-1所示。

图 7.6-1　选择碰撞检查

❷ 鼠标左键框选需检查的构件，如图7.6-2所示。

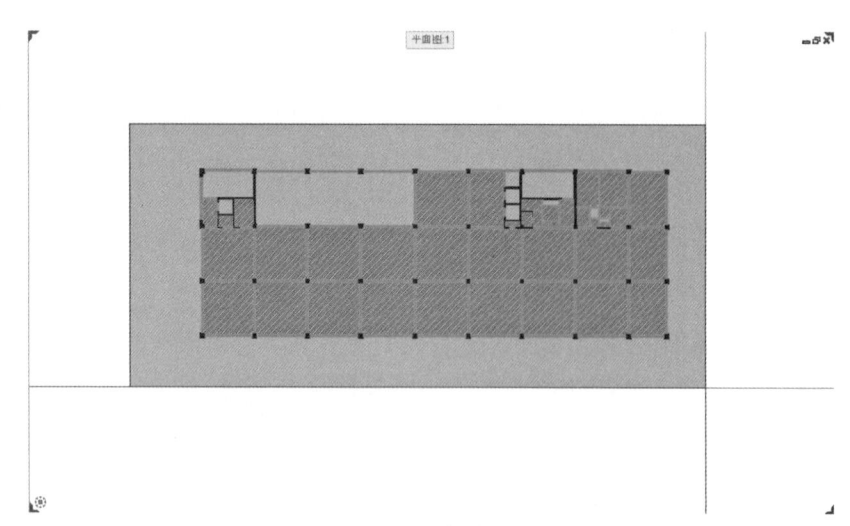

图 7.6-2 框选构件

3 框选完会弹出碰撞结果，如图 7.6-3 所示。

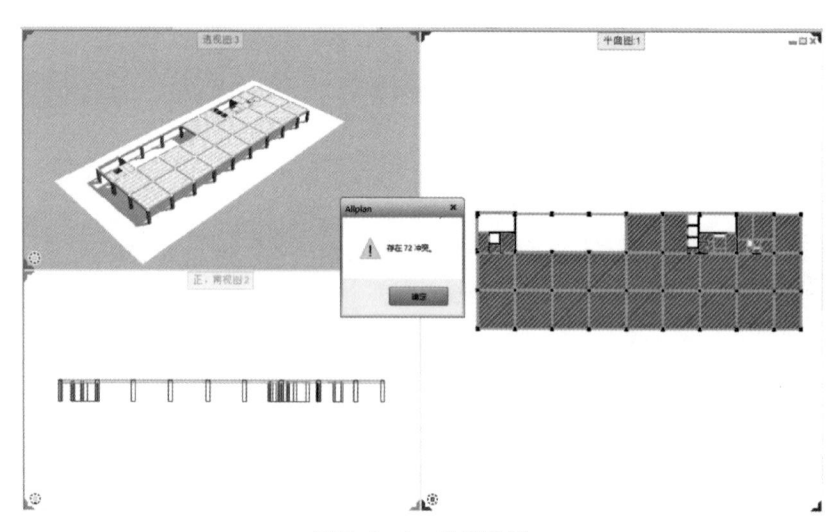

图 7.6-3 碰撞结果

第八章 施工模拟

章节概述

在前面的章节中，我们学习并完成了结构与建筑模型的创建，在本章内容中，我们将依据给定的场地布置图完成场地布置，以及使用创建好的模型完成施工进度模拟；了解在BIMPOP软件中场地布置的方式，施工进度模拟的创建，以及通过添加动画实现施工工艺的模拟。

学习目标

○ 了解建筑专业场地布置基础知识。
○ 了解建筑专业施工工艺流程。
○ 掌握软件当中各个族的作用。

8.1 场地布置

扫码，看视频教程

场地布置

8.1.1 知识导入

1. 场地布置的意义

采用BIM技术可以充分利用BIM的三维属性，提前查看场地布置的效果；准确得到道路的位置、宽度及路口设置；塔式起重机（塔吊）与建筑物的三维空间位置；形象展示场地CI布置情况，并可以进行虚拟漫游等展示；可以直接提取模型工程量，满足商务算量要求。

2. 场地布置的内容

第一，项目施工用地范围内的地形状况。
第二，全部拟建建筑物和其他基础设施的位置。
第三，项目施工用地范围内的加工、运输、存储、供电、供水、供热、排水排污设施，以及临时施工道路和办公、生活用房。
第四，施工现场必备的安全、消防、保卫和环保设施。
第五，相邻的地上、地下既有建筑物及相关环境。

3. 场地布置的设计要点

（1）设置大门，引入场外道路

施工场地宜考虑设置两个以上大门。大门应考虑周边路网情况、转弯半径和坡度限制,大门的高度和宽度应满足车辆运输需要,尽可能考虑与加工场地、仓库位置的有效距离、混凝土罐车行走方便等。

(2) 布置大型机械设备

布置塔式起重机时,应考虑其覆盖范围、可吊构件的重量,以及构件的运输和堆放;同时还应考虑塔式起重机的附墙杆件及使用后的拆除和运输。布置混凝土泵的位置时,应考虑泵管的输送距离、混凝土罐车行走方便,一般情况下立管应相对固定,泵车可以现场流动使用。

(3) 布置仓库、堆场

一般应接近使用地点,其纵向宜与交通线路平行,尽可能利用现场设施卸货,货物装卸需要时间长的仓库应远离路边。

(4) 布置加工厂

总的指导思想:应使材料和构件的运输量最小,垂直运输设备发挥较大的作用;有关联的加工厂适当集中。

(5) 布置场内临时运输道路

施工现场的主要道路应进行硬化处理,主干道应有排水措施。临时道路要把仓库、加工厂、堆场和施工点贯穿起来,按货运量大小设计双行干道或单行循环道,满足运输和消防要求。主干道宽度:单行道不小于4m,双行道不小于6m。木材场两侧应有6m宽通道,端头处应有12m×12m回车场,消防车道不小于4m,载重车转弯半径不宜小于15m。

(6) 布置临时房屋

第一,尽可能利用已建的永久性房屋为施工服务,如不足再修建临时房屋。临时房屋应尽量利用可装拆的活动房屋且满足消防要求。有条件的应使生活区、办公区和施工区相对独立。宿舍内应保证有必要的生活空间,室内净高不得小于2.4m,通道宽度不得小于0.9m,每间宿舍居住人员不得超过16人。

第二,办公用房宜设在工地入口处。

第三,作业人员宿舍一般宜设在现场附近,方便工人上下班,有条件时也可设在场区内。作业人员用的生活福利设施宜设在人员相对较集中的地方,或设在出入必经之处。

第四,食堂宜布置在生活区,也可视条件设在施工区与生活区之间。如果现场条件不允许,也可采用送餐制。

8.1.2 重点解析

第一,施工现场平面分办公、生活设施、生产设施和现场围蔽进行布置。

第二,在满足土建、钢结构、机电安装、装修施工需要前提下,尽量减少施工用地,不占或少占农田,施工现场布置要紧凑合理。

第三,科学确定施工区域和场地面积,尽量减少专业工种之间交叉作业。

第四,尽量利用永久性建筑物、构筑物或现有设施为施工服务,降低施工设施建造费用;尽量采用装配式施工设施,提高其安装速度。

第五，合理布置施工现场的运输道路及各种材料堆场、加工厂、仓库位置、各种机具的位置，尽量使运输距离最短，从而减少或避免二次搬运，尽量降低运输费用。

8.1.3 步骤说明

1. 新建项目

打开 BIMPOP 软件，新建一个"沥青"地貌文件，如图 8.1-1 所示。

图 8.1-1 选择"地貌"

2. 导入底图

1️⃣ 选择"施工部署"模块，单击"导入底图"，在弹出的窗口中单击"文件"，选择项目场地布置图纸，单击"导入"即可，如图 8.1-2～图 8.1-4 所示。

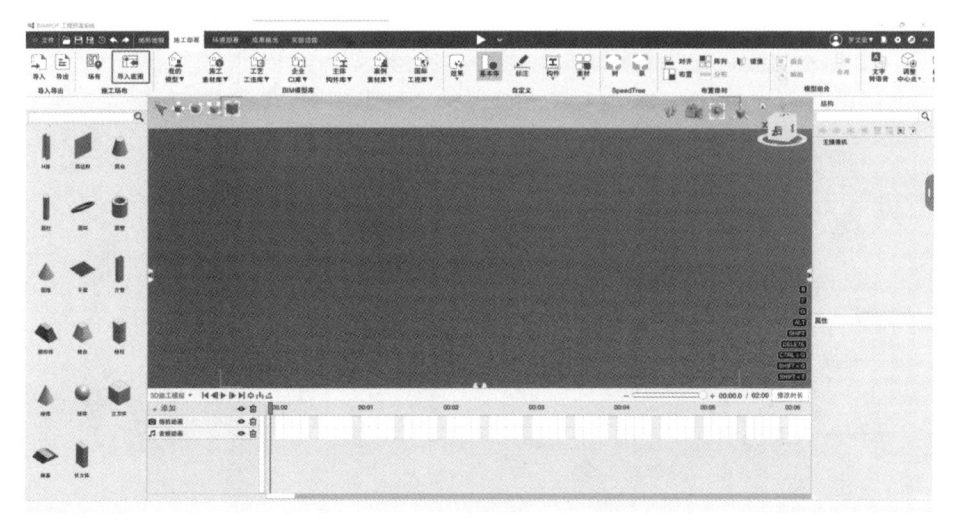

图 8.1-2 选择"导入底图"

图 8.1-3　选择图纸　　　　　　　　图 8.1-4　"导入"图纸

❷ 在"结构"列表中选择导入的图纸，为图纸添加"材质"，将材质的"金属度"和"粗糙度"改为"1"，如图 8.1-5 所示。

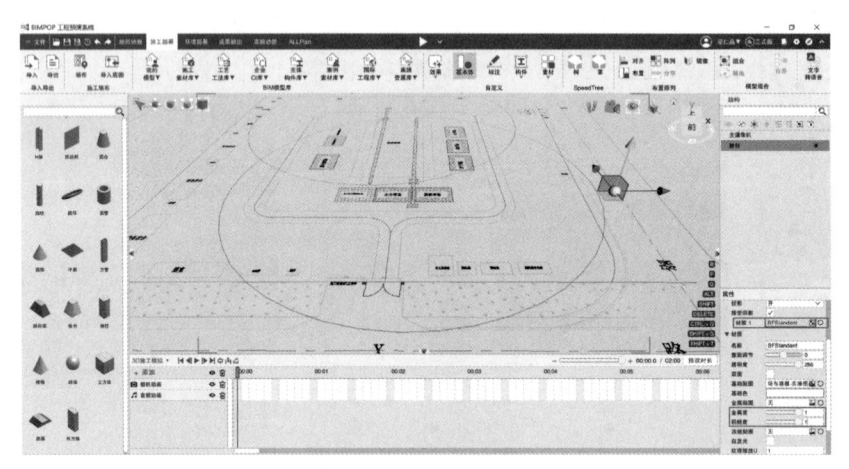

图 8.1-5　修改材质

3. 场地布置

❶ 大门的放置。选择"施工部署"模块，单击"场布"，在"建筑构物"一栏中选择"大门"构件，根据图纸在相应位置放置大门，放置后可在右侧"属性"栏修改大门的颜色、宽、高等，如图 8.1-6、图 8.1-7 所示。

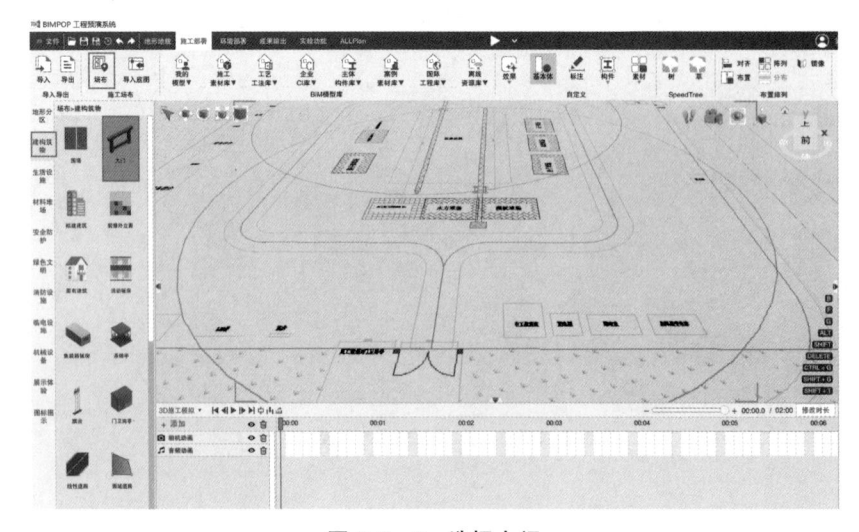

图 8.1-6　选择大门

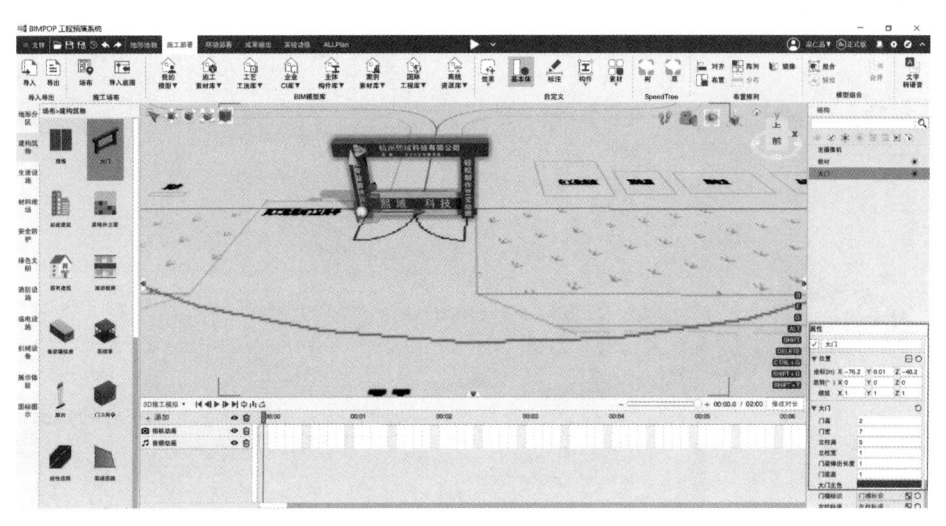

图 8.1-7　放置大门

❷ 围墙的布置。选择"施工部署"模块,单击"场布",在"建筑构物"一栏中选择"围墙"构件,根据图纸场地布置范围描边,如图 8.1-8～图 8.1-10 所示。

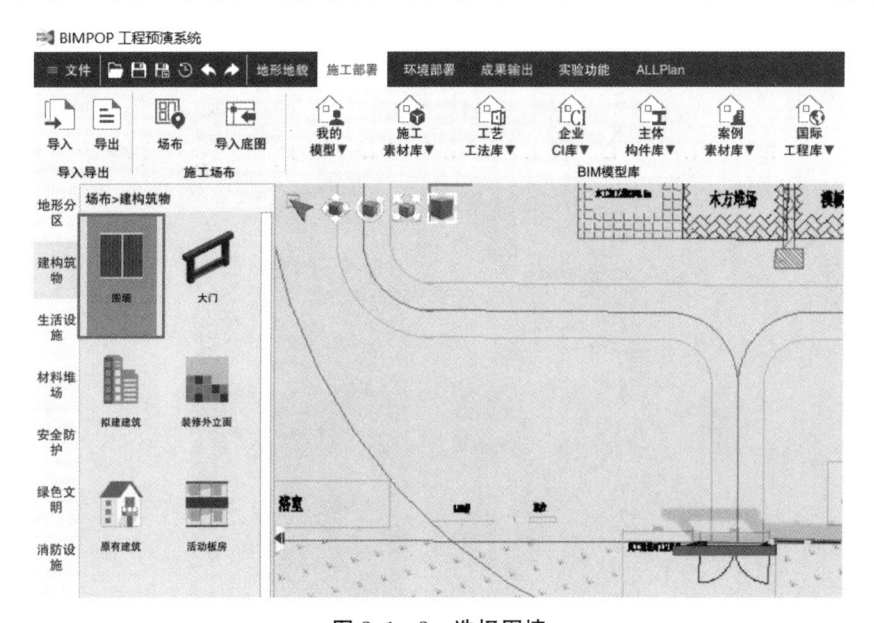

图 8.1-8　选择围墙

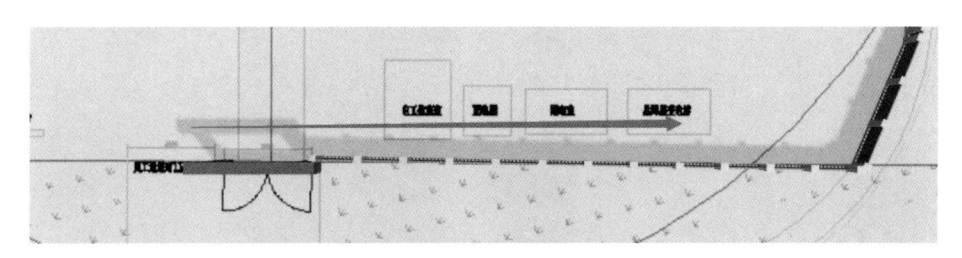

图 8.1-9　绘制围墙

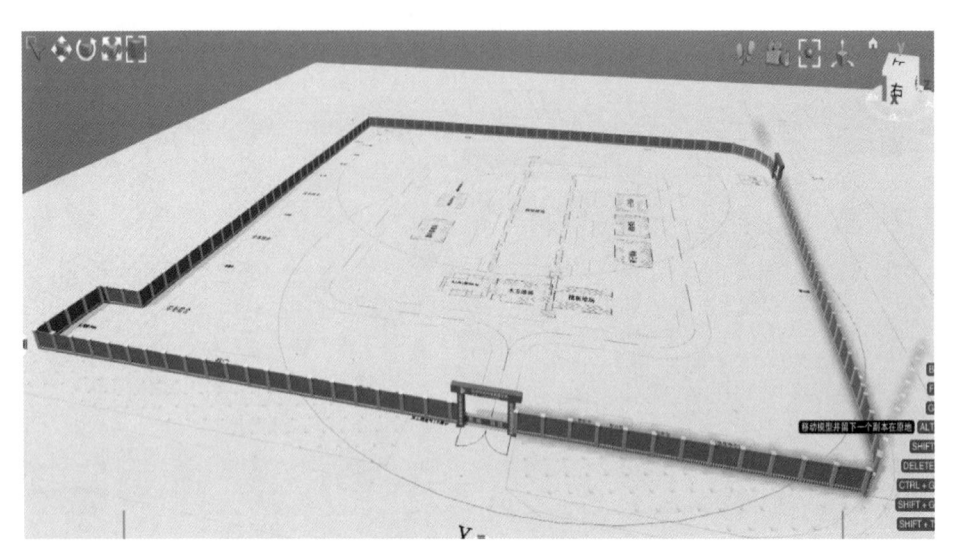

图 8.1-10　绘制完成

❸ 门卫岗亭的布置。选择"施工部署"模块,单击"场布",在"建筑构物"一栏中选择"门卫岗亭"构件,根据图纸位置单击放置,如图 8.1-11、图 8.1-12 所示。

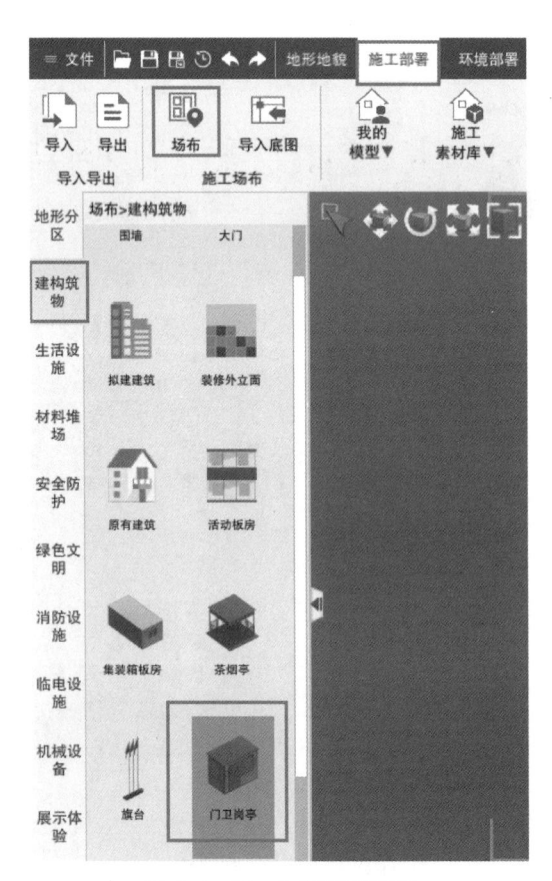

图 8.1-11　选择门卫岗亭

图 8.1-12 放置岗亭

④ 施工道路的布置。选择"施工部署"模块,单击"场布",在"建筑构物"一栏中选择"线性道路"构件,根据图纸施工道路位置描边布置,如图 8.1-13 所示。

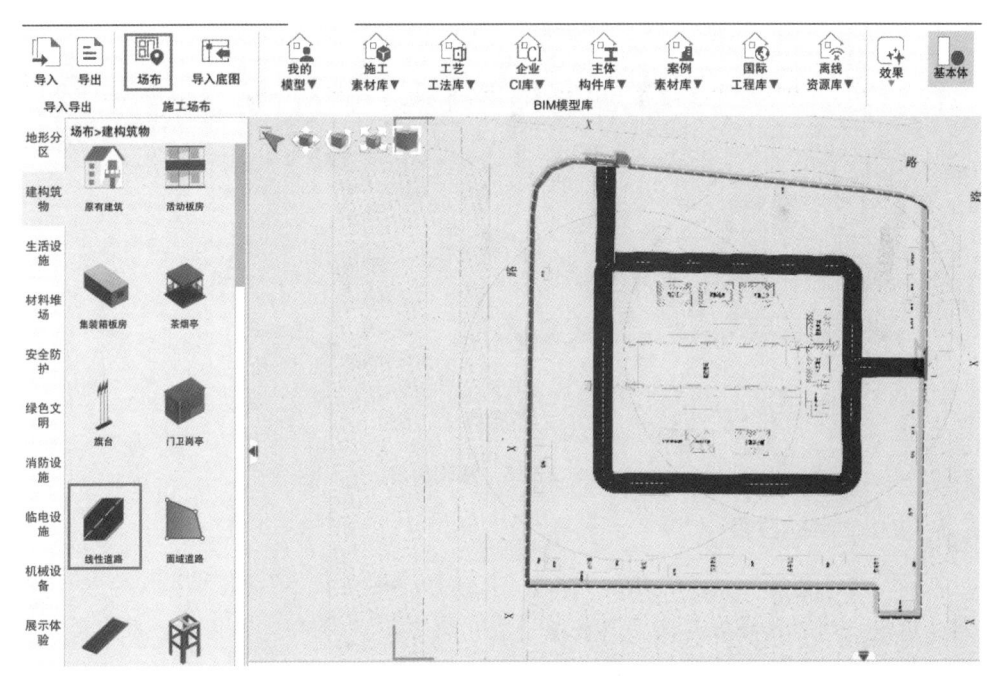

图 8.1-13 绘制道路

4. 劳务宿舍的布置

① 选择"施工部署"模块,单击"场布",在"建筑构物"一栏中选择"活动板房"构件,根据图纸中劳务宿舍位置,单击放置,如图 8.1-14 所示。

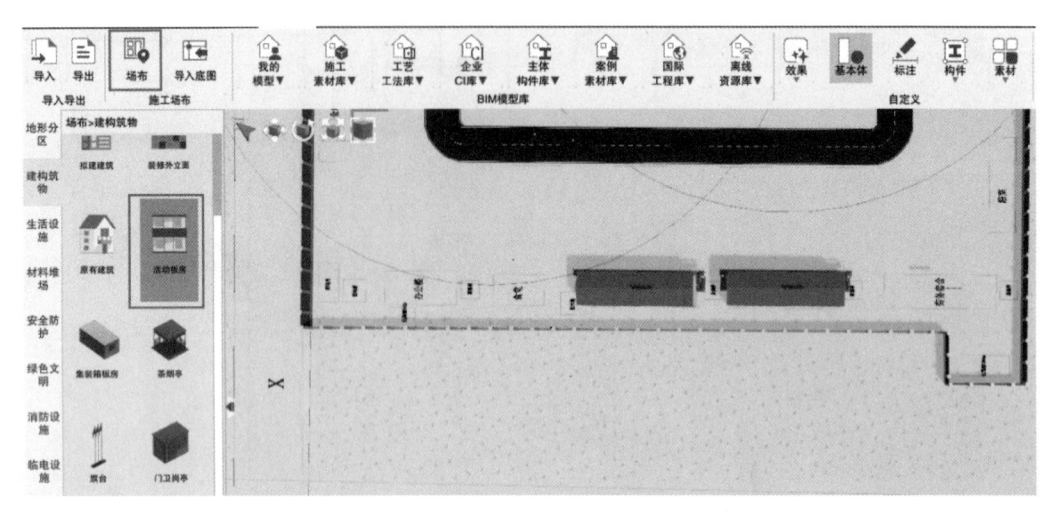

图 8.1-14　绘制劳务宿舍

❷ 根据项目要求可在右下角"属性"栏中修改活动板房尺寸，"单间长"为 3.6m，"单间宽"为 5.5m，"单层高度"为 3.2m，"间数"为 6 间，"层数"为 2 层，如图 8.1-15 所示。

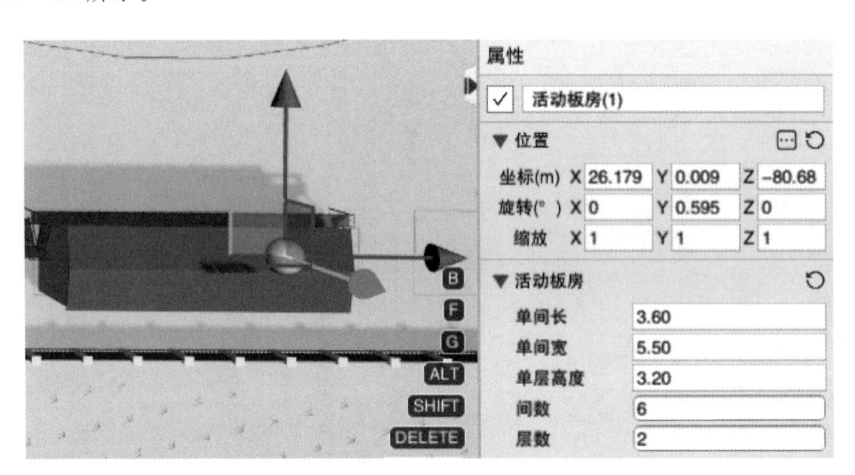

图 8.1-15　修改尺寸

5. 模型文字的布置

选择"施工部署"模块，单击"标注"，选择"模型文字"，将模型文字放置于劳务宿舍顶端，选择放置好的文字可在右下角"属性"栏修改文字内容、颜色等参数，如图 8.1-16 所示。

6. 堆场的布置

选择"施工部署"模块，单击"场布"，选择"材料堆场"中的"脚手架堆场"，根据场地布置图中脚手架堆场位置放置，并在右下角"属性"栏修改脚手架堆场"长度"为 20m，"宽度"为 10m，如图 8.1-17 所示。根据上述放置操作，将场地布置图构件放置完善。

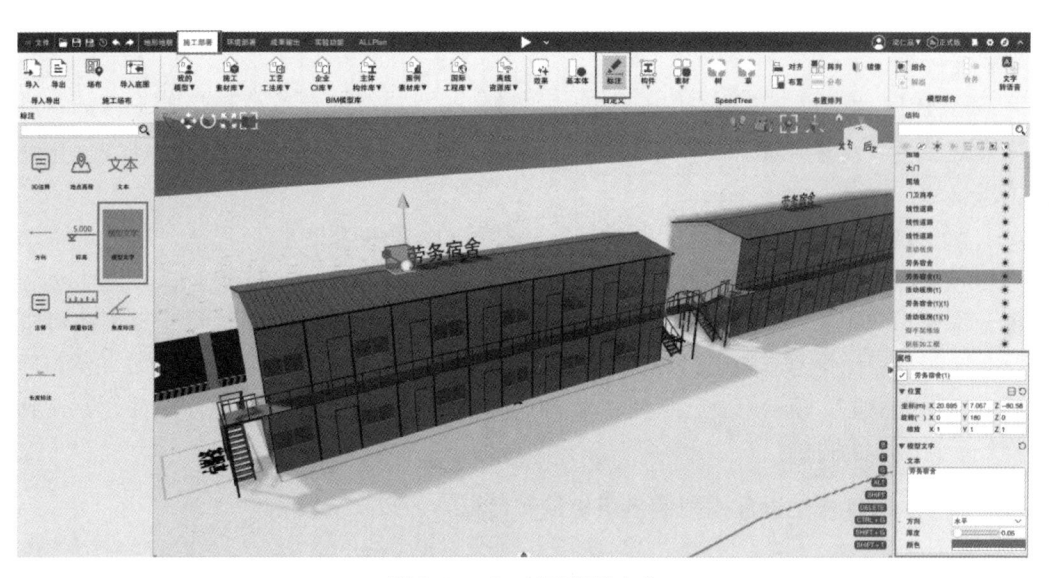

图 8.1-16　创建模型文字

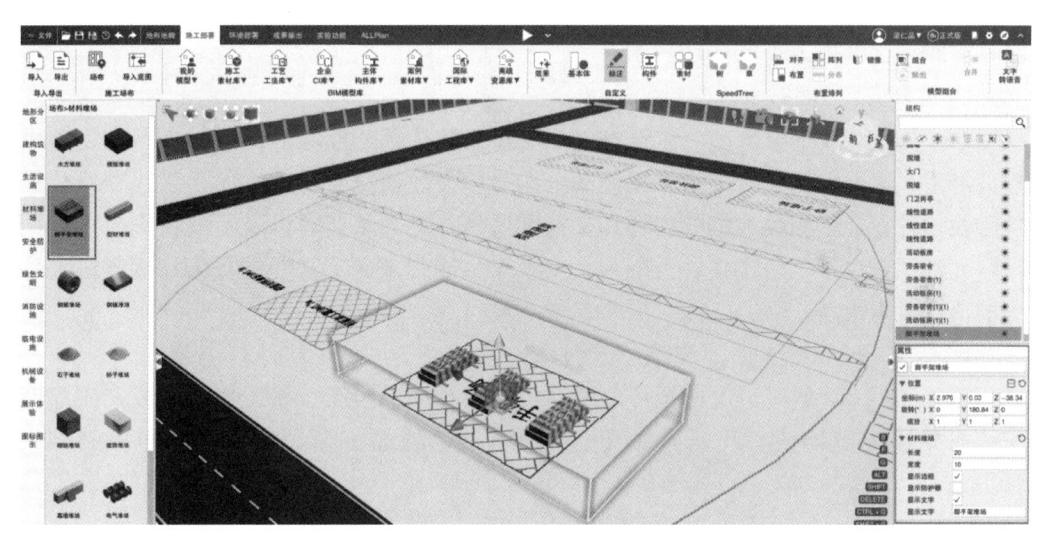

图 8.1-17　绘制脚手架堆场

扫码，看视频教程

进度模拟

8.2　进度模拟

8.2.1　知识导入

1. 4D BIM 施工进度模拟的定义

4D BIM（四维建筑信息模型）是指在三维空间的建筑信息模型基础之上增加了时间（项目中通常指施工进度）维度，所以叫作 4D BIM。

通过将 BIM 与施工进度计划相连接，将空间信息与时间信息整合在一个可视的

4D（3D+施工进度）模型中，然后直观地、精确地、三维动态地虚拟展示整个建筑的施工过程。

4D BIM 施工进度模拟可以在项目施工前，为项目各参建单位提供直观、动态的三维施工全过程虚拟演练。这将极大幅度地提高项目建设者进行施工进度计划优化的工作效率。

4D BIM 施工进度模拟可以在项目建造过程中，协助项目管理团队，适时地以动态的形式，精确地检查出项目施工进度计划与实际施工进度的现实差异。在施工过程中，基于 4D BIM 技术的进度检查：如果发现项目实际进度滞后，项目管理团队可以及时地调整和优化原有施工进度计划、以确保施工工期按合同约定完成；如果发现项目实际进度提前，项目管理团队可以及时地调整和优化后续施工资源使用计划，达到降低项目成本的目的。

2. 4D BIM 施工进度模拟的应用价值和目标

（1）模拟、分析、优化

通过 4D BIM 技术的施工进度模拟，分析多种施工方案在组织机构、资源配置、实施环境等条件影响下的模拟进度，从而科学合理地选择切合项目实际的施工进度方案，获取最优的施工进度计划。

（2）模拟、可视化、信息传递

基于 4D BIM 虚拟建造，它将建筑业从业人员从复杂抽象的图形、表格和文字中解放出来，以形象的三维模型、视频动画作为项目的信息载体，方便了工程项目建设各阶段、各专业中相关人员的沟通和交流。这将在提高从业者以及行业工作效率的同时，大幅度减少了项目参建各方因为信息不对称而带来的不必要的损失，规避了大部分的项目成本浪费。

（3）交通组织模拟、交叉作业模拟

基于 4D BIM 施工进度模拟可以辅助解决现场交通组织、施工安排、复杂工序及工作面穿插等现场核心问题，为安全措施检查、缩短工期、技术方案的决策带来帮助。

8.2.2 重点解析

将一至三层的柱梁板按照要求依次分别成组并添加相应的时间段，对施工进度进行模拟。

8.2.3 步骤说明

1. 导入模型文件

❶ 单击"导入"命令，选择需要导入的模型文件，在"结构"列表中选择导入的模型，"单位转换"选择"米"，如图 8.2-1 所示。

第八章　施工模拟

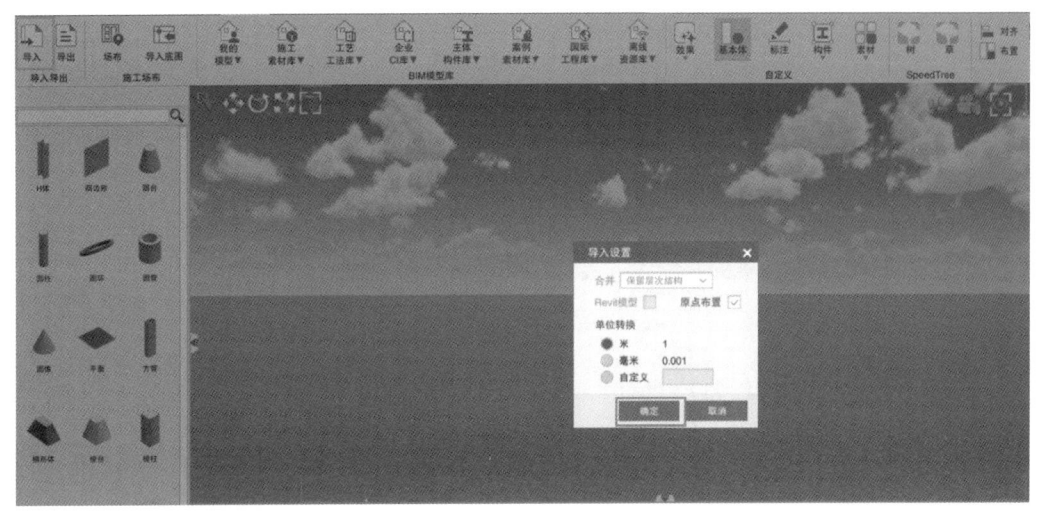

图 8.2-1　导入模型

② 在绘图区右侧结构列表中选择"解除锁定"命令，如图 8.2-2 所示。

图 8.2-2　解除锁定

2. 构件分类成组

① 选择一层的所有柱，单击"组合"按钮，并在右下角将组合命名为"一层柱"，同样的操作将三层柱梁板一次成组并命名，如图 8.2-3、图 8.2-4 所示。

图 8.2-3　选择一层柱

207

❷ 单击命名后的组合，并将组合拖出与导入模型平级，如图 8.2-5 所示。

图 8.2-4　组合命名

图 8.2-5　将组合拖出

3. 4D 进度模拟

❶ 在左下角选择"4D 进度模拟"，单击加号位置添加一个任务组，如图 8.2-6 所示。

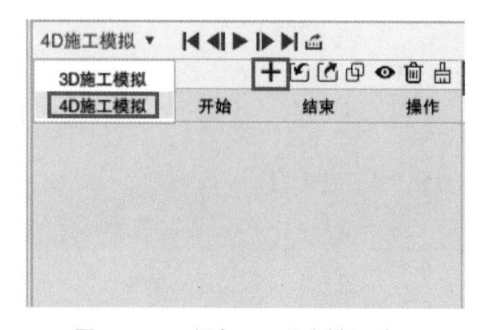

图 8.2-6　添加 4D 进度模拟动画

❷ 在"结构"栏中选择"一层柱"之后,在添加好的"任务组"一栏单击关联任务组,为一层柱分配 5 天时间,完成后如图 8.2-7 所示。

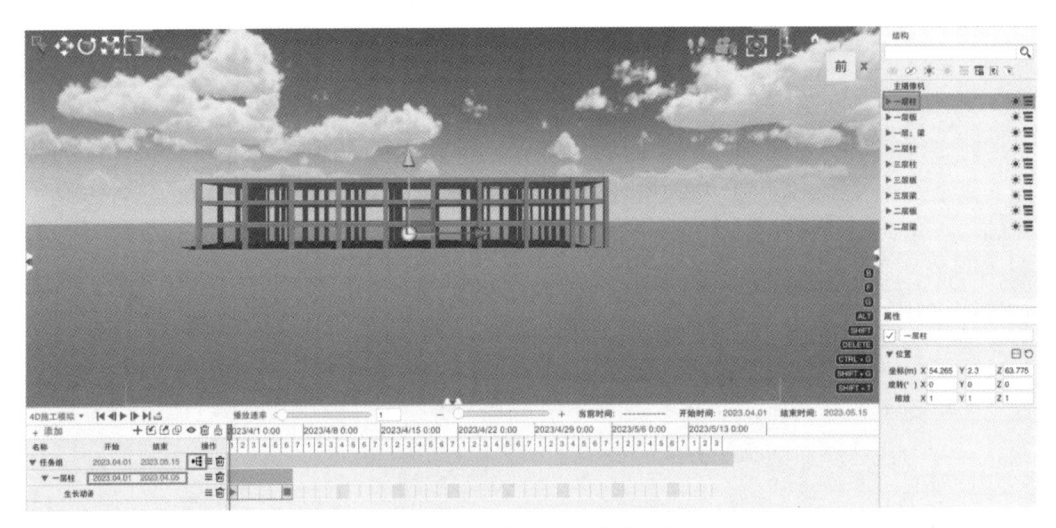

图 8.2-7　关联一层柱任务组

❸ 一层柱分配 5 天时间后,以同样的方式关联一层梁,并为梁分配柱任务之后的 5 天时间,时间按累计值计算,不可重复,如图 8.2-8 所示。

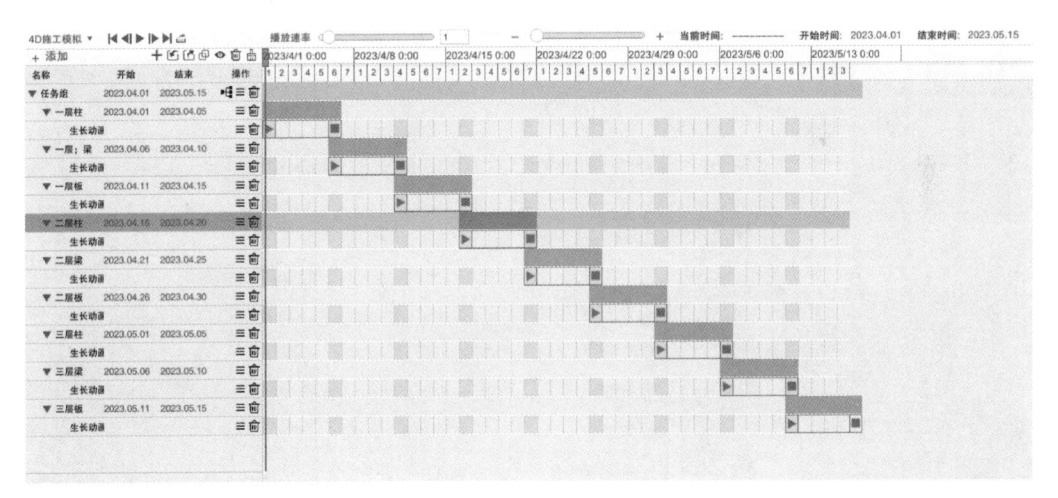

图 8.2-8　关联完成

扫码,看视频教程

工艺模拟

8.3　工艺模拟

8.3.1　知识导入

建筑工程施工是一个复杂的工程,涉及很多环节,如人员安排、工具选用、机械设备选取与运转、材料供应等,每一个环节的变化都会对工程施工过程产生影响。传统上，施工方往往通过经验和实践来确定施工方案，但是这种方法存在一定的盲目性和不可预见性。而施工工艺虚拟仿真模型技术，可以通过模拟各种施工方案的执行情况，提前发现潜在问题，降低施工风险，并且能够有效优化施工流程，提高施工效率。

另外，工程在施工阶段，经常会遇到许多问题通常是由于在施工工艺及工艺流程上的各方理解不一致而导致的。而施工工艺模拟技术就具有可视化以及交互性的特点。复杂的施工工艺问题，通过施工工艺模拟技术的展示，可以让项目参建各方统一在同一个平台同一个构思里面讨论问题，不会出现思维理解的误差而导致耽误工程进展，同时也进一步确保了工程质量。

8.3.2 重点解析

了解施工工艺流程，以及各流程中需要用到的人、材、机。熟练地运用各类动画，通过为构件添加动画的方式完成施工工艺模拟。

8.3.3 步骤说明

1. 放置测量员

选择"施工部署"模块，单击"施工素材库"，选择"人材机具"一栏中的"人"（测量员），放置于相应位置，如图 8.3-1 所示。

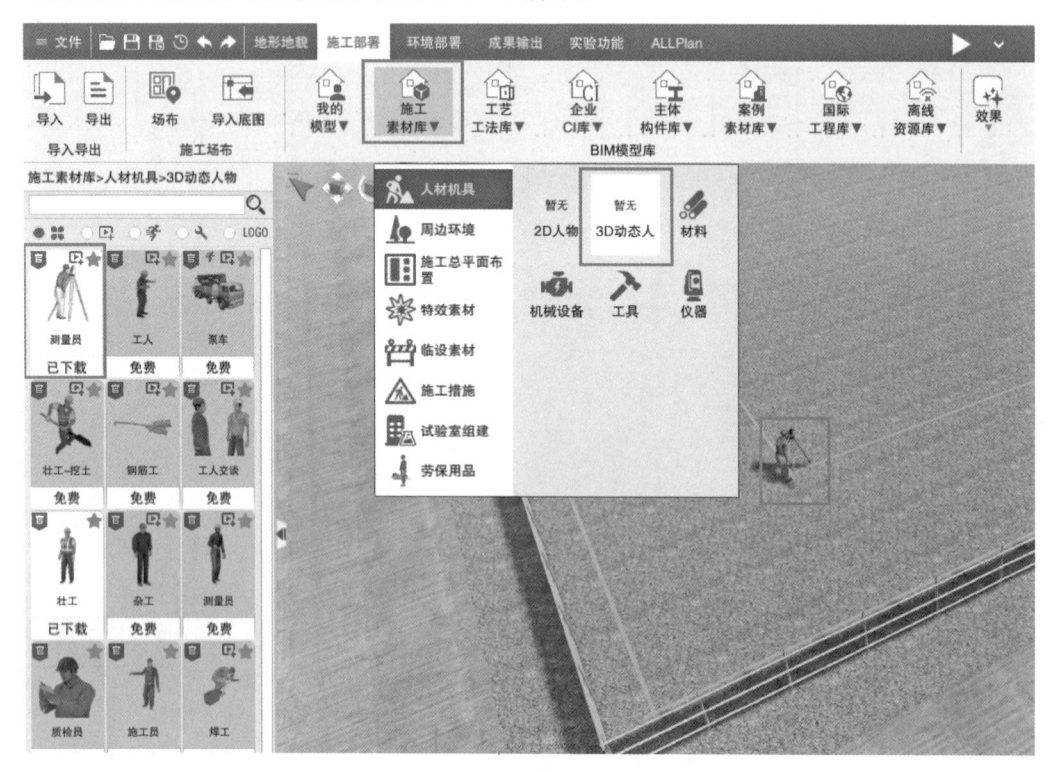

图 8.3-1 放置测量员

2. 白灰线添加动画

选择"白灰线"模型,选择添加"显隐动画",在 0 秒时不勾选"显隐",在第 2 秒勾选"显隐",如图 8.3-2～图 8.3-4 所示。

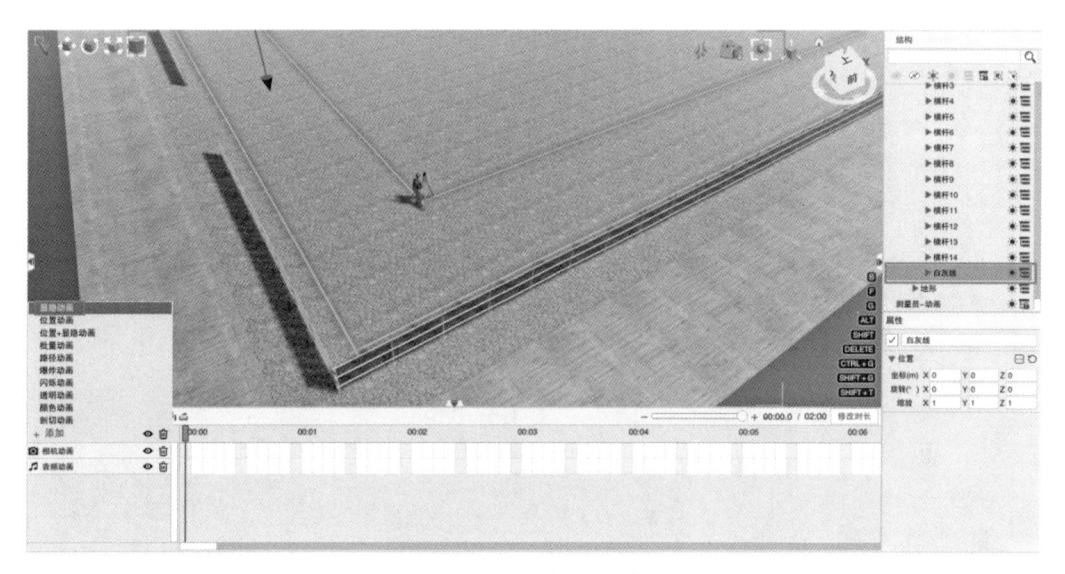

图 8.3-2 添加显隐动画

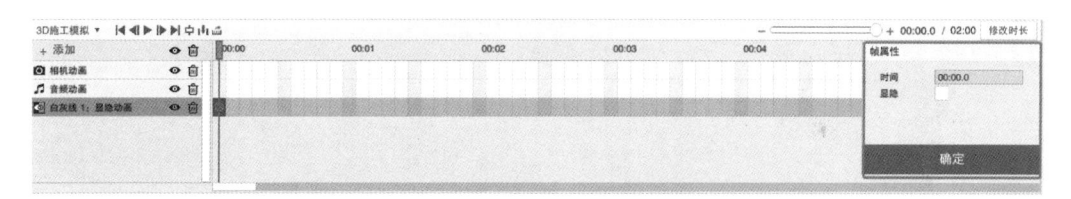

图 8.3-3 取消勾选"显隐"

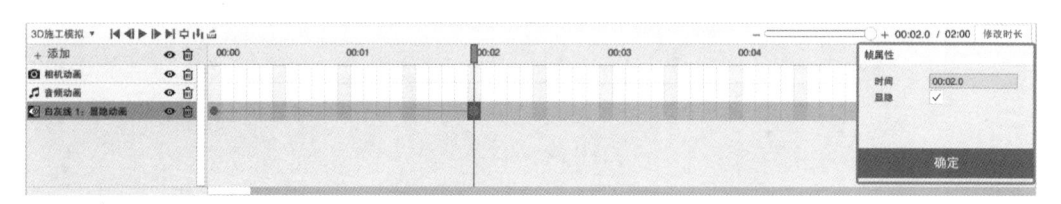

图 8.3-4 勾选"显隐"

3. 测量员添加动画

选择测量员模型,选择添加"显隐动画",在 0 秒时不勾选"显隐",在第 3 秒勾选"显隐",操作同上步骤 2。

4. 为挖掘机模型添加动画

1 在"施工部署"模块中,单击"施工素材库",在弹出窗口当中选择"人材机具"栏中的"机械设备",在设备库当中,选择"挖掘机挖土",放置在场地当中,然后选中放置的模型，添加位置动画，如图8.3-5、图8.3-6所示。

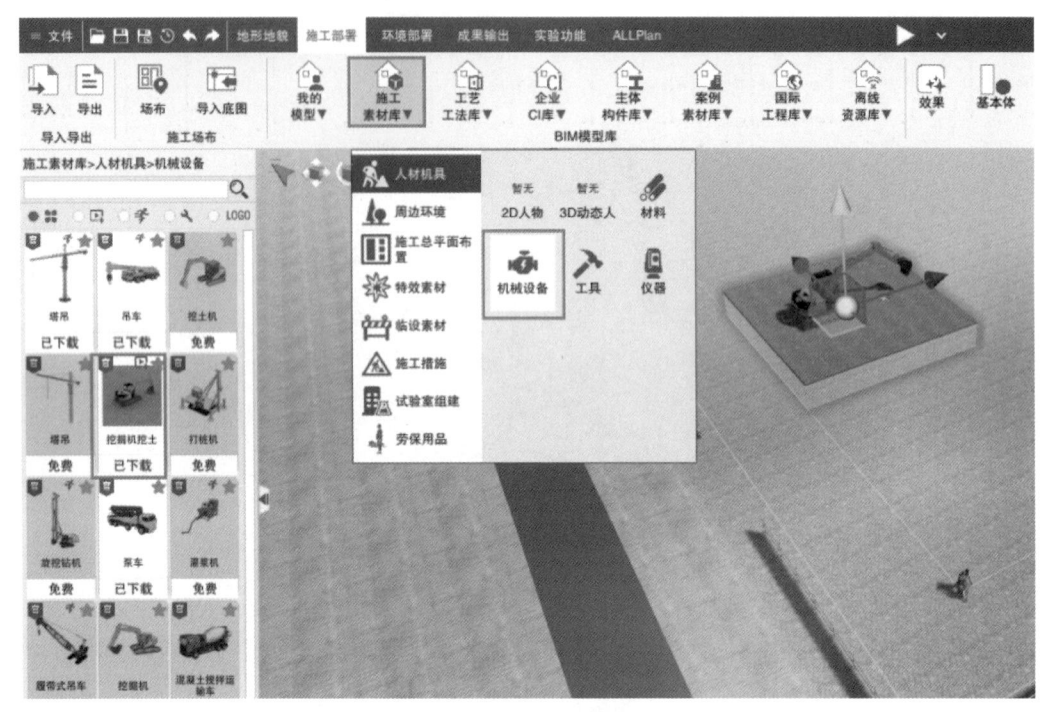

图 8.3-5　放置挖掘机挖土

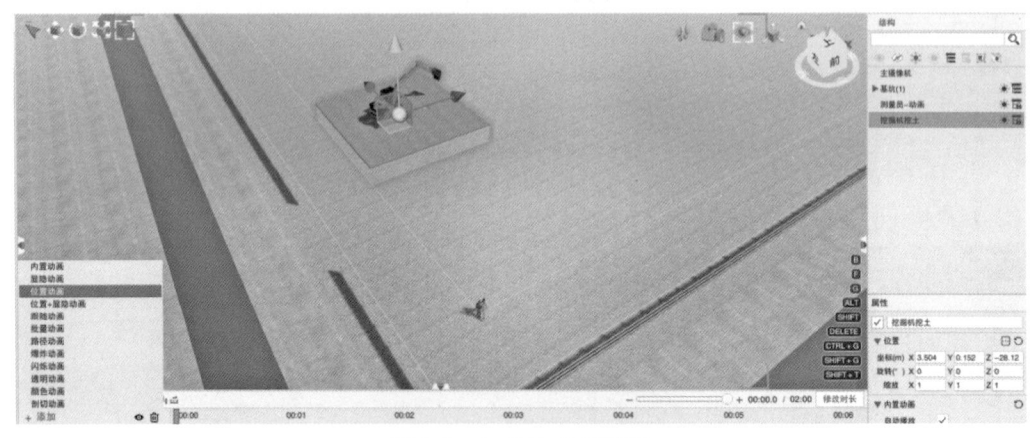

图 8.3-6　添加位置动画

② 选择"基坑土方"模型，单击"添加"位置动画，在第4秒双击关键帧，不改变 y 轴位置，在第6秒双击关键帧，将 y 轴位置改为"1.5"，如图8.3-7、图8.3-8所示。

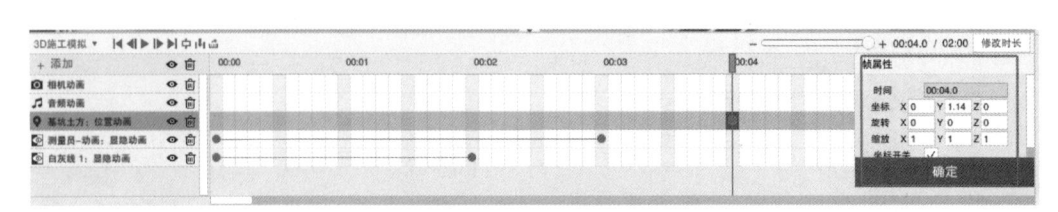

图 8.3-7　选择关键帧

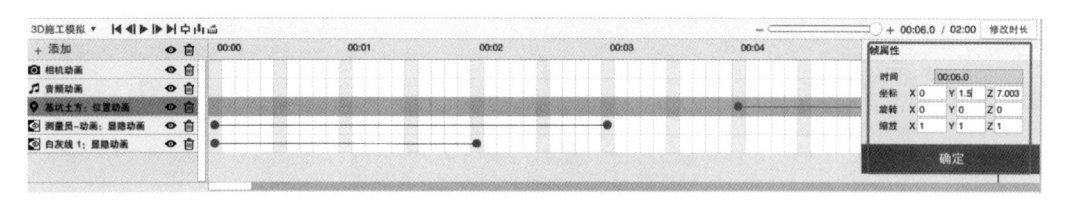

图 8.3-8 选择关键帧并修改位置

③ 选择挖掘机挖土模型为该模型添加"显隐动画",在第 3.5 秒勾选"显隐",操作同步骤 2。

④ 再为挖掘机挖土模型添加一个"跟随动画",在第 4 秒位置双击关键帧,选择跟随"基坑土方"模型,在第 6 秒双击关键帧,同样选择跟随"基坑土方"模型,如图 8.3-9~图 8.3-11 所示。

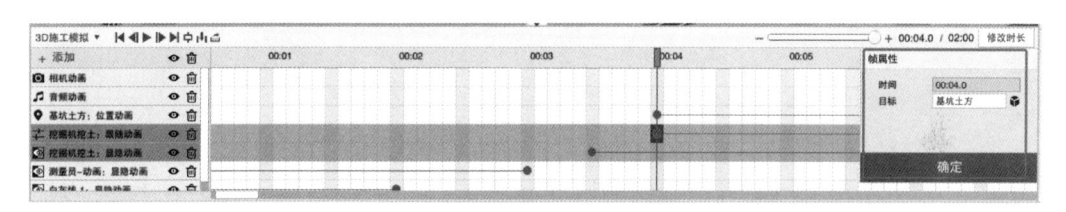

图 8.3-9 选择第 4 秒关键帧

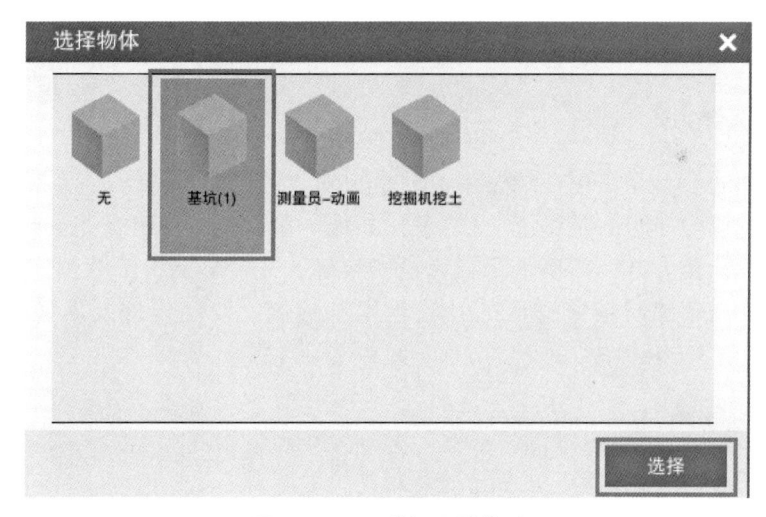

图 8.3-10 选择跟随模型

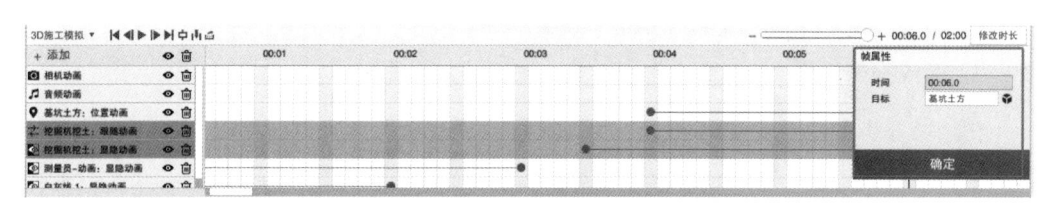

图 8.3-11 选择第 6 秒关键帧

⑤ 测量员放线和土方开挖完成之后,单击菜单栏播放按钮即可播放工艺动画。

第九章 模型应用

章节概述

在前面的章节中,我们学习了使用 Allplan 创建结构和建筑模型的方法,本章内容中,我们将依据所创建的结构和建筑模型,通过软件对模型进行提取工程量、出图和可视化的操作。

学习目标

◎ 掌握模型工程量提取的方法。
◎ 掌握软件出图功能。
◎ 掌握软件可视化表达的方法。

扫码,看视频教程

工程量提取

9.1 工程量提取

9.1.1 知识导入

BIM 技术工程计量是指在相关规范的指导下,通过 BIM 模型,直接统计以获得每个分项工程或构件的工程数量,无须使用其他计量软件重复建模生成工程量数据的一种新的工程计量方式。为确保工程计量的准确、并符合造价工程师工程量利用需求,需要在模型创建时按照一定的计量规则和标准,设定构件的属性参数并绘制模型。

9.1.2 重点解析

通过"报告"和"图例"的固定模板精准提取所需工程量信息。

9.1.3 步骤说明

1. 生成报告清单

① 单击"工具"托盘,选择下拉选项中的"建筑"模块组,单击切换至"基本:墙,洞口,构件"模块,然后单击"报告"命令,如图 9.1-1 所示。

② 在弹窗中选择"未装修的建筑物"文件夹,然后双击选择"肋形楼板梁"文件,如图 9.1-2 所示。

第九章 模型应用

图 9.1-1 选择"报告"命令

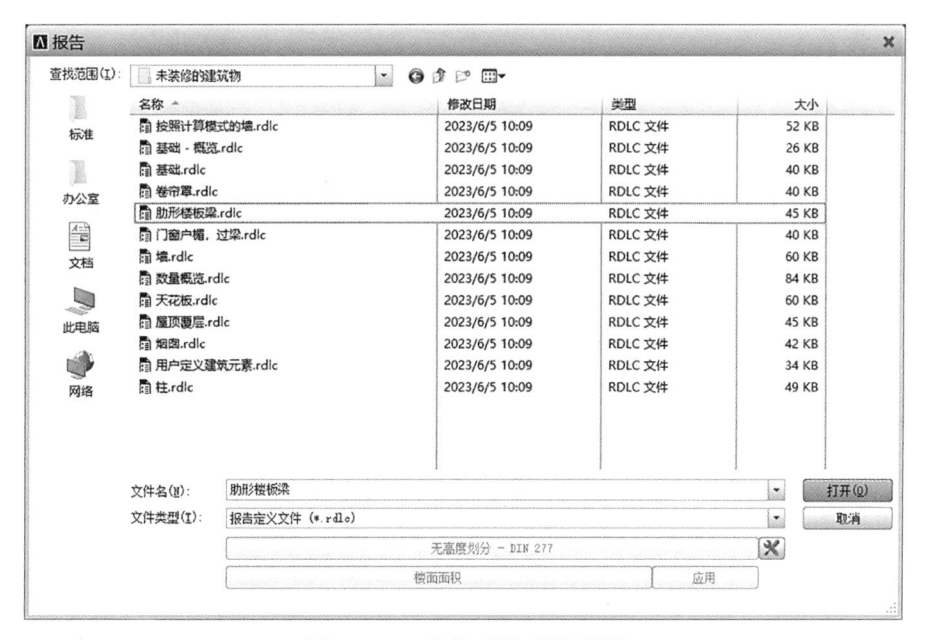

图 9.1-2 选择"肋形楼板梁"

215

[3] 框选模型中指定任意肋形楼板梁，自动生成肋形楼板梁清单，如图9.1-3、图9.1-4所示。

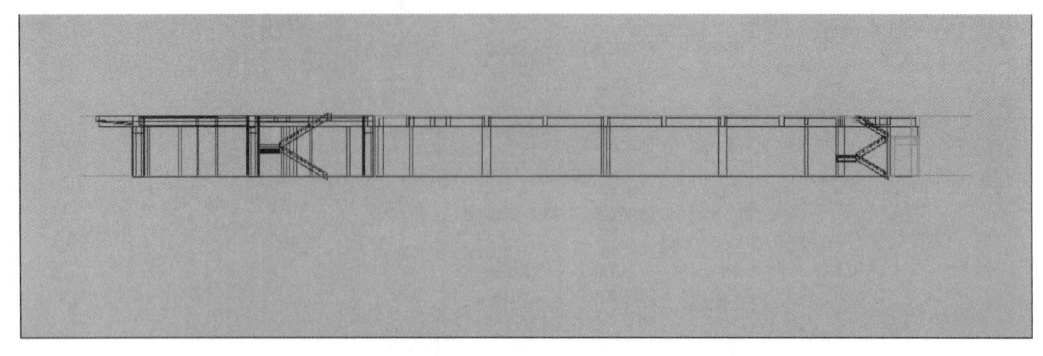

图 9.1-3　框选模型

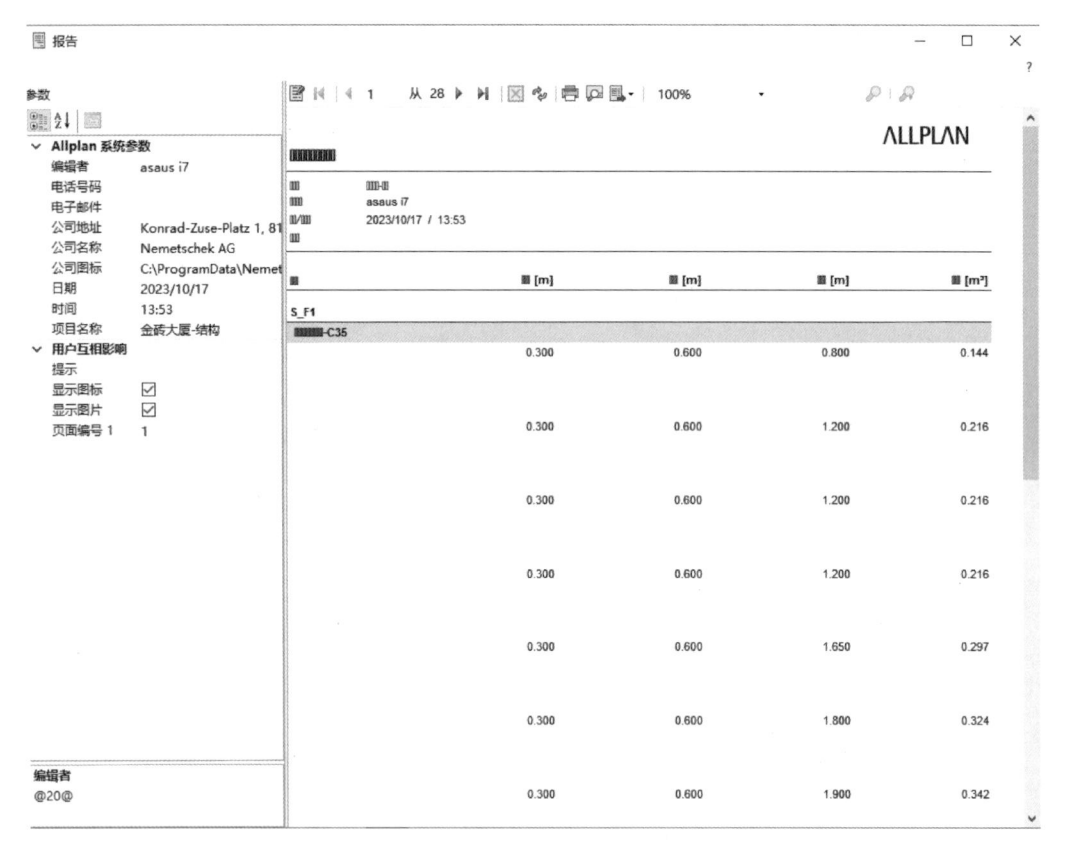

图 9.1-4　生成清单

[4] 单击"导出"按钮，选择报告清单的输出格式，从上往下依次为文字、Excel、Allplan、PDF 和 Word，如图 9.1-5 所示。

[5] 在弹窗中单击"平面图设计师"按钮，可对页面格式等相关参数进行修改，如图 9.1-6、图 9.1-7 所示。

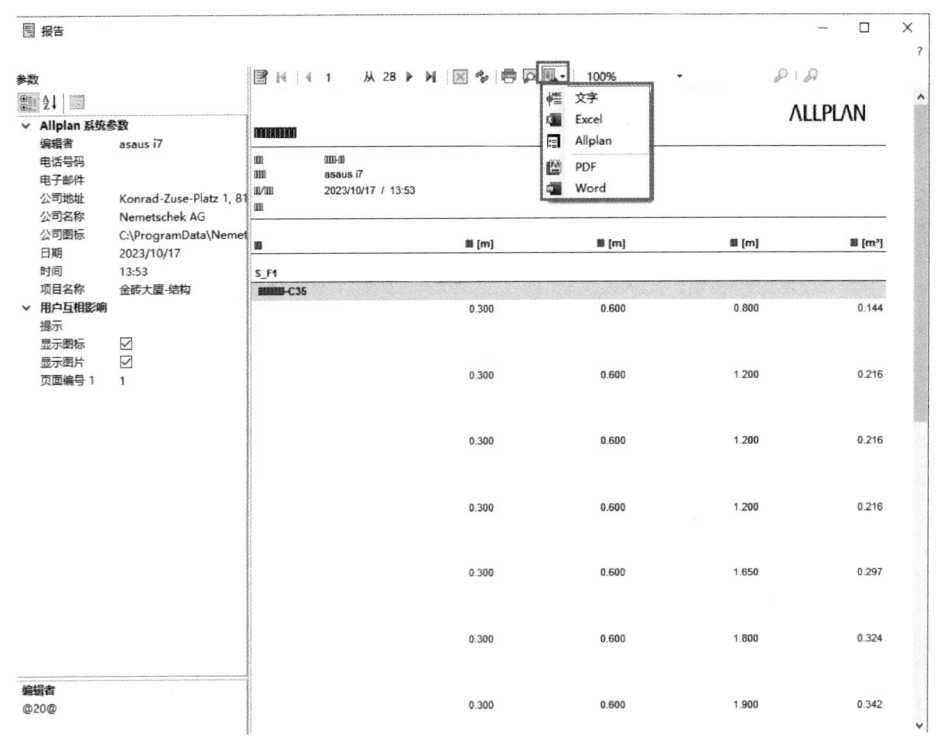

图 9.1-5　选择清单格式

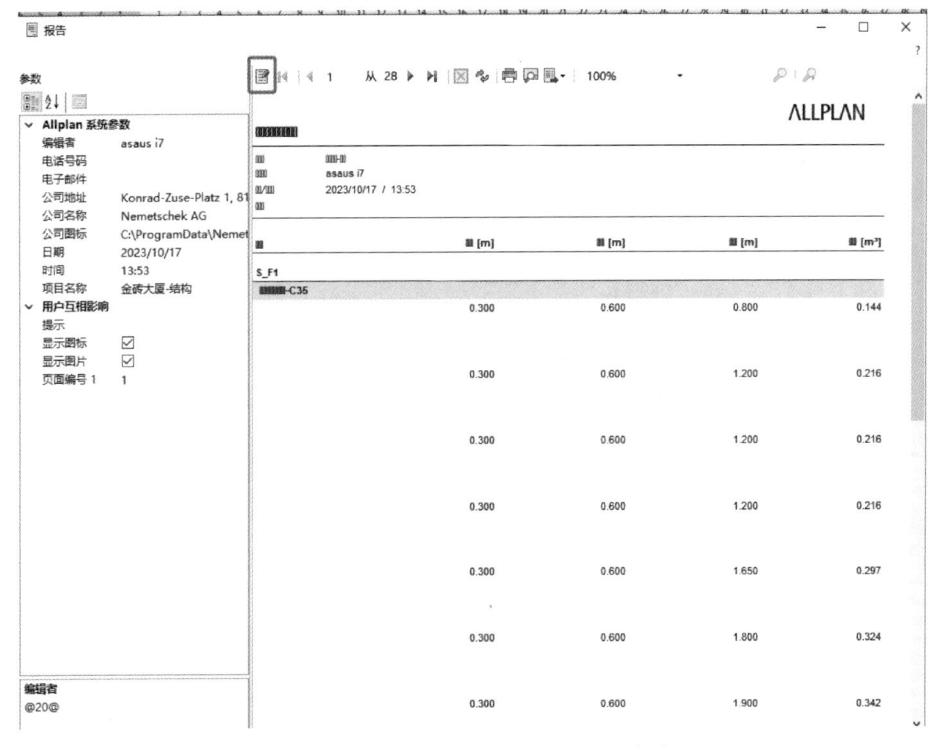

图 9.1-6　选择"平面图设计师"命令

217

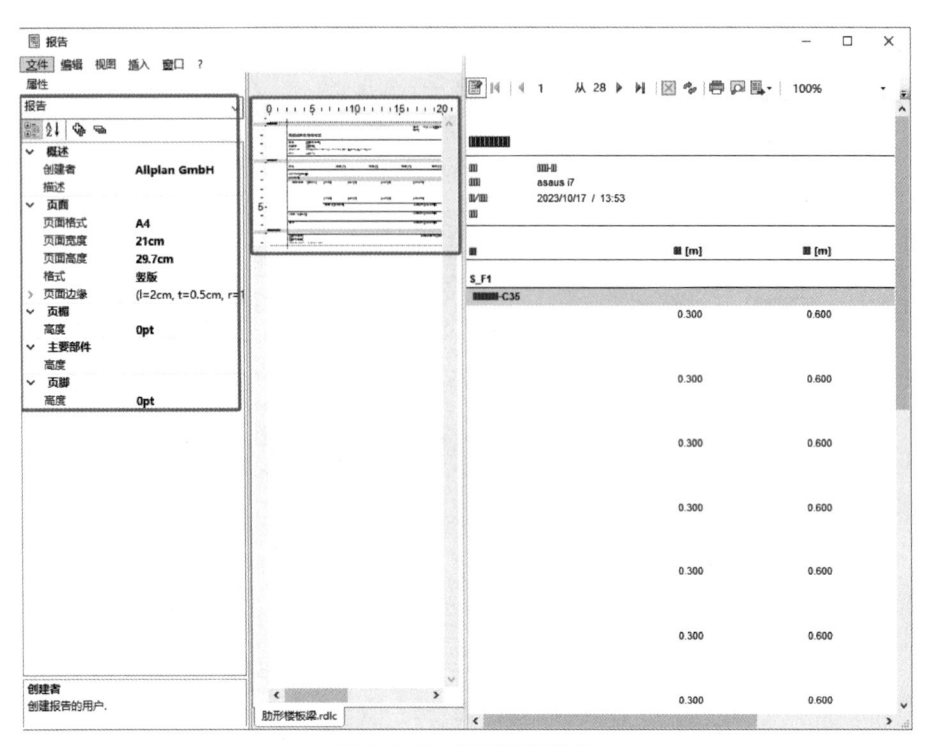

图9.1-7 调整页面参数

2. 生成图例清单

1 单击"工具"托盘，选择下拉选项中的"建筑"模块组，单击切换至"基本：墙，洞口，构件"模块，然后单击"图例"命令，如图9.1-8所示。

图9.1-8 选择"图例"命令

第九章 模型应用

❷ 在弹窗中选择"默认"文件夹，然后选择"1 建筑"子文件夹，在列表中选择"6 Window"，最后单击"确定"按钮即可生成图例清单，如图 9.1-9、图 9.1-10（数据单位：cm）所示。

图 9.1-9 选择路径

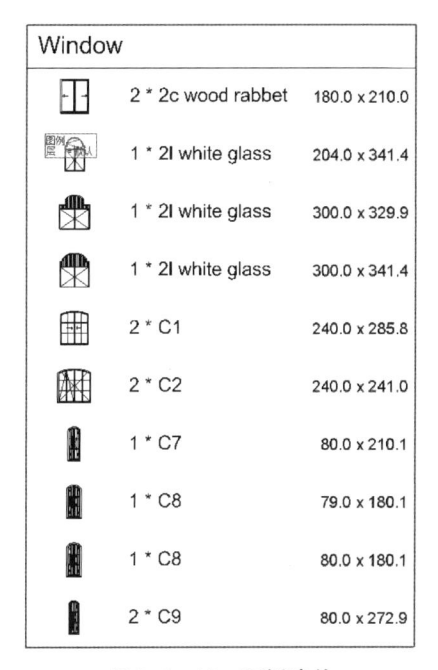

图 9.1-10 图例清单

219

9.2 出图

9.2.1 知识导入

图纸在工程开始之前能够给项目负责人及相关施工人员提供全面参考，能够从侧面、立面、平面、剖面等多个角度反映建筑工程的细节，让相关人员能够对建筑工程的方位及最终效果有一个准确的了解。在施工中，合格的图纸能够引导细节工作的落实，比如各道工序应达到什么样的标准及应该使用何种规格的建筑材料。此外，结构设计师也能够根据图纸中的某一方位图计算结构受力分析的合理性。建筑制图的重要性不仅体现在建筑工程建设中，还是学习此类专业的大学生所必须掌握的基本技能之一。

9.2.2 重点解析

出图格式的设置；出图比例；字体标准设置；标签的属性定义。

9.2.3 步骤说明

❶ 在工具栏中单击选择"平面布局"按钮切换至平面布局模式，如图 9.2-1、图 9.2-2 所示。

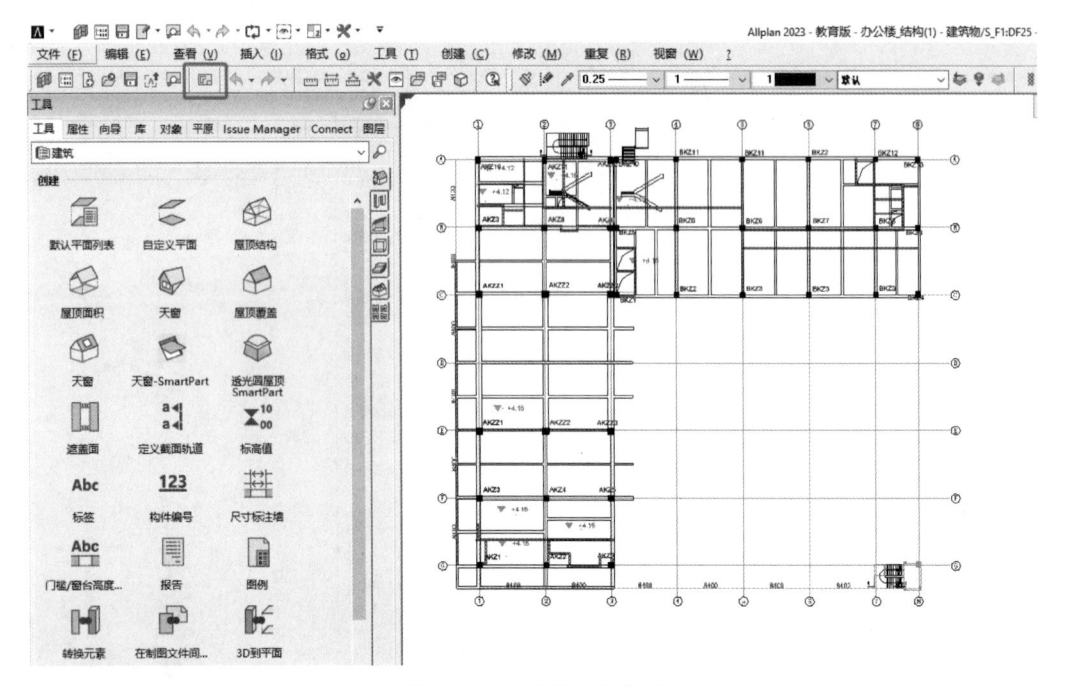

图 9.2-1 选择平面布局

第九章 模型应用

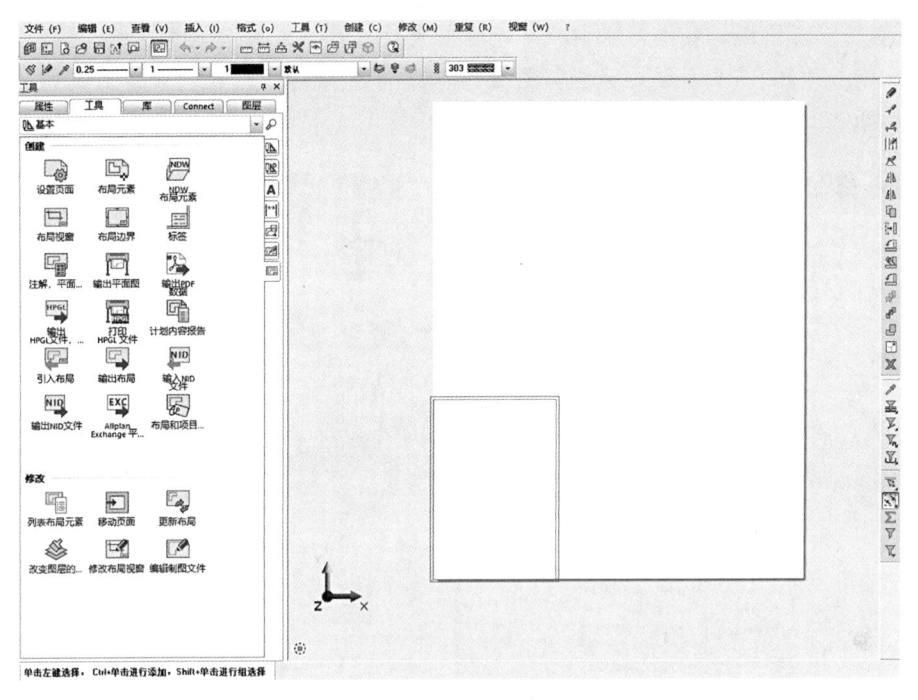

图 9.2-2 平面布局

❷ 单击"工具"托盘,选择下拉选项中的"基本"模块组,单击"平面布局"模块,然后单击"设置页面"命令,如图 9.2-3 所示。

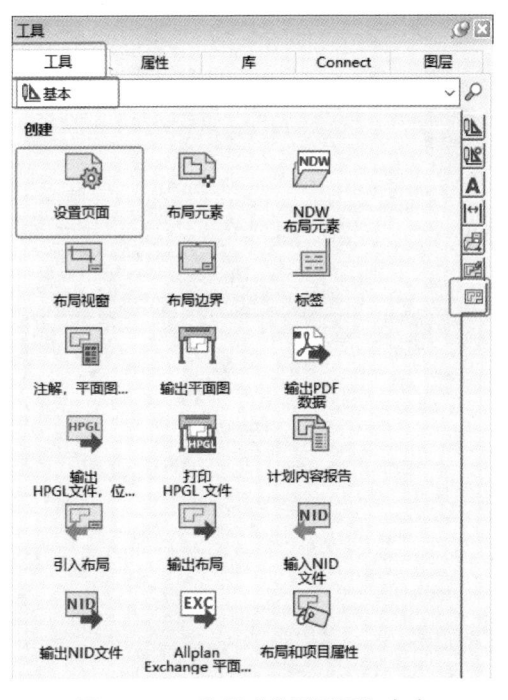

图 9.2-3 选择"设置页面"命令

221

③ 在弹窗中选择合适的页面格式，也可自行设置页面的"宽度"和"高度"，如图 9.2-4、图 9.2-5 所示；设置好页面格式之后选择对齐方式，最后对属性进行定义，如图 9.2-6 所示。

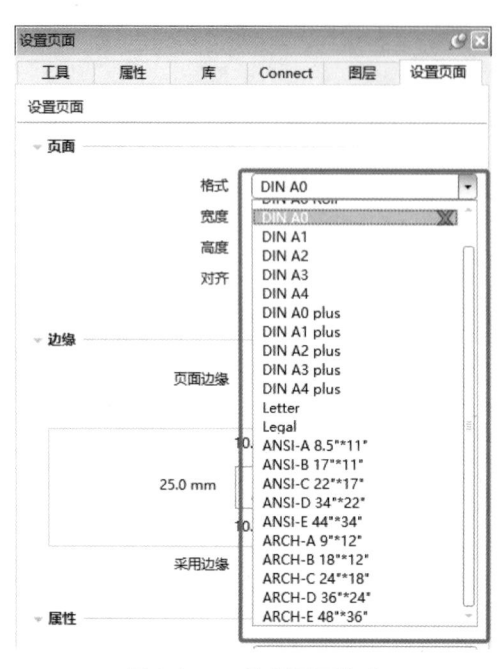

图 9.2-4　选择页面格式

图 9.2-5　设置页面参数

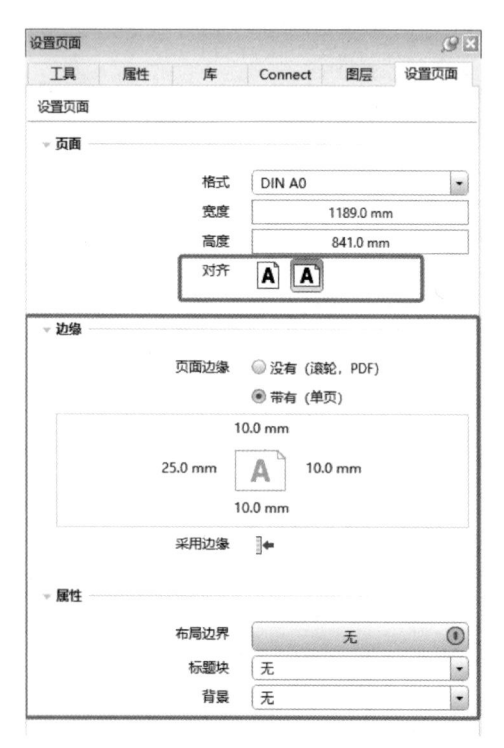

图 9.2-6　设置对齐方式

4 单击"工具"托盘，选择下拉选项中的"基本"模块组，单击"平面布局"模块，然后单击"布局边界"命令，如图9.2-7所示。

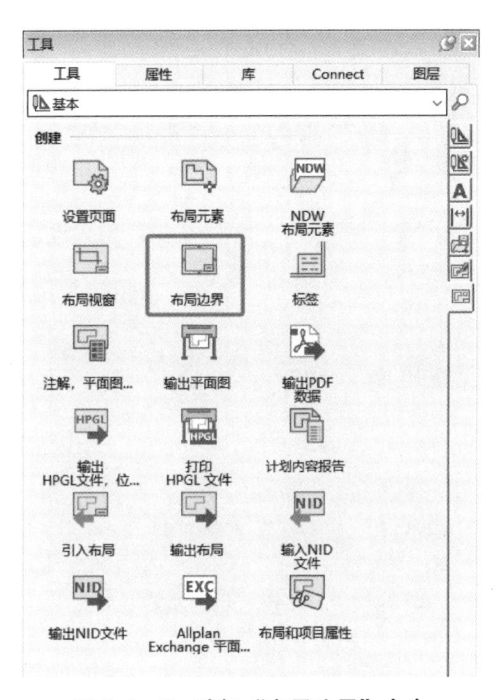

图9.2-7 选择"布局边界"命令

5 在弹窗中设置页面格式，单击进行放置，如图9.2-8所示。

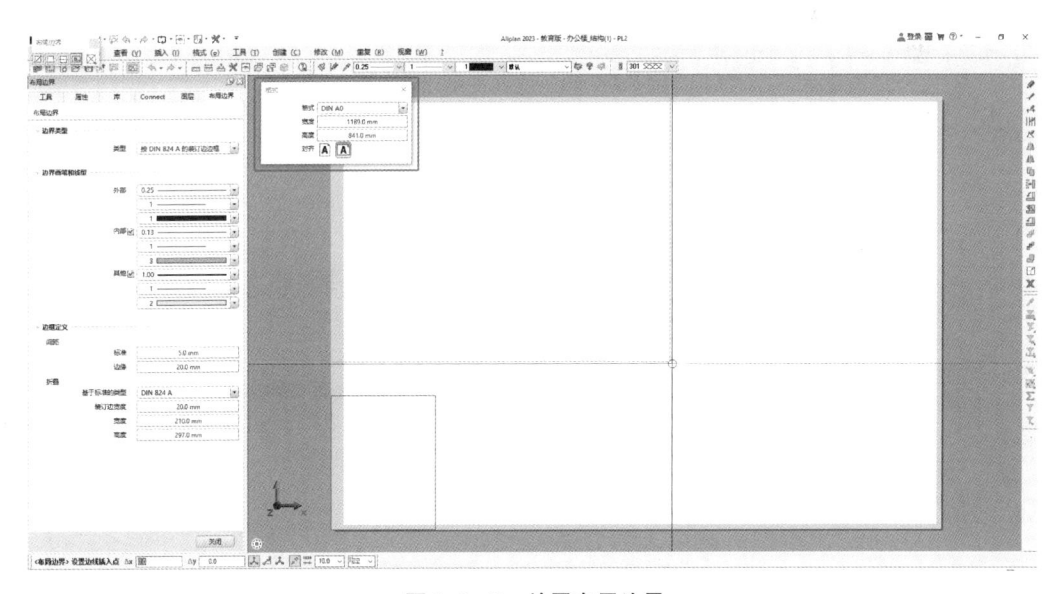

图9.2-8 放置布局边界

6 单击"工具"托盘，选择下拉选项中的"基本"模块组，单击"平面布局"模块，然后单击"布局元素"命令，如图9.2-9所示。

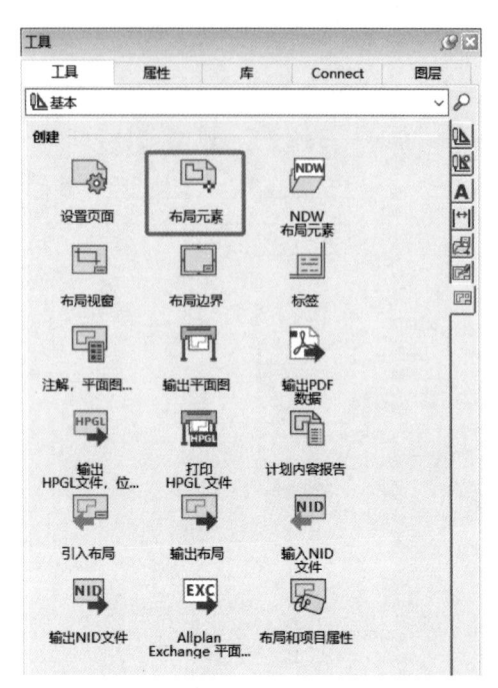

图 9.2-9　选择"布局元素"命令

7 在弹窗中单击"制图文件编号"按钮,选择一层结构柱的制图文件单击"确定"按钮,然后单击进行放置,最后设置图纸"比例",如图 9.2-10～图 9.2-12 所示。

图 9.2-10　设置图纸比例

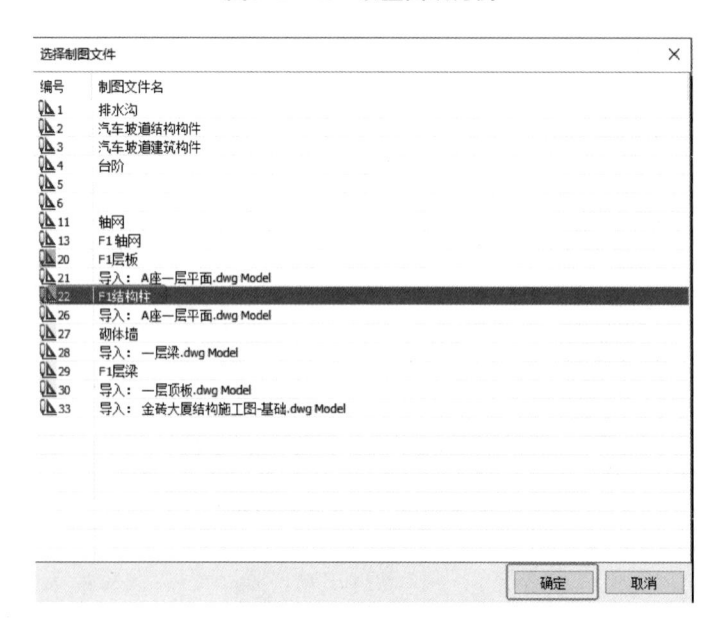

图 9.2-11　选择制图文件

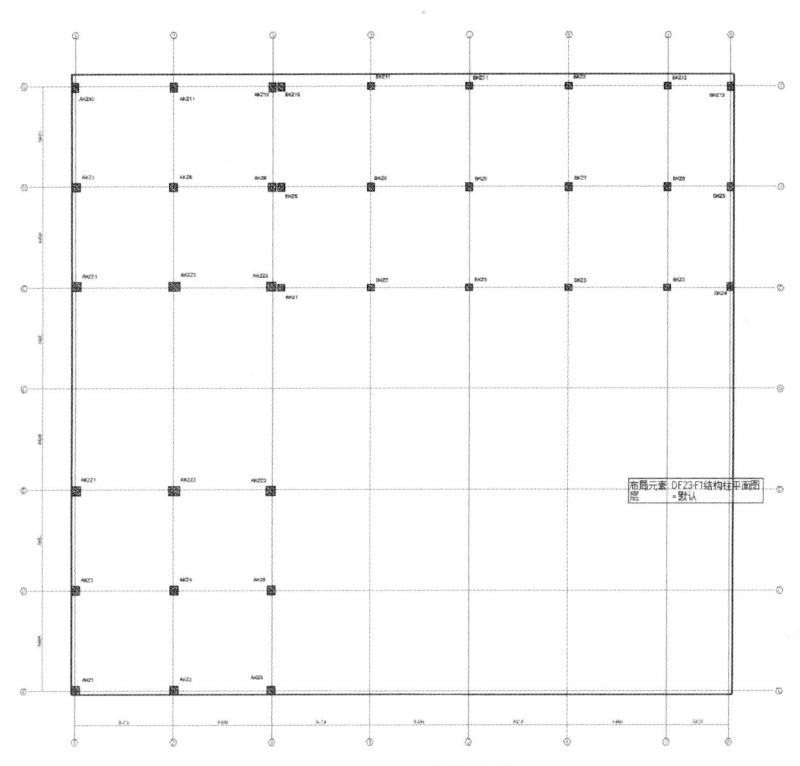

图 9.2 - 12　放置完成

⑧ 单击"工具"托盘，选择下拉选项中的"基本"模块组，单击"平面布局"模块，然后单击"输出布局"命令，选择要输出的布局，单击"确定"按钮，如图 9.2 - 13、图 9.2 - 14 所示。

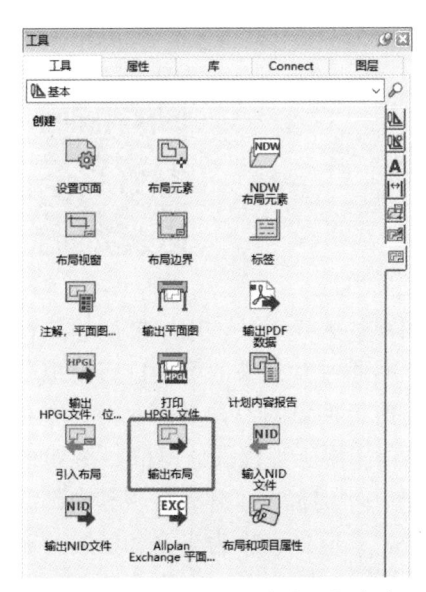

图 9.2 - 13　选择"输出布局"命令　　　　图 9.2 - 14　选择输出平面

⑨ 在弹窗中选择保存位置和格式、输入图纸名称，完成后单击"保存"按钮，如图9.2-15所示。

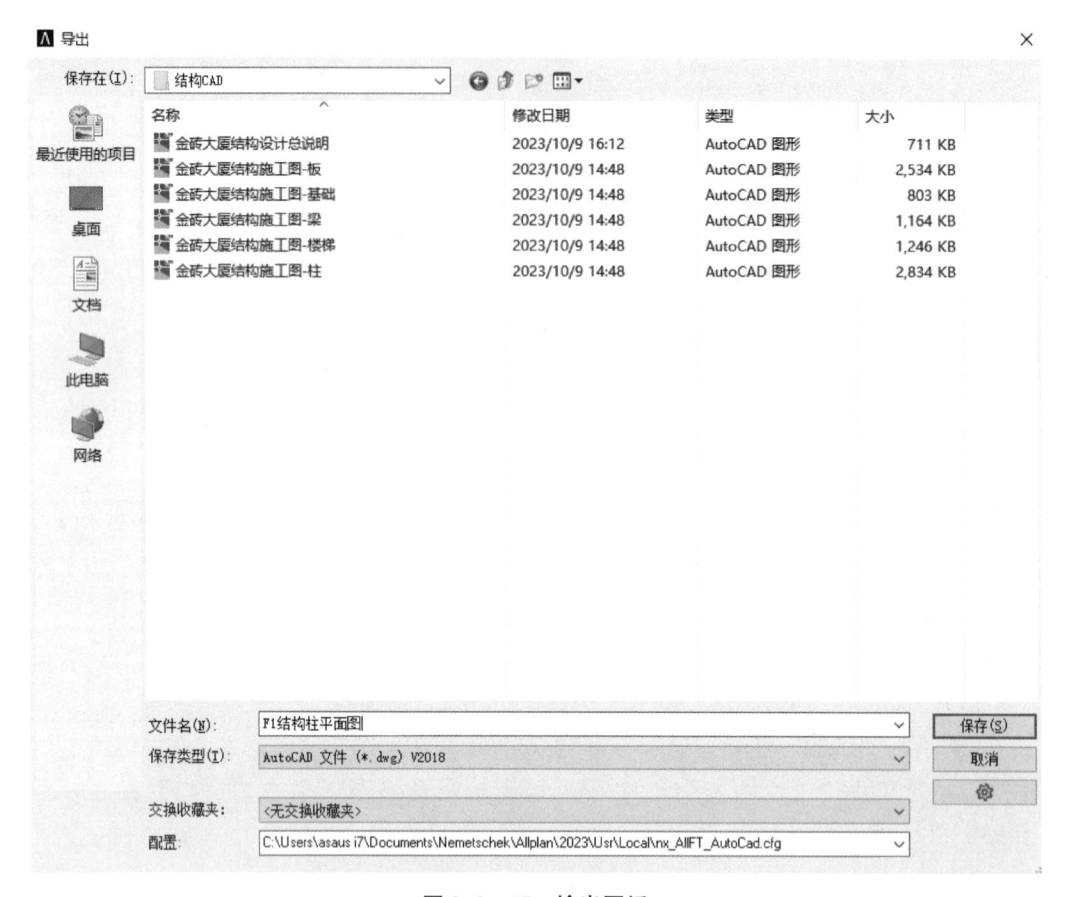

图9.2-15 输出图纸

9.3 可视化表达

扫码，看视频教程

可视化表达

9.3.1 知识导入

在建筑领域，建筑可视化是一种结合数字技术和视觉表现手法，用于辅助建筑设计并呈现建筑创意、概念、设计和规划的技术。它能够通过对未来的场景进行虚拟呈现，将设计理念转变为生动且逼真的视觉效果，从而使得抽象的设计概念变得具体和易于理解。建筑可视化可以通过多种形式实现，包括但不限于工程设计模拟、建筑效果图、建筑动画、虚拟现实及多媒体宣传片。这些方法不但提高了建筑外观和内部结构的可理解性，而且相比传统的设计图纸和实物模型，它们具有更为丰富和细腻的表现力。

工程设计模拟：建筑可视化的一种重要形式，涉及使用计算机图形学和多媒体技术来模拟建筑物的结构和性能。

建筑效果图：一种常见的表现方式，能够呈现建筑物的外部景观和内部构造。

建筑动画：通过连续的场景演示，可以更全面地展现建筑的空间关系和功能布局。

虚拟现实：借助头戴设备，用户能够在虚拟环境中亲身体验建筑的空间感和氛围。

多媒体宣传片：通过视频和音频的组合，多方位展示建筑的特点和优势。

9.3.2 重点解析

Allplan 软件可以通过漫游和渲染两种形式实现建筑可视化。漫游主要是通过设置相机路径创建漫游视频，渲染是将布置好的建筑内外空间关系和功能布局输出不同角度的效果图。

9.3.3 步骤说明

1. 漫游

① 单击"工具"托盘，选择下拉选项中的"演示"模块组，单击"动画"模块，然后单击"设置相机路径"命令，如图 9.3-1 所示。

② 在弹窗中单击"新的相机路径"命令，如图 9.3-2 所示。

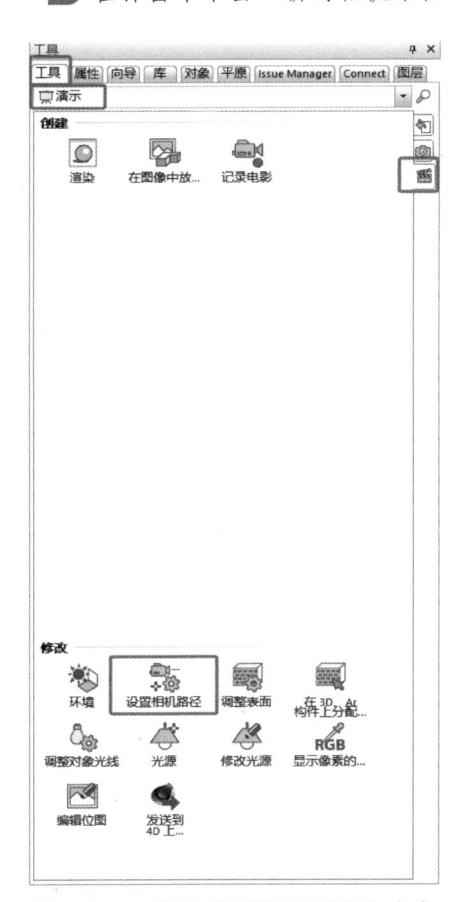

图 9.3-1　选择"设置相机路径"命令　　图 9.3-2　选择"新的相机路径"命令

3 在弹窗中单击"运行"按钮，进行相机路径的摆放，如图9.3-3～图9.3-5所示。

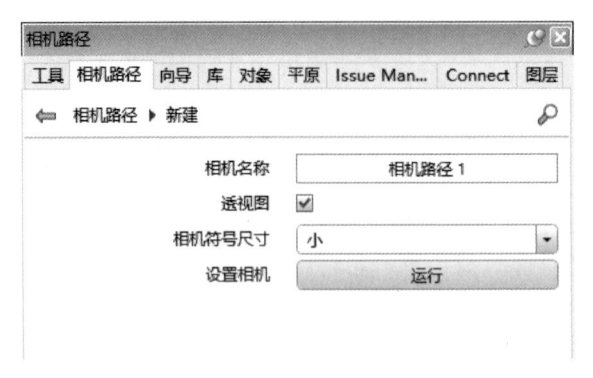

图9.3-3 单击"运行"

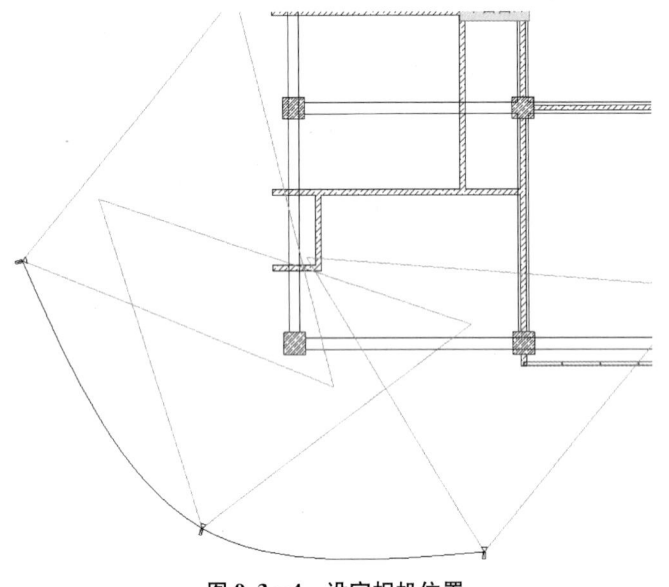

图9.3-4 设定相机位置

图9.3-5 相机路径创建完成

4 选择"记录电影"命令，如图9.3-6所示，导出动画为"*.avi"格式，保存在指定文件夹中。

2. 渲染

1 单击"工具"托盘，选择下拉选项中的"演示"模块组，单击"动画"模块，然后单击"渲染"命令，如图9.3-7所示。

2 在弹窗中对"图片分辨率"等参数进行设置，设置完成后单击"渲染"按钮，如图9.3-8所示，效果如图9.3-9所示。

图 9.3-6 输出漫游动画

图 9.3-7 选择"渲染"命令

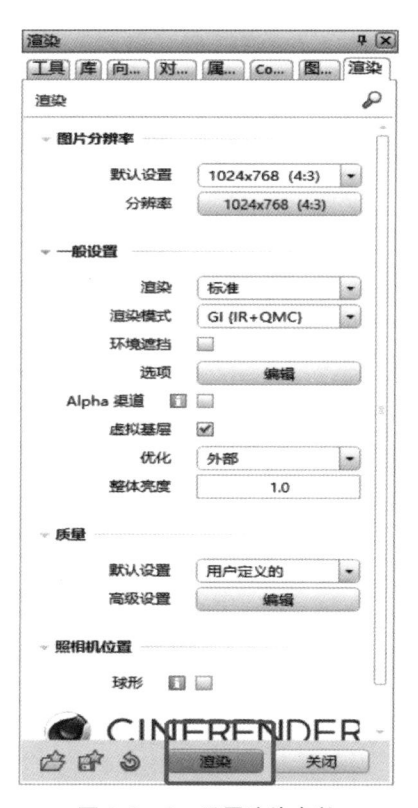

图 9.3-8 设置渲染参数

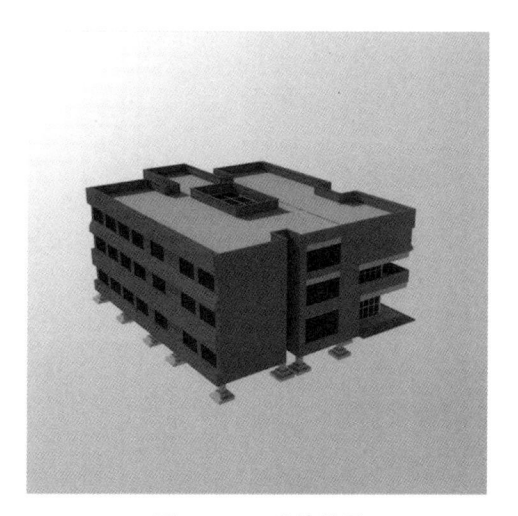

图 9.3-9 渲染效果

229

第十章 Allplan 软件应用进阶

章节概述

在前面的章节中，我们介绍了 Allplan 的各个模块功能并进行了基本操作展示。在本章内容中，我们将在前面知识的基础上进行软件的进阶深化学习，包括 Allplan 的精细化建模和节点使用功能，针对 Allplan 应用于装饰装修建模、辅助模型与异形构件功能，以及建筑室外场地布置等操作的相关参数设置、流程及方法。

学习目标

◎ 熟练运用辅助预制功能中预制柱与预制梁的创建及参数设置。
◎ 掌握 Allplan 装饰装修的建模方法。
◎ 掌握 Allplan 异形构件的创建方法。
◎ 掌握 Allplan 室外场地的建模方法。

扫码，看视频教程

精装修布置

10.1 精装修布置

10.1.1 重点解析

精装修布置是通过创建房间，将所创建的模型划分区域，依据建筑平面图，对房间进行标记，所有装修面层都是根据房间来确定范围。对于室内软装饰可合理利用软件库中的模型进行布置，也可以采用前面所讲的 3D 块的功能自行设计。

10.1.2 步骤说明

1. 房间功能

❶ 单击"工具"托盘，选择下拉选项中的"建筑"模块组，单击"房间、表面、楼层"模块，然后单击"房间"命令，在弹窗中单击"√"按钮，如图 10.1-1 所示。

❷ 在弹窗中为房间进行命名，然后对属性、高度等参数进行设置，设置完成后单击"确定"按钮，如图 10.1-2 所示。

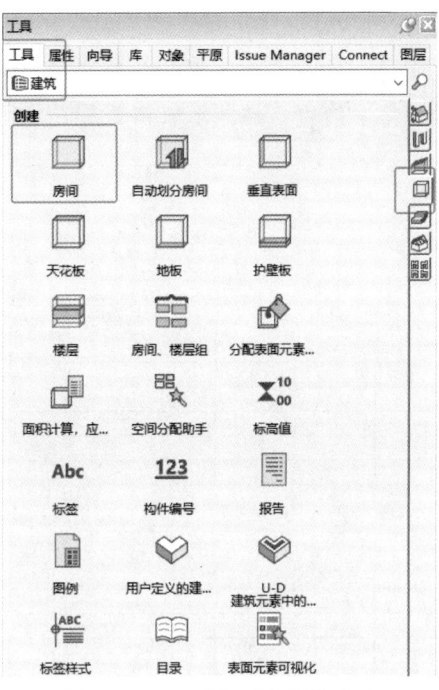

图 10.1-1 选择"房间"命令

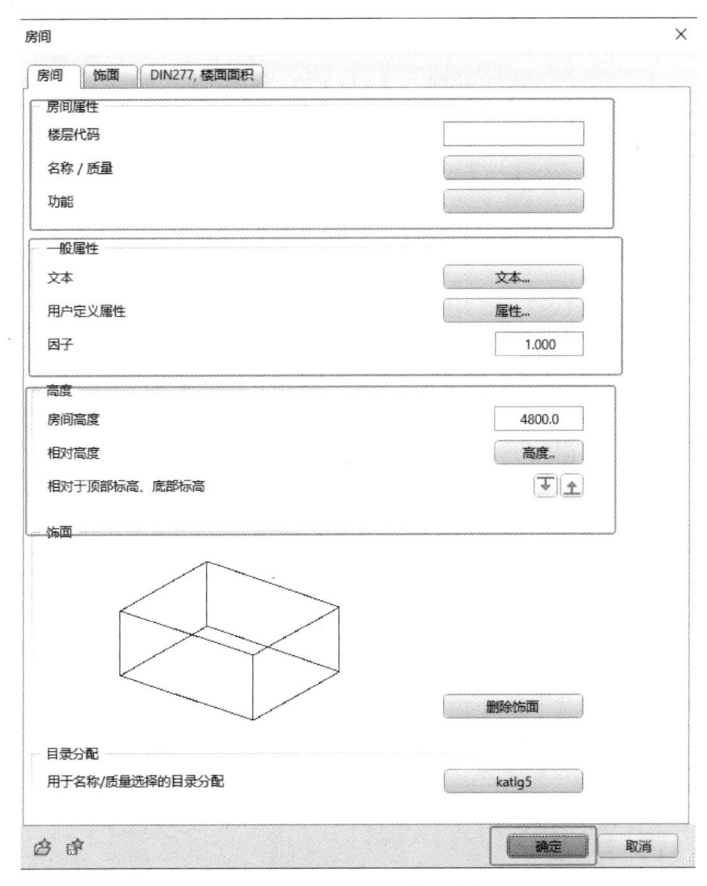

图 10.1-2 设置房间参数

❸ 在"房间"功能对话框中,选择"饰面"标签,单击"侧部饰面,内部"表格中的行,添加墙体装饰面层;单击"天花板覆盖物"表格中的行,添加天花板装饰面层;单击"楼层覆盖"表格中的行,添加地板饰面层,如图10.1-3所示。

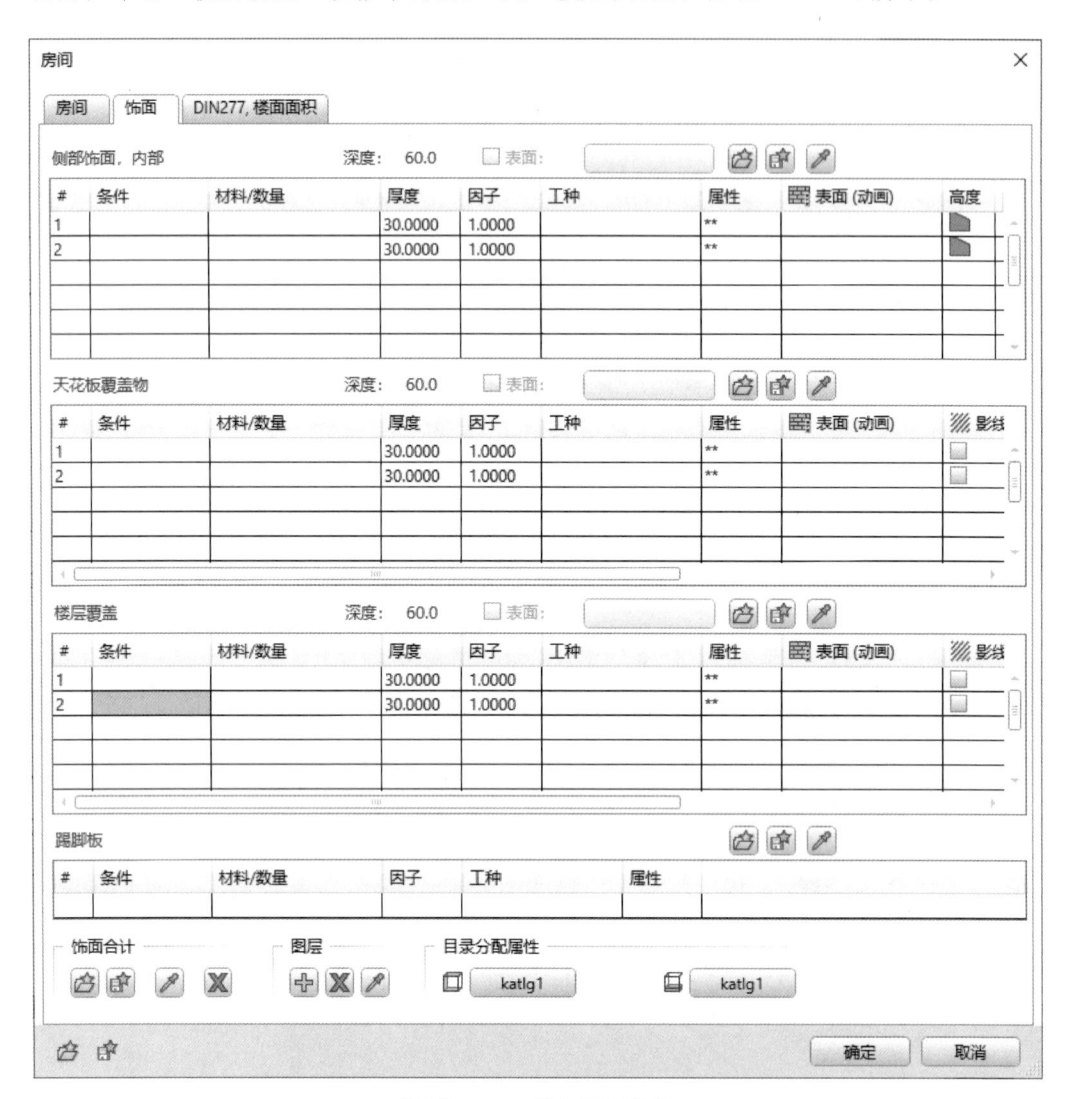

图 10.1-3　添加饰面参数

2. 饰面材质设置

❶ 在"饰面"选项卡中分别单击"厚度"列,由上至下创建 2 层墙面层,分别设置为"10"和"2"→"表面(动画)"列中为 2 个墙面面层设置材质,如图 10.1-4 所示。

❷ 在"饰面"选项卡中"天花板覆盖物"栏单击"厚度"列,创建 1 层天花板层,设置为"10"→底部"图层"修改工具,删掉多余的面层→"表面(动画)"列中为天花面层设置材质,如图 10.1-5 所示。

第十章　Allplan 软件应用进阶

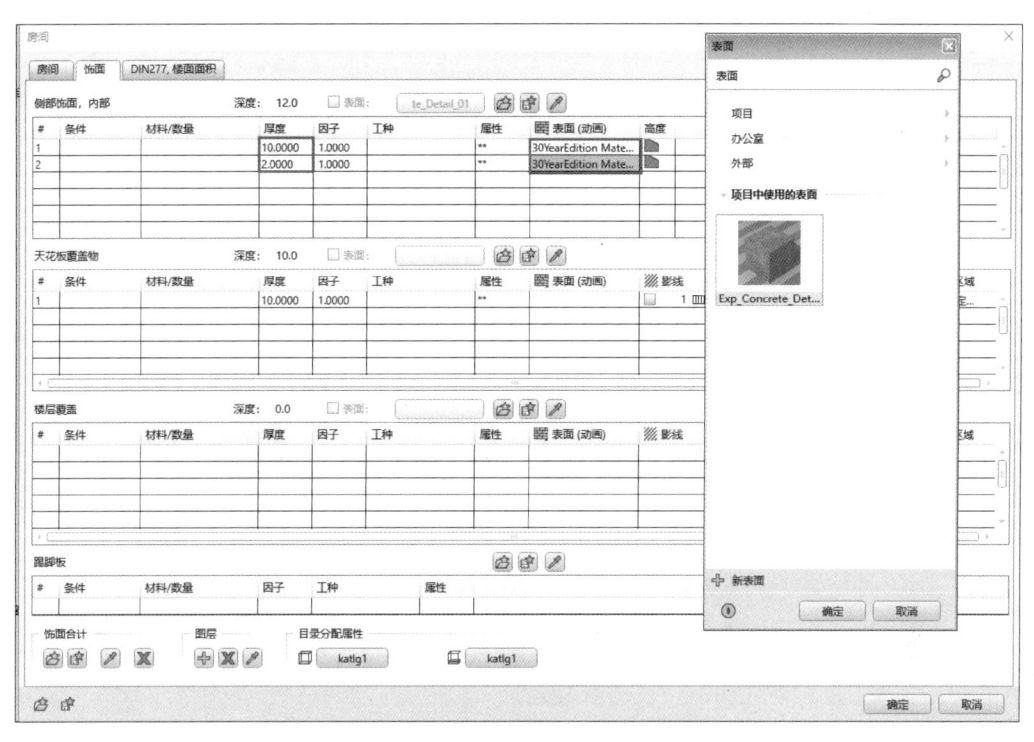

图 10.1-4　设置面层厚度、材质

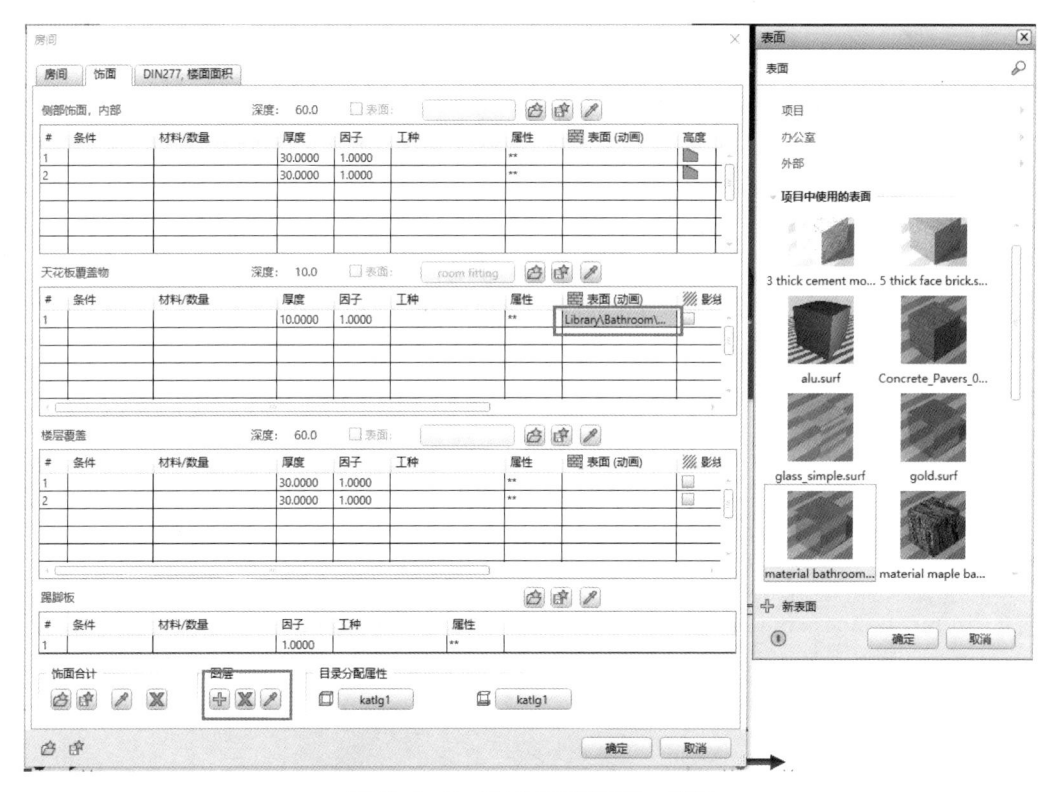

图 10.1-5　设置天花板厚度、材质

233

3 在"饰面"选项卡中"楼层覆盖"栏,单击"厚度"参数,输入为"10",再单击"表面(动画)"设置地板,如图 10.1-6 所示。

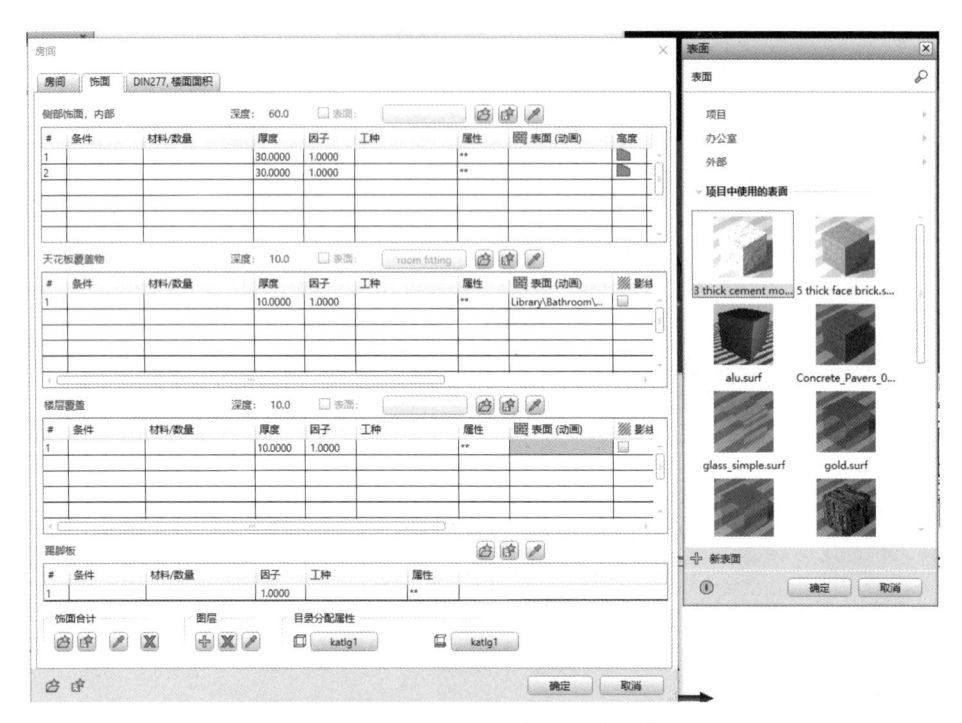

图 10.1-6　添加"表面(动画)"

4 房间装饰面层设置完成后,单击"确定"按钮,并在平面视图内单击"商业3"房间进行放置房间操作,放置完成后,房间会呈现底色,表示创建装饰面层成功,通过三维视图可观察放置房间装饰的情况,如图 10.1-7 所示。

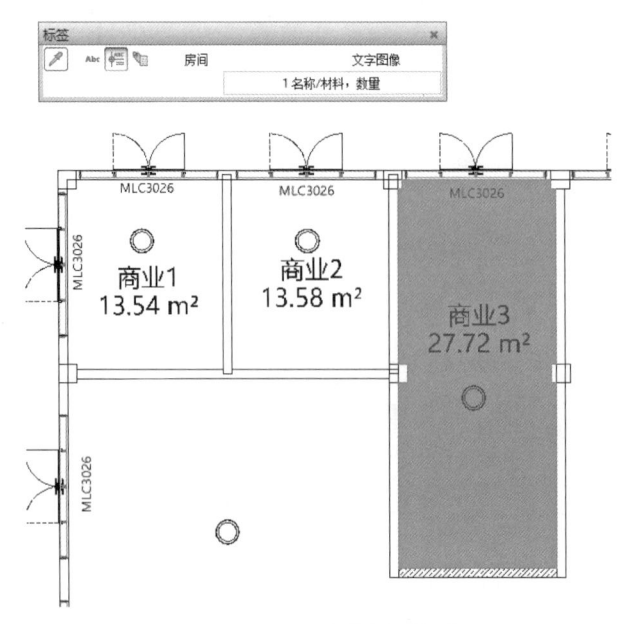

图 10.1-7　放置房间模型

3. 放置家具

打开"库"工具栏，选择"默认"文件夹，然后选择"家具"选项，在此选择相应家具进行布置，如图 10.1-8 所示，放置完成后如图 10.1-9 所示。

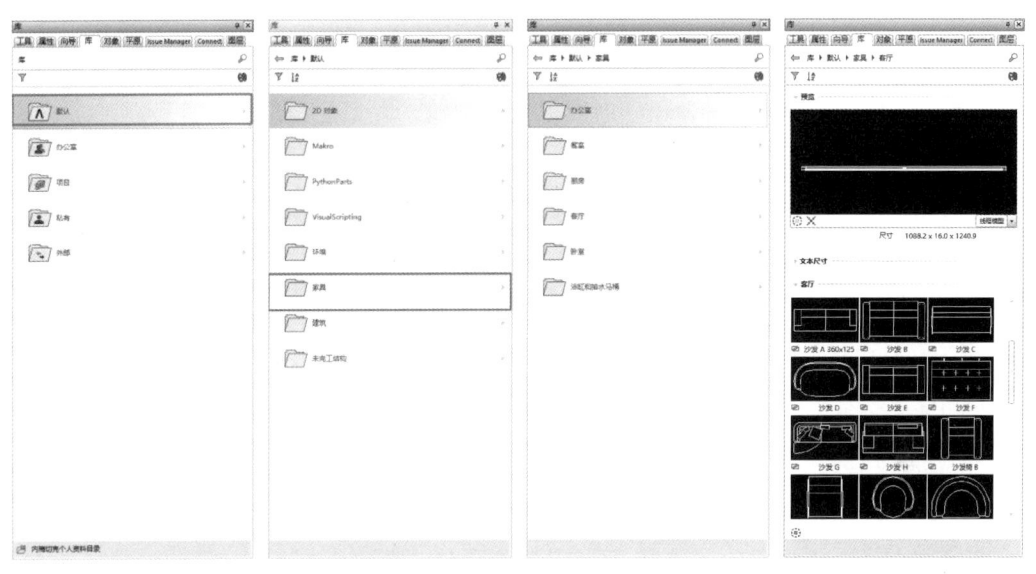

图 10.1-8 选择"家具"路径

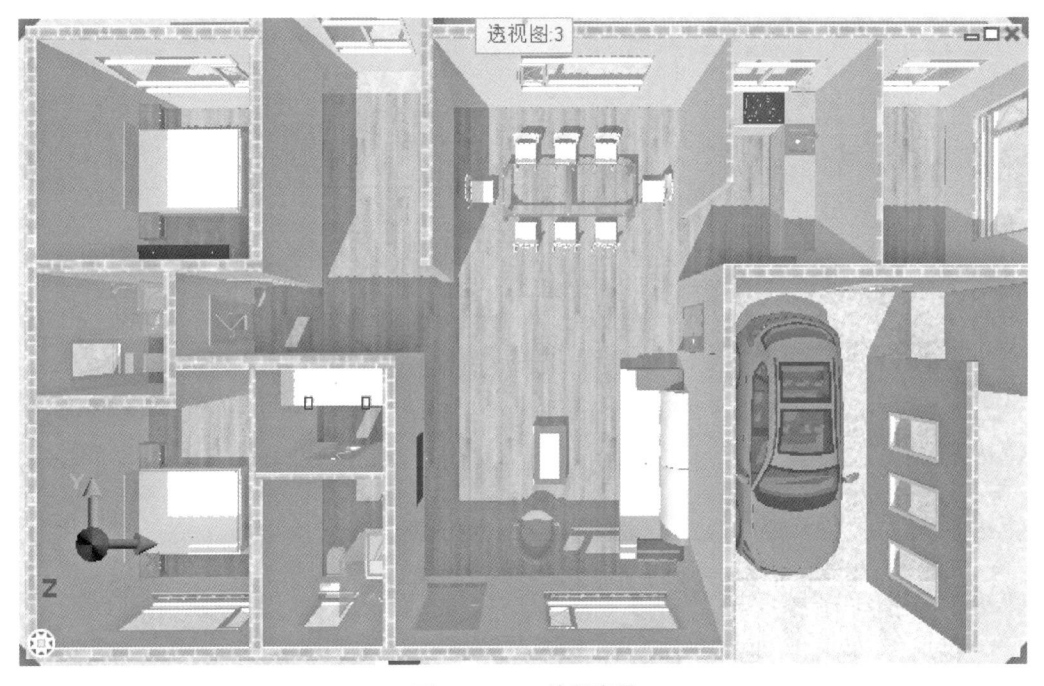

图 10.1-9 放置家具

10.2 向导功能

10.2.1 重点解析

向导功能类似于创建软件"收藏夹",可以将日常工程项目常用的符号或者构件保存至向导,绘图时可以直接调取,常见的如门、窗符号通过向导功能保存,再调用能极大地提高建模效率。创建好的向导可以进行导出,供项目团队使用。该功能分为直接调用已有向导和创建新向导再调用两种。

10.2.2 步骤说明

1. 使用已有向导

单击"向导"托盘,单击"Hatching and Patterns"模块,然后鼠标右键单击"墙",进行绘制,如图 10.2-1 所示。

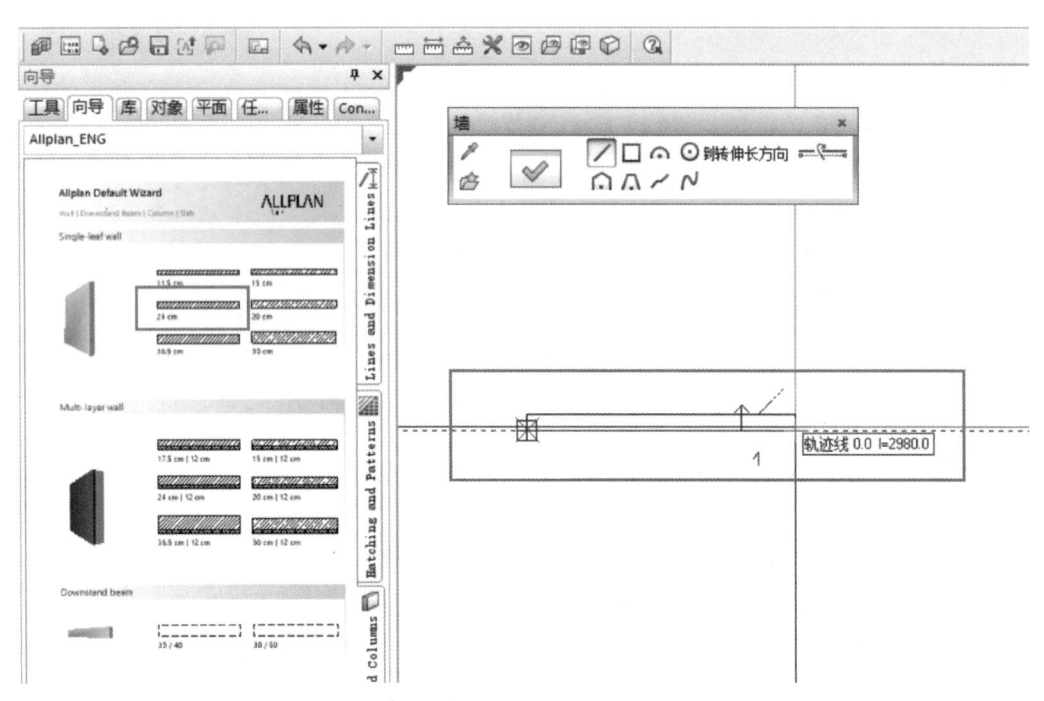

图 10.2-1　绘制墙体

2. 创建新向导

❶ 对已经创建好的门进行标注。单击"工具"托盘,选择下拉选项中的"基本"模块组,单击"文本"模块,然后单击"水平文本"命令,输入对应的文本属性,如图 10.2-2 所示。

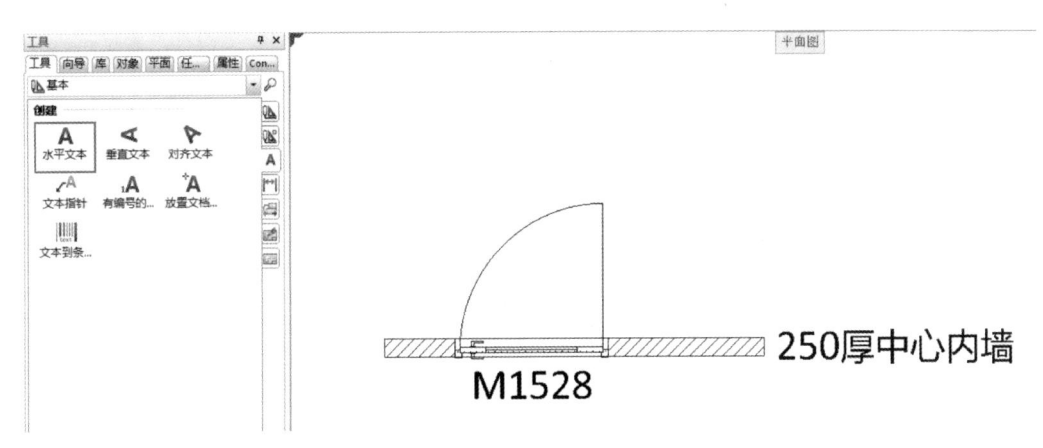

第十章　Allplan 软件应用进阶

图 10.2-2　创建墙标注

❷ 将构件保存至向导。单击"文件"选项，在下方选择"将副本保存为向导并显示"功能；将文件重命名，完成后单击"保存"按钮；修改"小组名称"，单击"确定"按钮完成。如图 10.2-3～图 10.2-5 所示。

图 10.2-3　选择命令和保存路径

图 10.2-4　小组命名　　　　图 10.2-5　创建完成

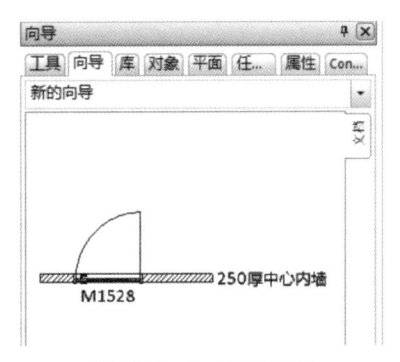

237

10.3 异形构件模型创建

扫码，看视频教程

异形构件模型创建

10.3.1 重点解析

在前面的基础操作中讲到软件针对异形构件的处理方式是运用软件强大的 3D 块功能，再对即将要创建的构件进行分析拆解，如下案例所示，首先将阶形空心基础拆分成 3 个矩形块，通过"移动"命令将 3 个块移动到相应的位置，再单独创建一个空心块，通过删除公共体积形成空心，最后再去处理构件细节，如材质等。工程项目中无论是任何一种异形构件，都可以通过这样的思路来理清软件的绘图思路，最后达到需要的效果。

10.3.2 步骤说明

1. 异形构件模型的三视图（见图 10.3 - 1）

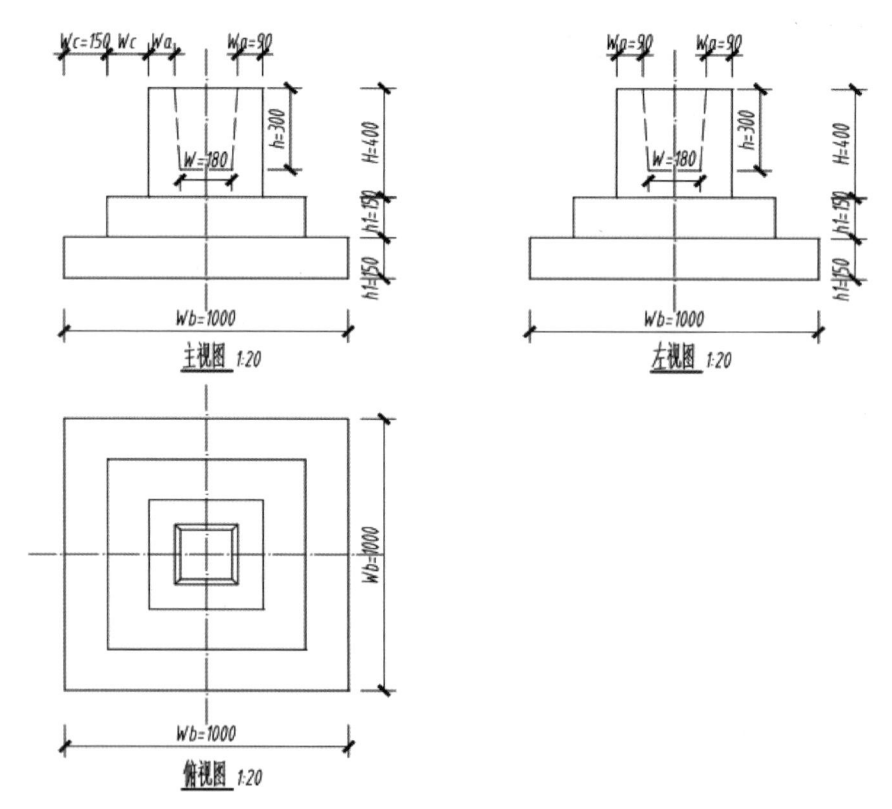

图 10.3 - 1 异形构件图纸

2. 创建模型

①单击"工具"托盘，选择下拉选项中的"附加工具"模块组，单击"3D 建模"模块，然后单击"块"命令，创建 3 个矩形块，在平面视图中进行实体绘制。如

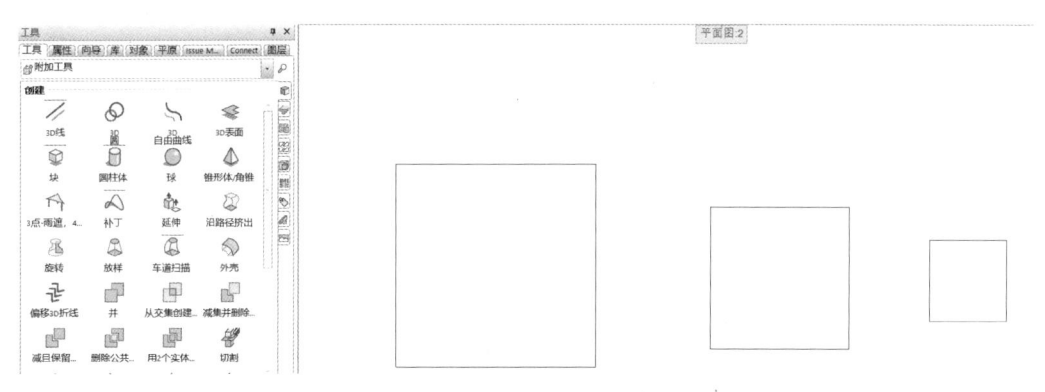

图 10.3-2 所示。

图 10.3-2 创建矩形块

❷ 切换至侧立面视图，通过移动命令将 3 个矩形块移到相应位置，如图 10.3-3 所示。

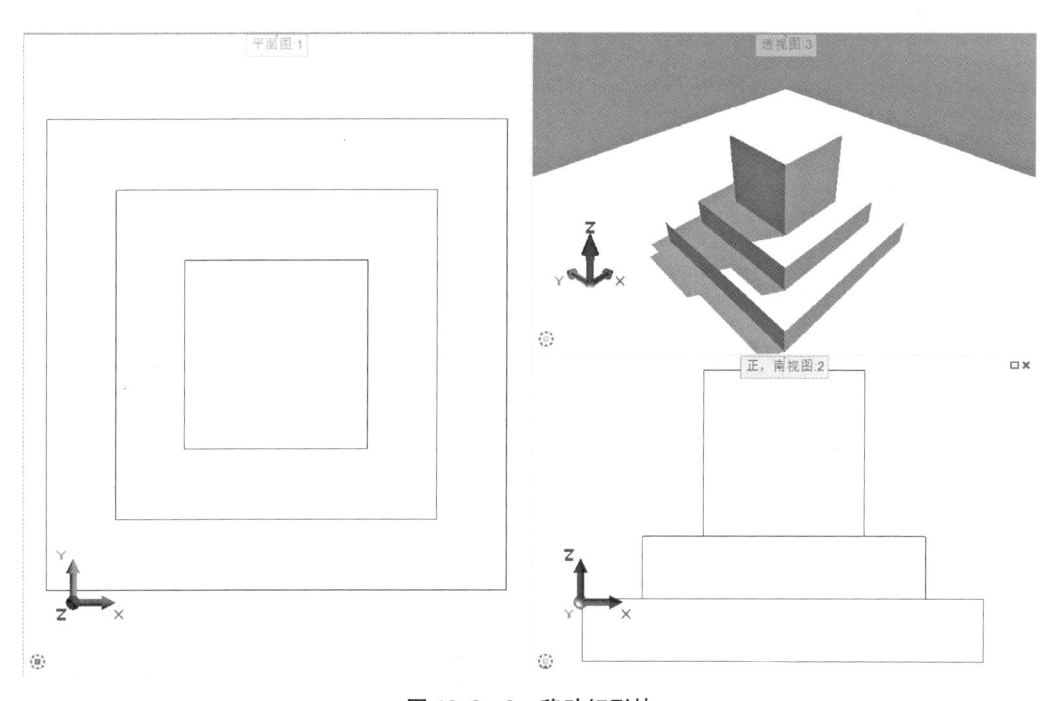

图 10.3-3 移动矩形块

❸ 在"附加工具"选项卡中，单击"3D 线"命令创建空心块的截面，在立面视图中进行实体绘制，如图 10.3-4 所示。

239

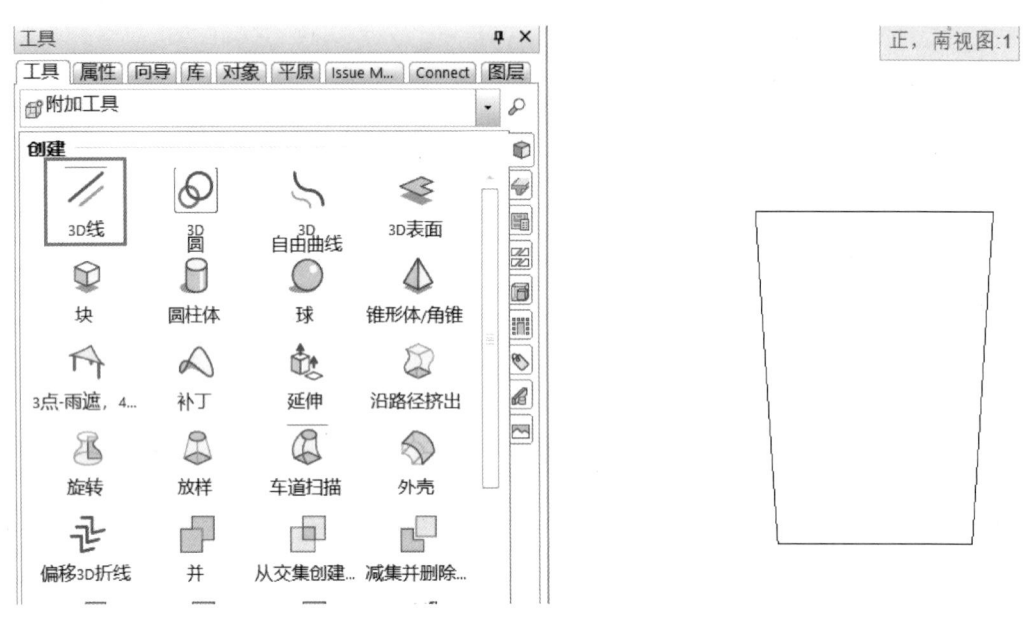

图 10.3-4　创建空心块截面

④ 在"附加工具"选项卡中，单击"沿路径挤出"命令创建空心的 3D 块，在立面视图中进行实体绘制，绘制完成后，通过右侧工具条的拉伸实体命令进行处理，然后移动到相应位置，如图 10.3-5～图 10.3-7 所示。

图 10.3-5　沿路径挤出

240

第十章　Allplan 软件应用进阶

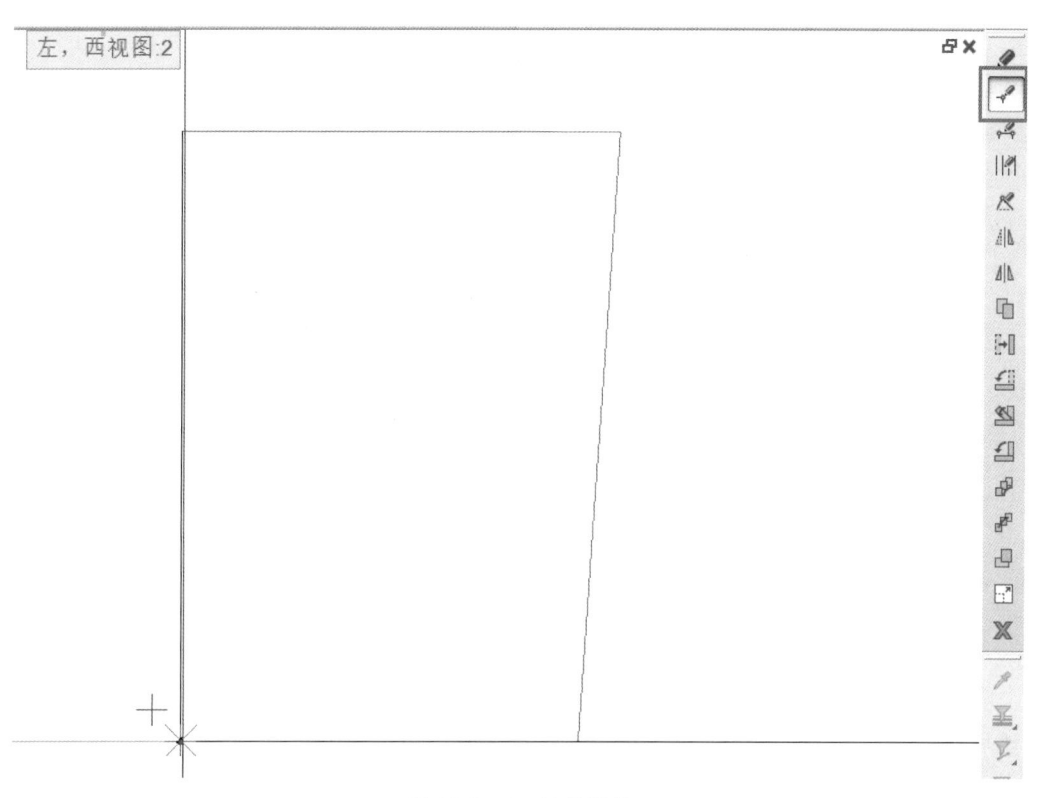

图 10.3-6　拉伸实体

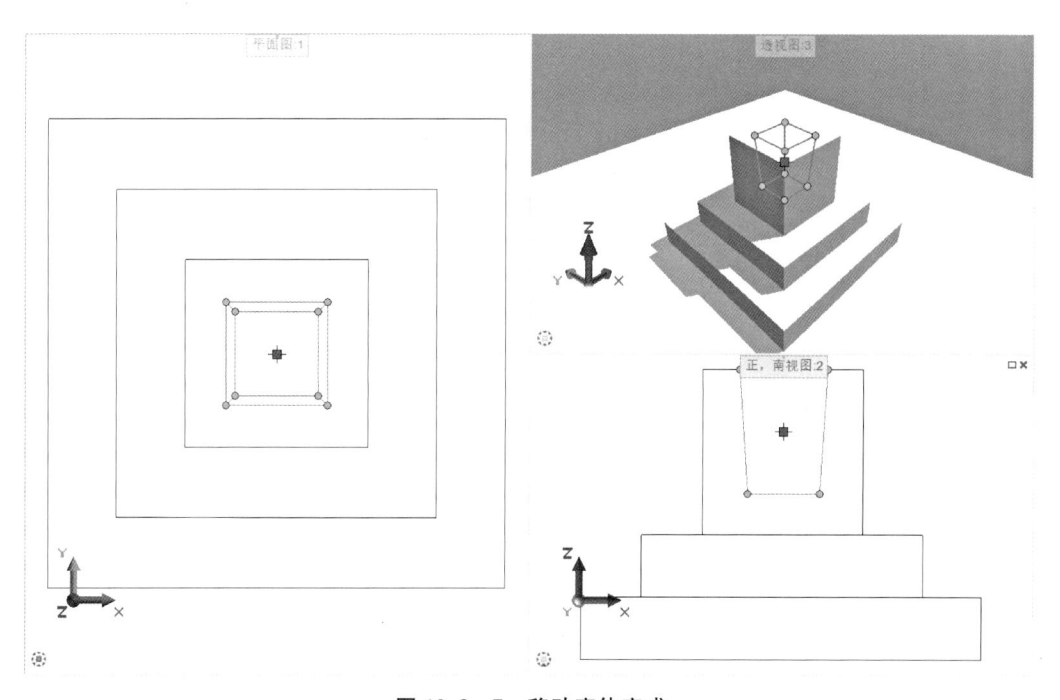

图 10.3-7　移动实体完成

241

5 在"附加工具"选项卡中,单击"删除公共体积"命令创建空心块,在立面视图中进行实体绘制,如图10.3-8所示。

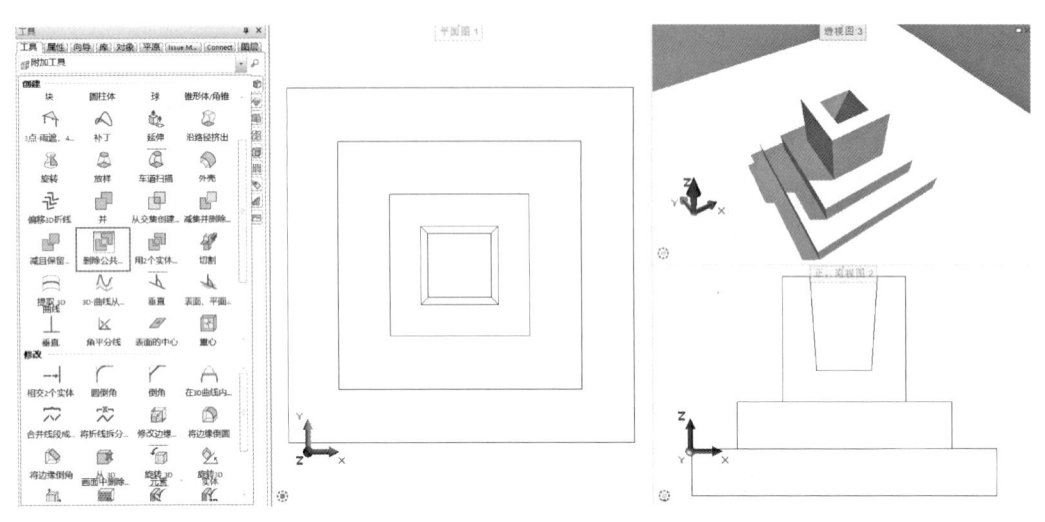

图 10.3-8 删除公共体积

6 在"附加工具"选项卡中,单击"并"命令将3D实体进行合并,如图10.3-9所示。

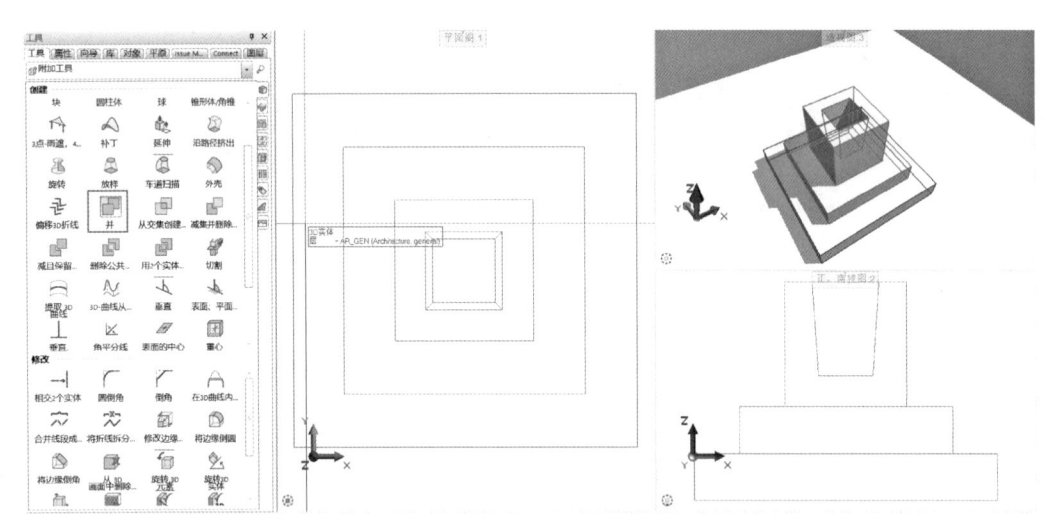

图 10.3-9 合并 3D 块

7 在"建筑"选项卡中,单击"修改建筑属性"命令将3D实体赋予材质,如图10.3-10所示。

第十章　Allplan 软件应用进阶

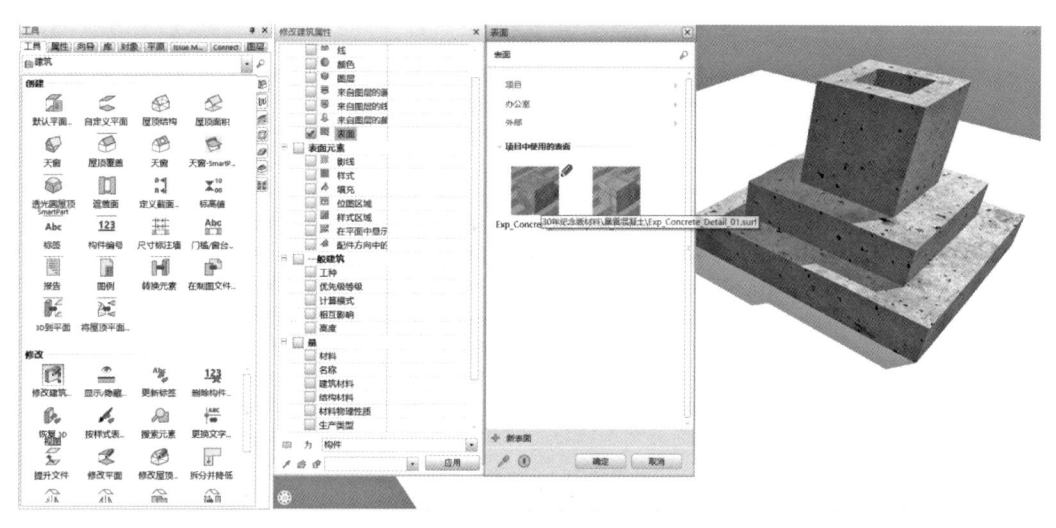

图 10.3-10　添加表面材质

扫码，看视频教程

场地布置

10.4　场地布置

10.4.1　重点解析

Allplan 软件中的场地布置更侧重于环境布置，对于施工机械、物料堆场、围挡等施工现场情况需要用 BIMPOP 做更专业的布设。通常使用 Allplan 软件只做场地和基本环境的布置，主要使创建的模型更加趋近真实效果。

10.4.2　步骤说明

1. 场地绘制

❶ 单击"文件"功能菜单，通过"引入"→"输入 AutoCAD 数据"功能，将场地底图导入项目中，对底图进行设置，将单位设置为"毫米"，在项目 1F 场地选择合适的制图文件对场地进行绘制，如图 10.4-1 所示。

❷ 选择"建筑"功能选项卡，通过"板"命令，对照已导入的 CAD 底图进行楼板的创建，对已有的圆倒角处楼板进行修改，完成后通过里面视图调整板顶标高与建筑 0.00 平面对齐，如图 10.4-2 所示。

❸ 根据图纸需求创建场地地坪及草坪，调整相对应的场地标高，最后为场地及草地分别附着材质属性，如图 10.4-3 所示。

2. 场地元素布置

❶ 在"库"选项卡中，选择"默认"→"环境"，在此元素库中，可放置所需要的场地元素，选择"人员"文件夹，通过平面视图放置人员模型，如图 10.4-4 所示。

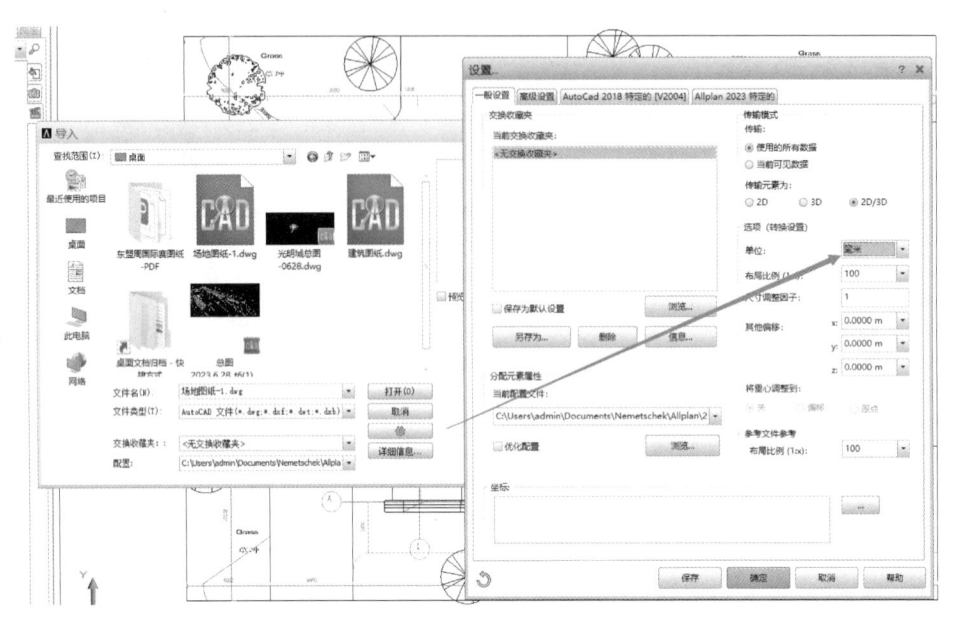

图 10.4-1 导入底图

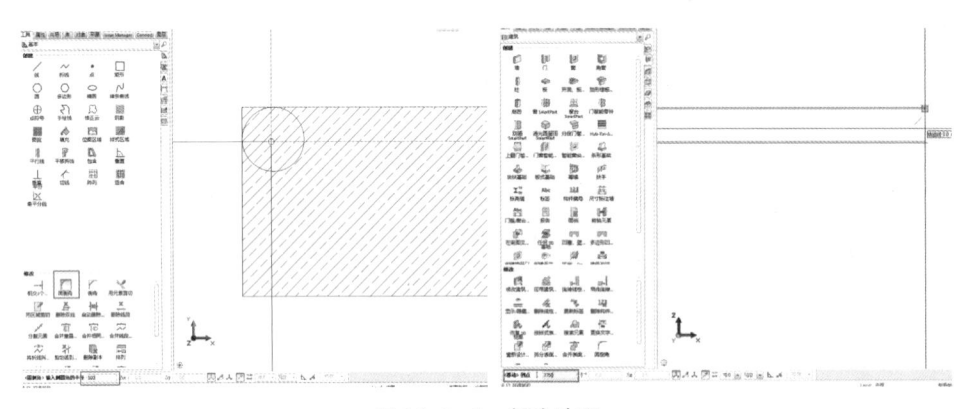

图 10.4-2 创建地面

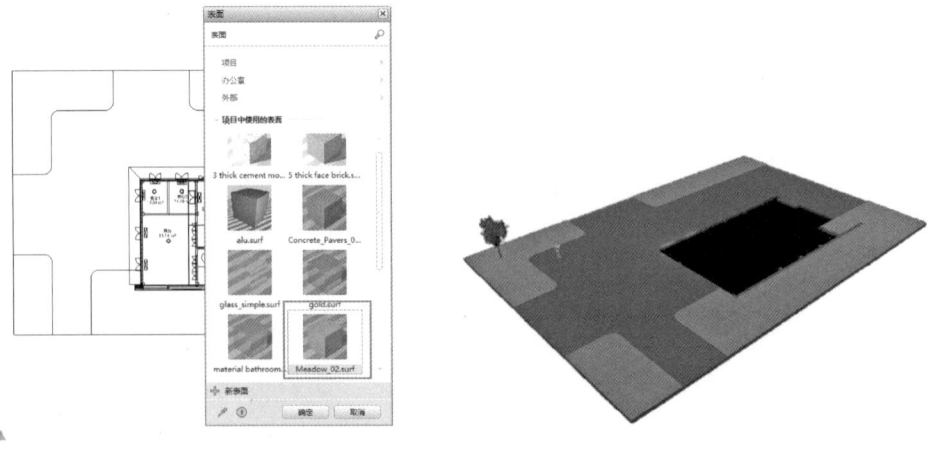

图 10.4-3 添加地面表面材质

第十章　Allplan软件应用进阶

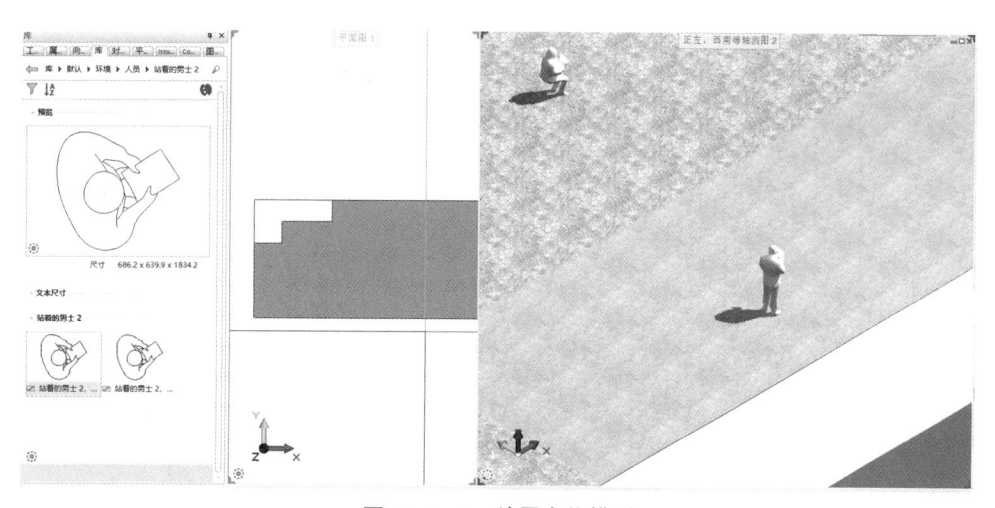

图 10.4-4　放置人物模型

② 在"库"选项卡中，选择"默认"→"环境"，在此元素库中，可放置所需要的场地元素，选择"树木和灌木丛"文件夹，通过平面视图放置植物模型，选择"交通工具"文件夹，通过平面视图放置车辆模型，如图 10.4-5 所示。

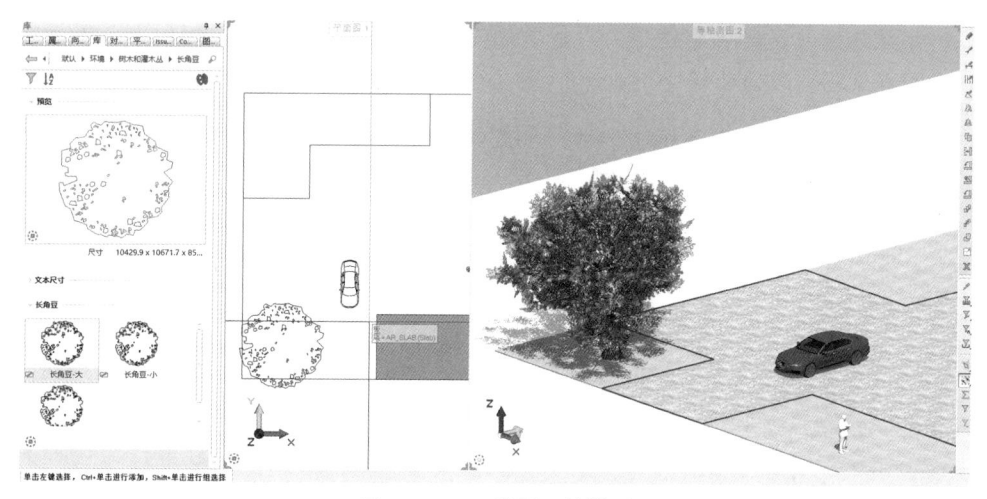

图 10.4-5　放置环境模型

第十一章 BIMPOP 软件进阶操作

章节概述

在前面的章节中，我们学习了使用 BIMPOP 软件创建动画及工艺进度模拟等相关操作，在本章，我们将对所创建的动画、视频、进度模拟等成果文件进行保存模板和进一步的细化处理，了解并掌握在 BIMPOP 软件中进行天气动画、工序节点、跟随动画等相关的复杂动画的创建和应用，以及自定义工具和结构列表功能的创建和使用。

学习目标

◎ 掌握工序模板序列封装的创建和使用。
◎ 掌握如何创建复杂动画。
◎ 掌握结构列表的使用。
◎ 掌握如何使用自定义工具创建自定义动画。
◎ 掌握如何对视频动画进行精细化处理。

扫码，看视频教程

11.1 工序模板序列封装

工序模板序列封装

11.1.1 重点解析

施工工艺和工序是施工过程中各个环节的指导原则和规范，它包括工程结构、建筑安装、电气设备等方面的具体步骤和要求。只有严格按照施工工艺进行施工，才能保证各个环节的无缺陷、无漏洞。例如，在土方开挖过程中，了解施工工艺和工序可以确保土方开挖的深度、角度、坡度等达到设计要求；在混凝土浇筑过程中，了解施工工艺和工序可以确保混凝土的配比、浇筑技术和养护措施等符合标准。

施工顺序确定的原则：先场外、后场内，场外由远而近；先全场、后单项，全场从平土开始；先地下、后地上，地下先深后浅。

软件中的工序模板序列封装就是将原来单一的素材按照施工工艺的工序单元进行组合封装，形成工序单元素材，帮助使用者提高工艺动画制作的效率。

11.1.2 步骤说明

1 单击"导出动画序列"按钮，然后单击"知道了"按钮，将此动画保存为动画模板，如图 11.1-1 所示。

第十一章　BIMPOP软件进阶操作

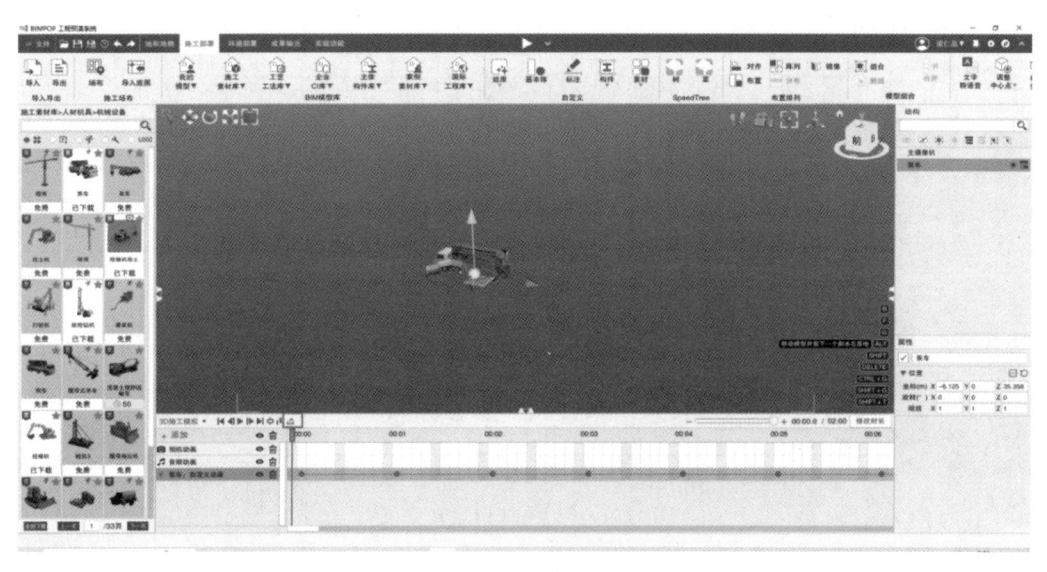

图 11.1-1　选择导出动画序列

❷ 单击"删除动画"按钮，单击"确定"按钮，将原有的动画删除，如图 11.1-2 所示。

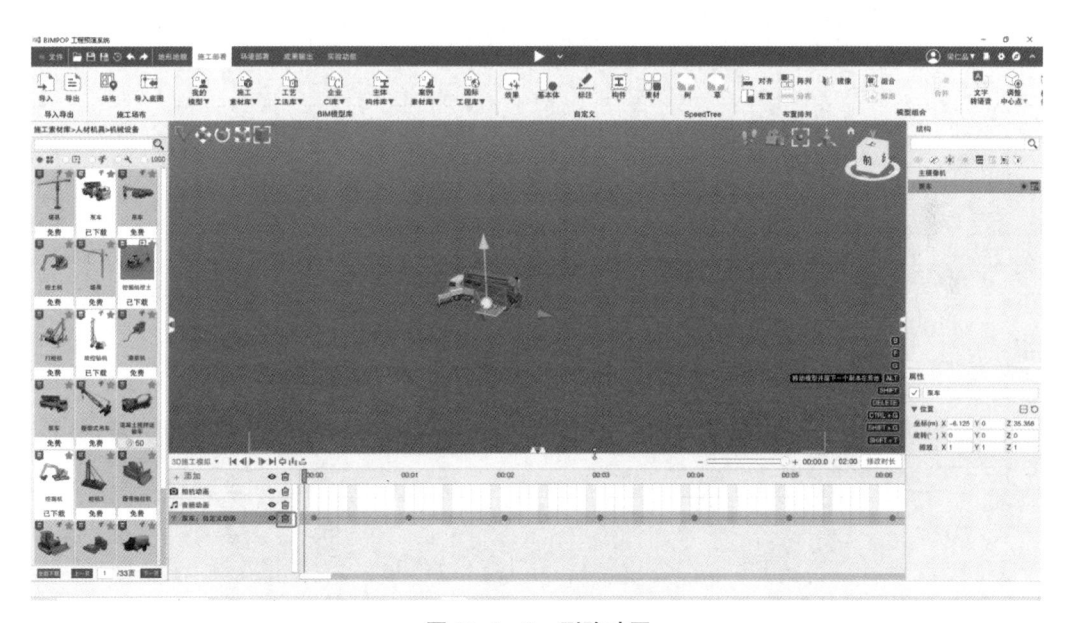

图 11.1-2　删除动画

❸ 单击选择泵车，单击"添加"按钮，选择添加"自定义动画"，如图 11.1-3 所示。

❹ 添加自定义动画之后，单击"添加模版序列"按钮，如图 11.1-4 所示；双击时间轴，添加已保存的动画序列，如图 11.1-5 所示。

247

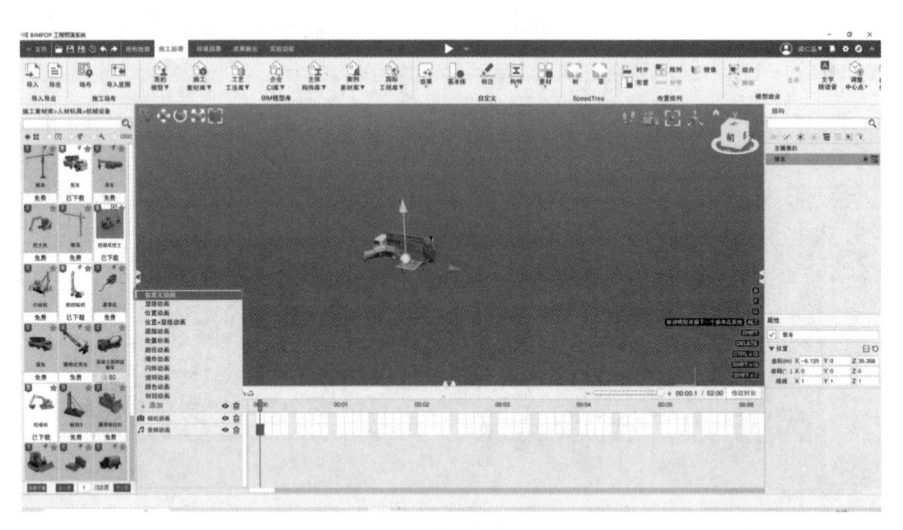

图 11.1-3　添加自定义动画

图 11.1-4　添加模板序列

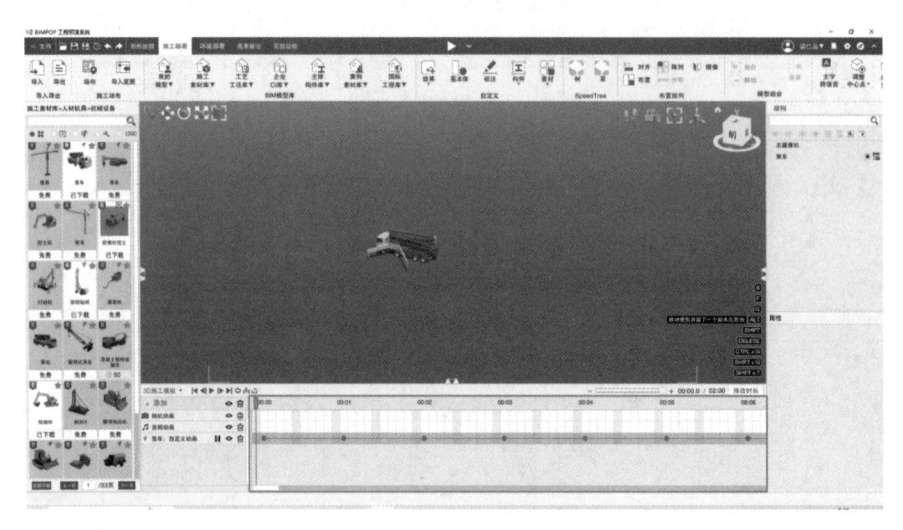

图 11.1-5　选择时间轴

11.2 复杂动画工具的添加与使用

扫码，看视频教程

复杂动画工具

11.2.1 重点解析

复杂动画工具是偏向辅助类型的动画，复杂动画的种类有很多，合理地运用复杂动画工具能够简化施工工艺模拟过程所使用的动画种类，同样能够使施工工艺模拟过程更加流畅、更加贴近现实。

11.2.2 步骤说明

1. 工序节点

① 单击"添加"按钮，选择"工序节点"，如图 11.2-1 所示。

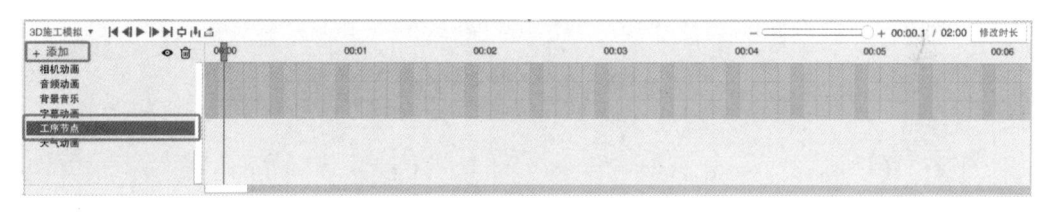

图 11.2-1 选择"工序节点"

② 在时间轴上双击鼠标左键添加关键帧，如图 11.2-2 所示。

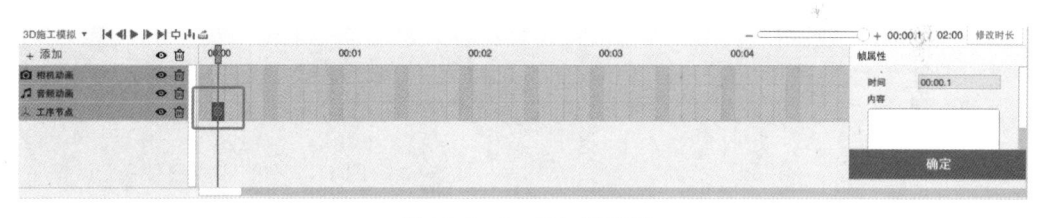

图 11.2-2 添加关键帧

③ 在"帧属性"面板的"内容"中输入节点名称，单击"确定"按钮，如图 11.2-3 所示。

图 11.2-3 输入文字

249

④ 添加结束帧后单击播放按钮，选择"播放器播放"模式，如图11.2-4所示。

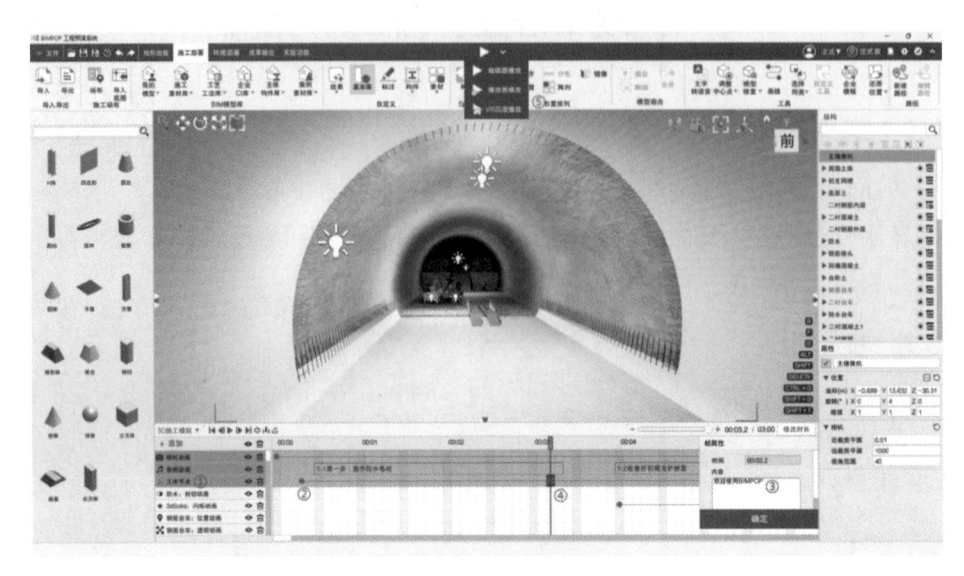

图11.2-4 播放演示

2. 天气动画

天气动画是在指定时间完成天气切换的一种特殊动画，因为天气系统的机制，切换时会有几秒的生成过程，所以不建议在短时间内完成多种天气的切换。

① 鼠标左键单击"主摄像机"按钮，如图11.2-5所示。

② 单击"添加"按钮，选择"天气动画"，如图11.2-6所示。

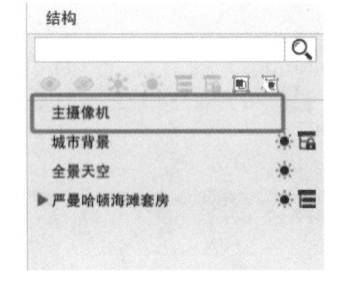

图11.2-5 "主摄像机"设置

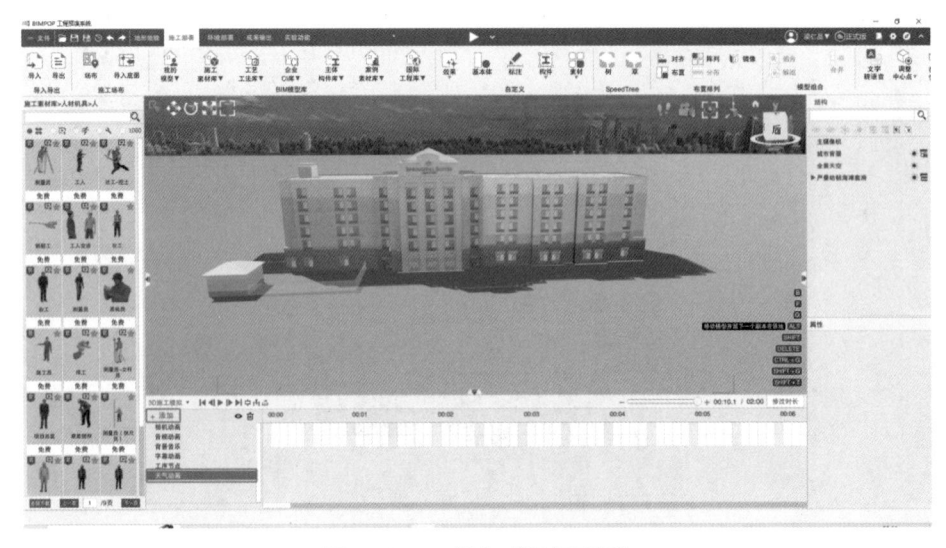

图11.2-6 添加"天气动画"

❸ 在时间轴上双击鼠标左键添加关键帧，如图 11.2-7 所示。

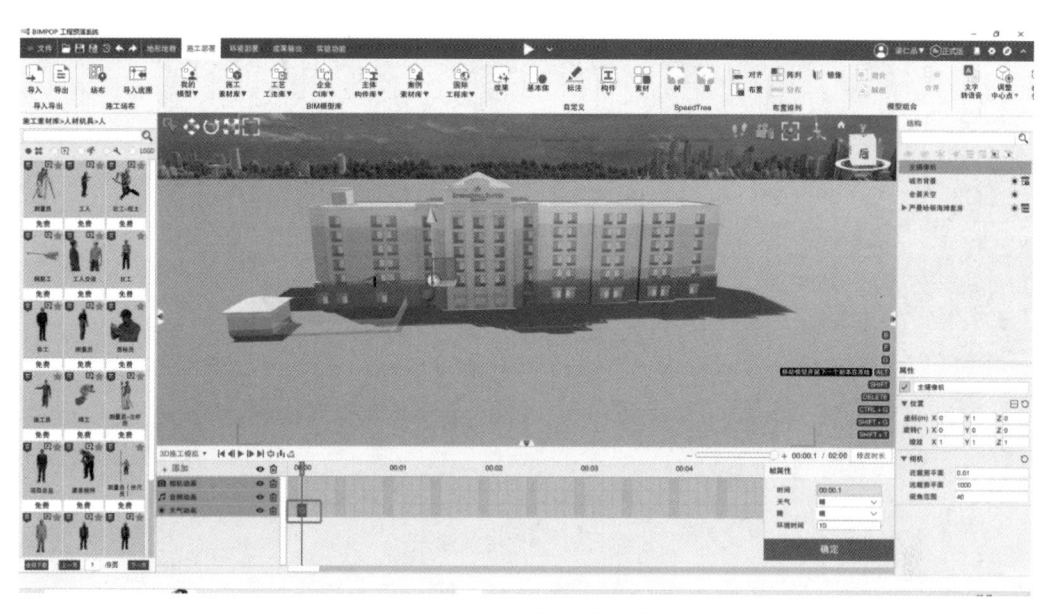

图 11.2-7　添加关键帧

❹ 在"帧属性"面板中，设置"天气"，单击"确定"按钮，如图 11.2-8 所示。

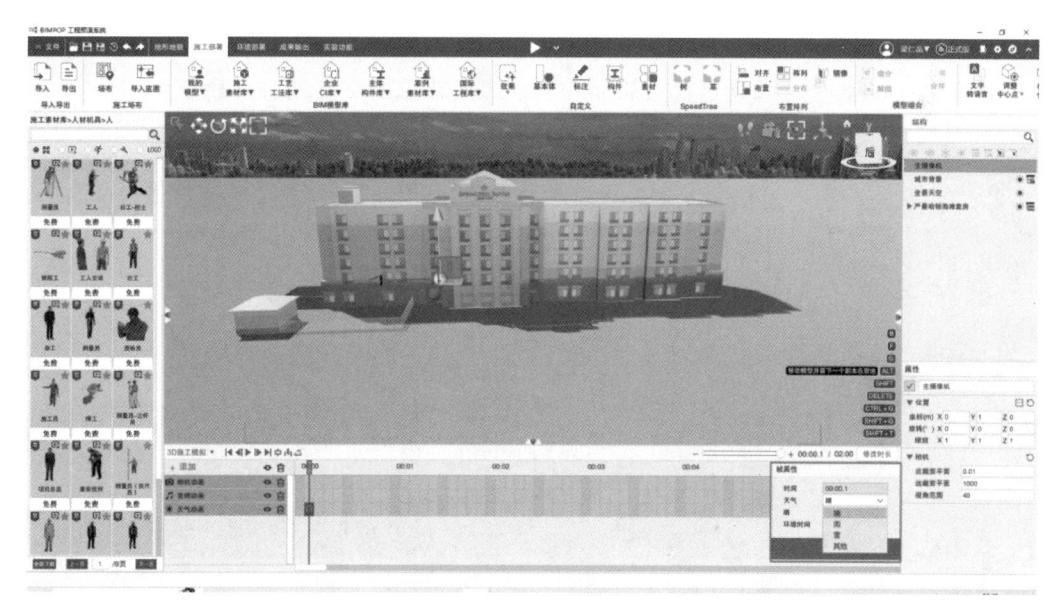

图 11.2-8　确定"天气"

❺ 单击播放按钮预览天气变化，如图 11.2-9 所示。

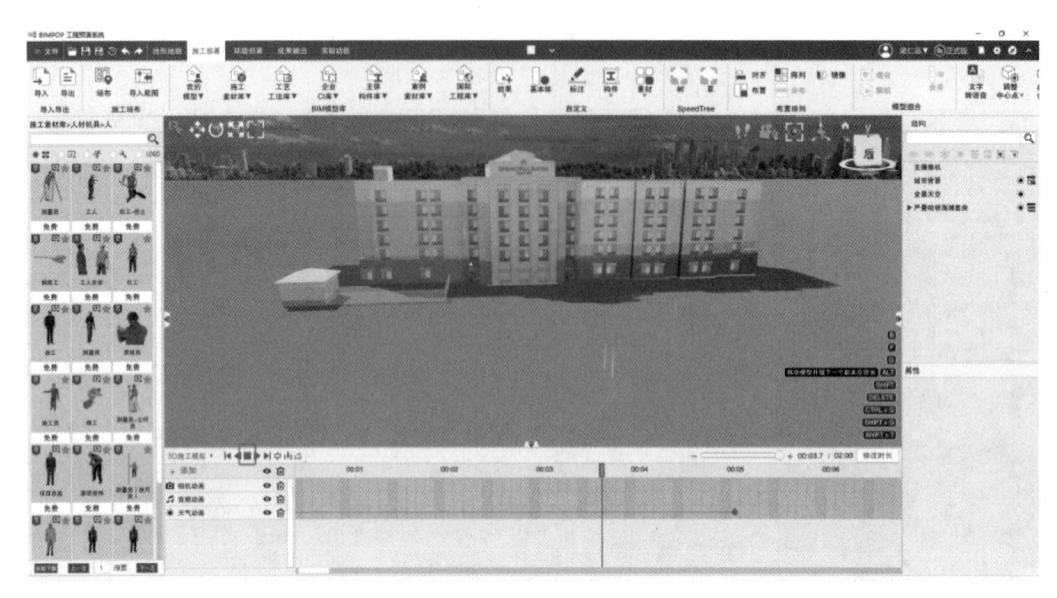

图11.2-9 播放演示

3. 跟随动画

当存在相同位移动画时，使用跟随动画只需做一遍即可，大幅缩短动画制作时间。

以塔式起重机为例做一个自定义动画，之后吊装物体只需跟随塔式起重机吊钩移动，即可完成一步吊装动画。

① 先在主物体塔式起重机上添加一个自定义动画，如图11.2-10所示。

图11.2-10 添加自定义动画

② 将跟随物体放在塔式起重机吊钩上，如图11.2-11所示。

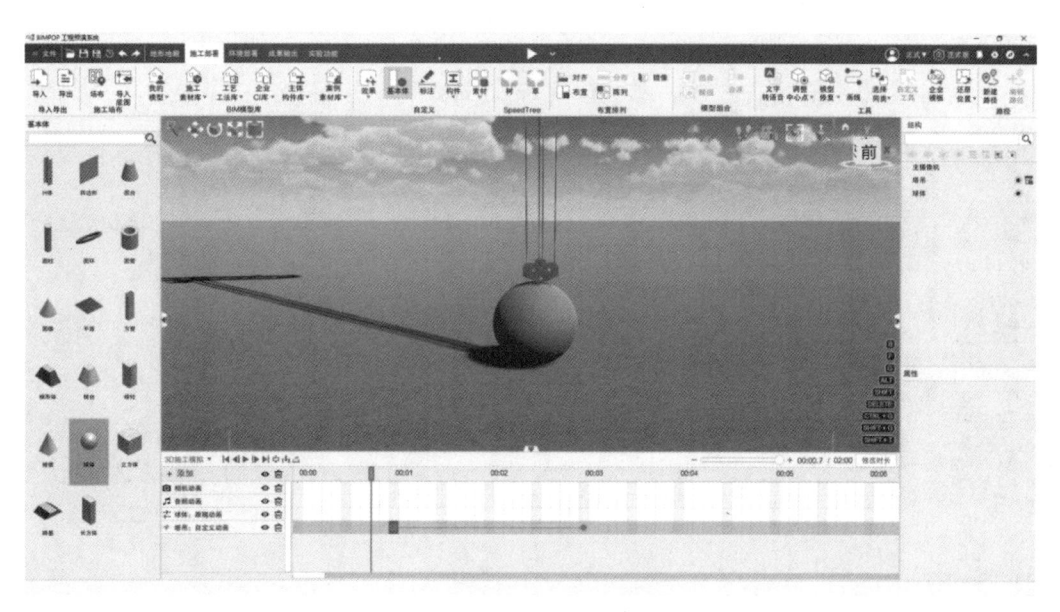

图 11.2-11　放置球体

注意：此时播放帧一定要放在塔式起重机动画前面，保证跟随位置准确，如图 11.2-12 所示。

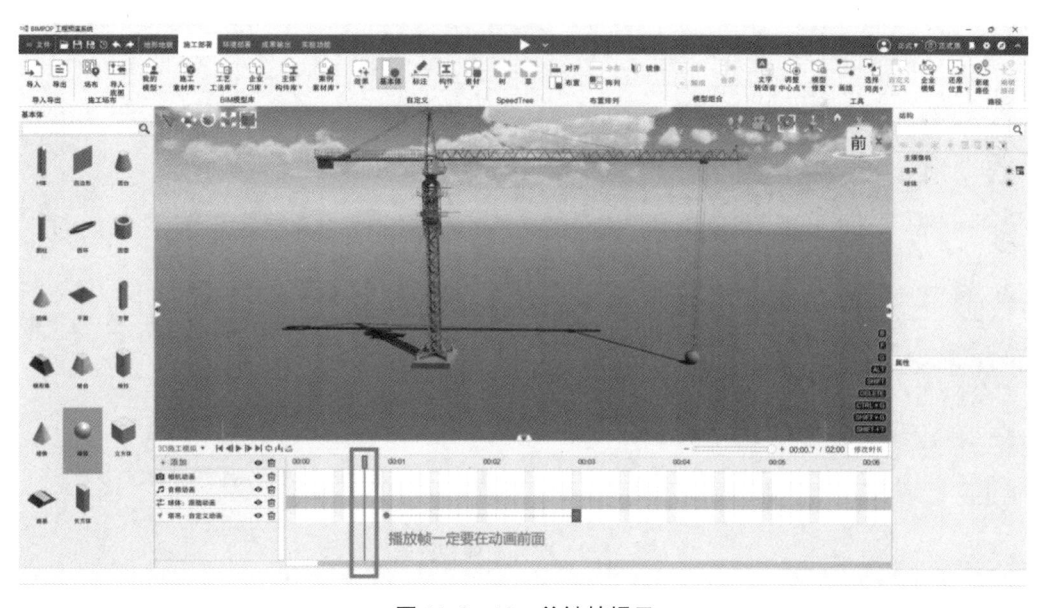

图 11.2-12　关键帧提示

③ 选中跟随物体，单击"添加"按钮，选择"跟随动画"，添加动画，如图 11.2-13 所示。

253

图 11.2-13 创建跟随动画

④ 在时间轴上双击鼠标左键添加关键帧,如图 11.2-14 所示。

图 11.2-14 添加关键帧

⑤ 单击被跟随物体主目标并单击"选择"按钮,如图 11.2-15 所示。
⑥ 选择被跟随物体子目标,单击"确定"按钮,如图 11.2-16 所示。
⑦ 同理,再添加结束帧,如此便完成了一个跟随动画制作。

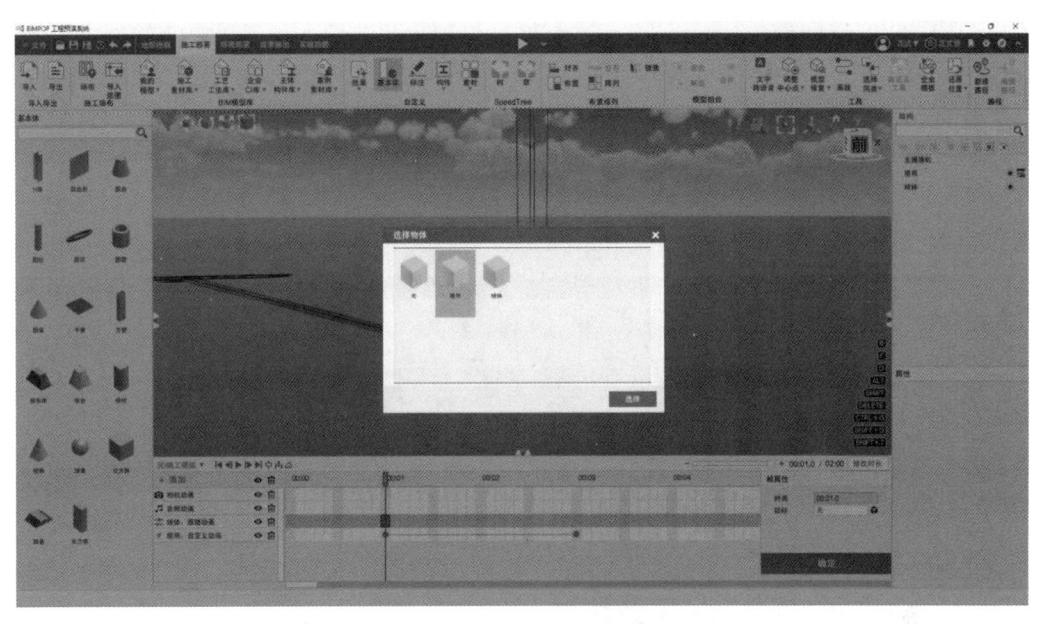

第十一章 BIMPOP软件进阶操作

图 11.2-15 选择被跟随物体

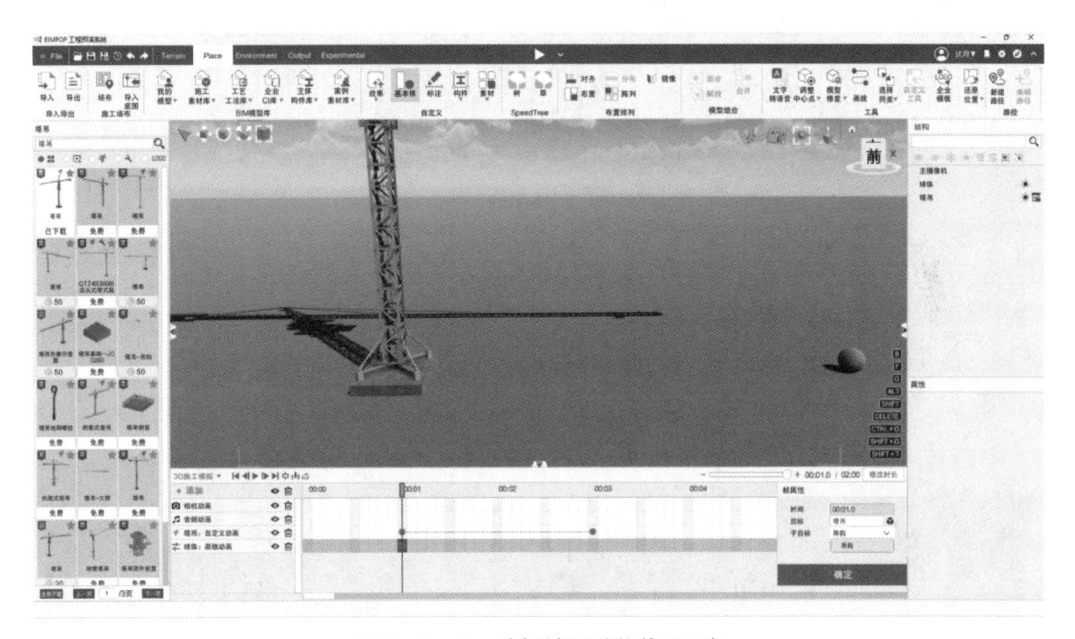

图 11.2-16 选择被跟随物体子目标

扫码，看视频教程

11.3 结构列表的使用

结构列表

11.3.1 重点解析

结构列表是将所有放置在场地中的构件进行集中排列，通过构件列表能够快速查找场地中是否放置了某个构件，以及查找构件所在位置。同时，可以通过构件列表将暂时不需要的构件隐藏或冻结，方便在复杂的场地中快速地选择所需要的构件。

11.3.2 步骤说明

① 隐藏构件。单击"隐藏"按钮，隐藏结构列表中的构件，如图 11.3-1、图 11.3-2 所示。

图 11.3-1 选择"隐藏"命令

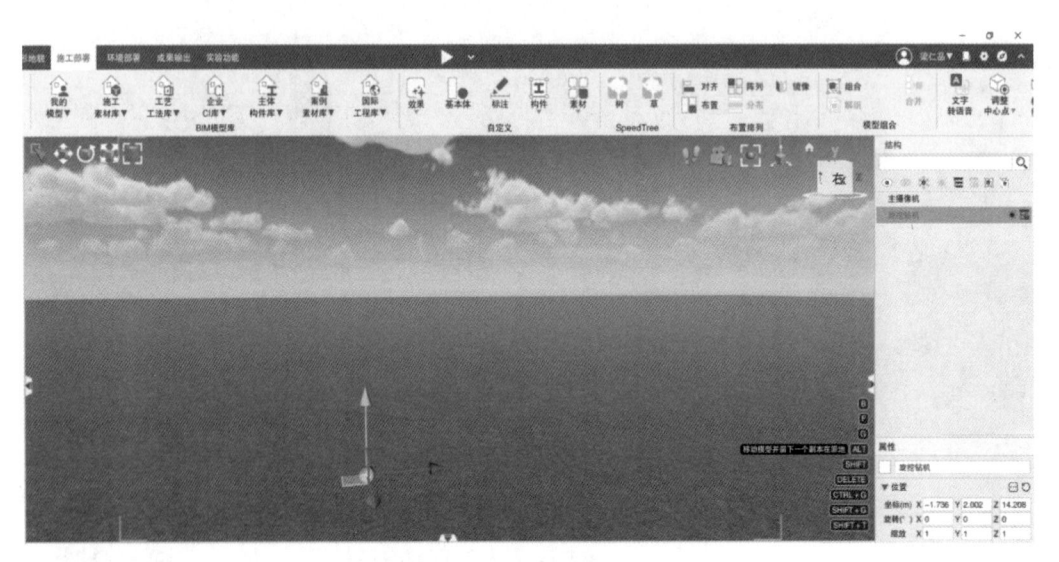

图 11.3-2 隐藏模型

② 冻结构件。单击"冻结"按钮，将结构列表中的构件冻结，这样就不可再移动构件，如图 11.3-3、图 11.3-4 所示；单击"解除冻结"即可将构件解锁。

图 11.3-3 冻结模型

图 11.3-4 解冻模型

扫码,看视频教程

11.4 自定义工具使用

自定义工具

11.4.1 重点解析

在软件中内置了很多像塔式起重机、吊车、挖掘机等机械设备模型,可以通过添加自定义动画,调整参数即可轻松制作工艺动画,本部分以高空作业车为例,详细讲解如何通过自定义工具,对它的各个控制参数进行调整并调试,真正实现自定义动画的效果。

11.4.2 步骤说明

❶ 从施工素材库中选择并放置一个"直臂式高空作业车"模型,如图 11.4-1 所示。

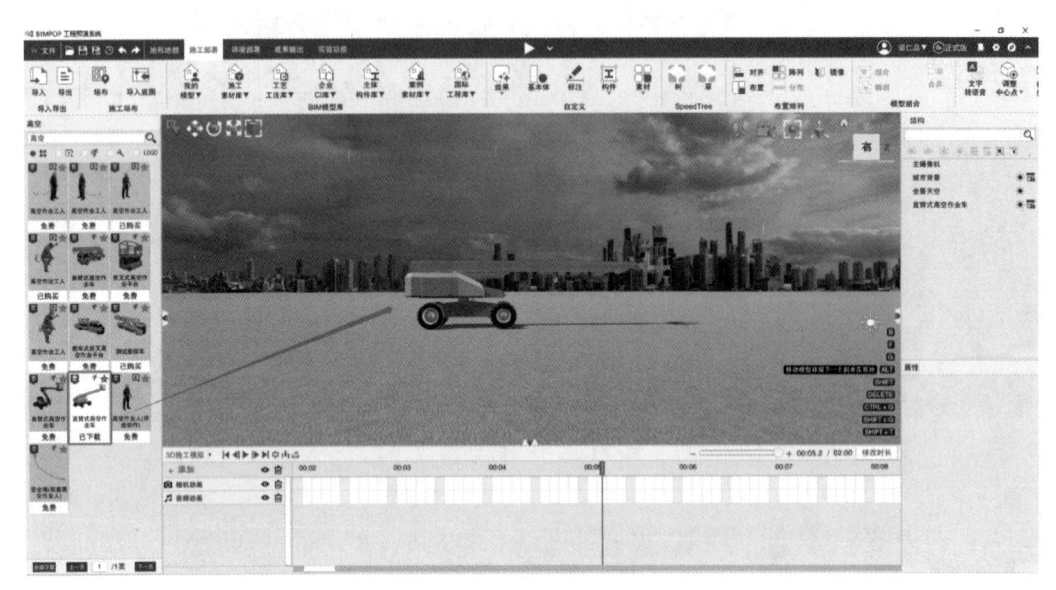

图 11.4-1　放置高空作业车

2 在"结构"列表中将直臂式高空作业车解组如图 11.4-2、图 11.4-3 所示。

图 11.4-2　选择解组　　　　　　　　图 11.4-3　解组完成

3 选中直臂式高空作业车,单击"自定义工具"按钮,在"动画参数"右侧单击"添加"按钮,添加 5 个动画组,分别命名为"机身水平转角""主臂夹角""二节臂伸缩""三节臂伸缩""吊篮水平转角",如图 11.4-4、图 11.4-5 所示。

图 11.4-4　选择自定义工具

图 11.4-5　动画组命名

❹ 在默认给出的动画参数中，在"模型"下拉列表中选择"机身转盘"，"动画类型"选择"旋转"，"轴向"选择"Y"，"开始值"为"－180"（单位:°），"结束值"为"180"（单位:°）；将该动画参数拖拽到"机身水平转角"动画组中，如图 11.4-6、图 11.4-7 所示。

❺ 在"动画参数"右侧单击"添加"按钮，增加一个动画参数，在"模型"下拉列表中选择"第一节臂"，"动画类型"选择"旋转"，"轴向"选择"Z"，"结束值"为"－80"（单位:°），将该动画参数拖拽到主臂夹角动画组中，如图 11.4-8～图 11.4-10所示。

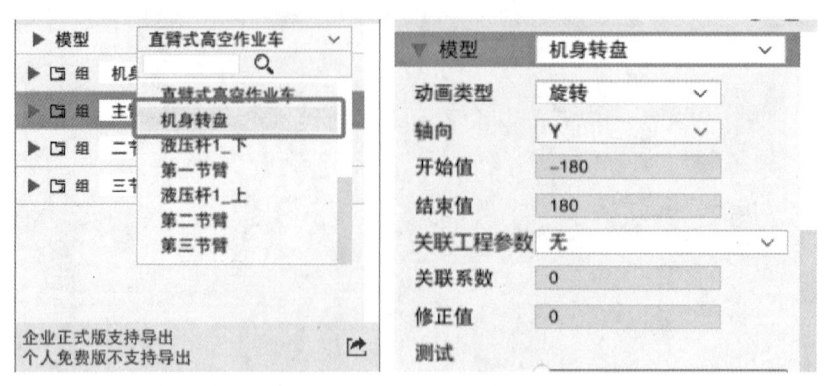

图 11.4-6 设置动画参数

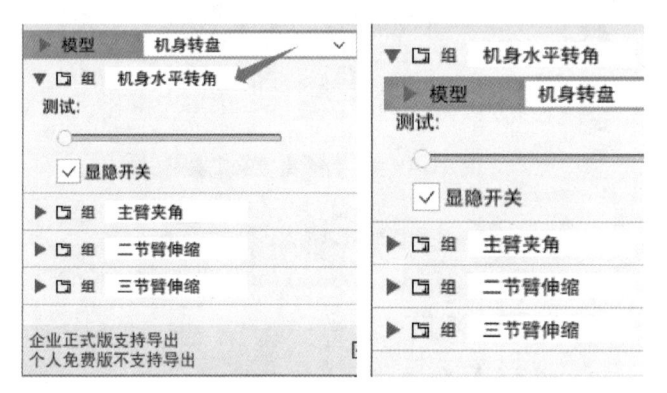

图 11.4-7 动画参数分类

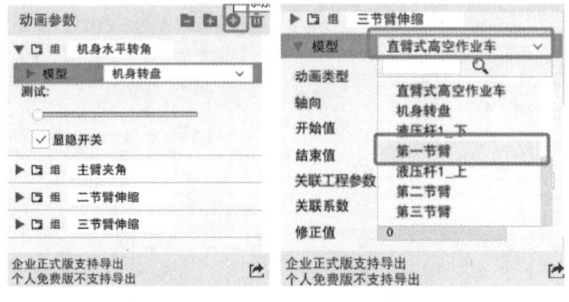

图 11.4-8 添加动画组　　　　　　　　　图 11.4-9 动画参数

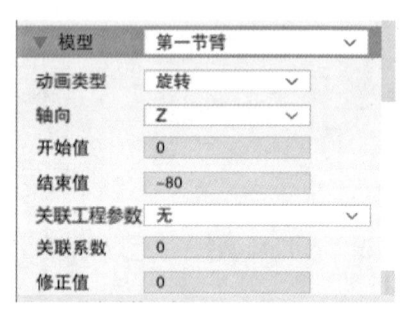

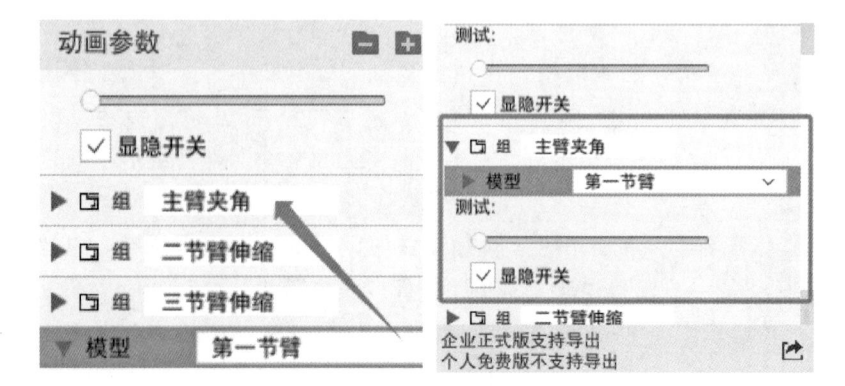

图 11.4-10 动画参数分类

⑥ 单击"动画参数"右侧的"添加"按钮,在下拉列表中选择"液压杆1_下","动画类型"选择"旋转","轴向"选择"Z","结束值"为"-80"(单位:°),将新增加的动画参数拖拽到"主臂夹角"动画组中,再次调试,看一下效果,这样液压杆就会和主臂一起旋转,如图 11.4-11~图 11.4-13 所示。

图 11.4-11 添加动画组

图 11.4-12 设置动画参数

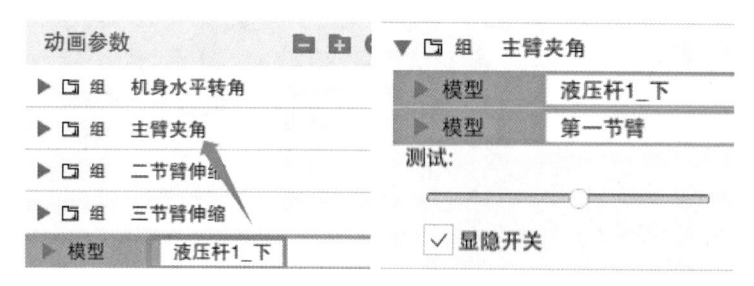

图 11.4-13 动画参数分类

⑦ 单击"动画参数"右侧的"添加"按钮,在下拉列表中选择"吊篮","动画类型"选择"旋转","轴向"选择"Z","结束值"为"80"(单位:°),将新增加的动画参数拖拽到"主臂夹角"动画组中,再次调试,看一下效果,这样吊篮就保持平行水平地面而不随主臂一起旋转,操作同步骤(5)。原理就是给吊篮一个和主臂相反的旋转角度。

⑧ 单击"动画参数"右侧的"添加"按钮,在下拉列表中选择"第二节臂","动画类型"选择"位移","轴向"选择"X",单击"结束值",向前拖动第二节臂,

261

并输入"8.5"(单位：m)，将该动画参数拖拽到"二节臂伸缩"动画组中。

⑨ 单击"动画参数"右侧的"添加"按钮，在下拉列表中选择"第三节臂"，"动画类型"选择"位移"，"轴向"选择"X"，单击"结束值"，向前拖动第三节臂，并输入"8.5"(单位：m)，将该动画参数拖拽到"三节臂伸缩"动画组中。

⑩ 单击"动画参数"右侧的"添加"按钮，在下拉列表中选择"吊篮"，"动画类型"选择"旋转"，"轴向"选择"Y"，"开始值"为"－90"(单位：°)，"结束值"为"90"(单位：°)，将该动画参数拖拽到"吊篮水平转角"动画组中。

⑪ 单击"动画参数"右侧的"添加"按钮，在下拉列表中选择"吊篮"，"动画类型"选择"跟随"，该参数无须调试，主要控制的是跟随动画的目标设置，这也是本次更新的新功能。

⑫ 全部效果调试完毕，单击"导出"按钮，选择保存位置及重命名后，单击"保存"按钮，如图 11.4-14、图 11.4-15 所示。

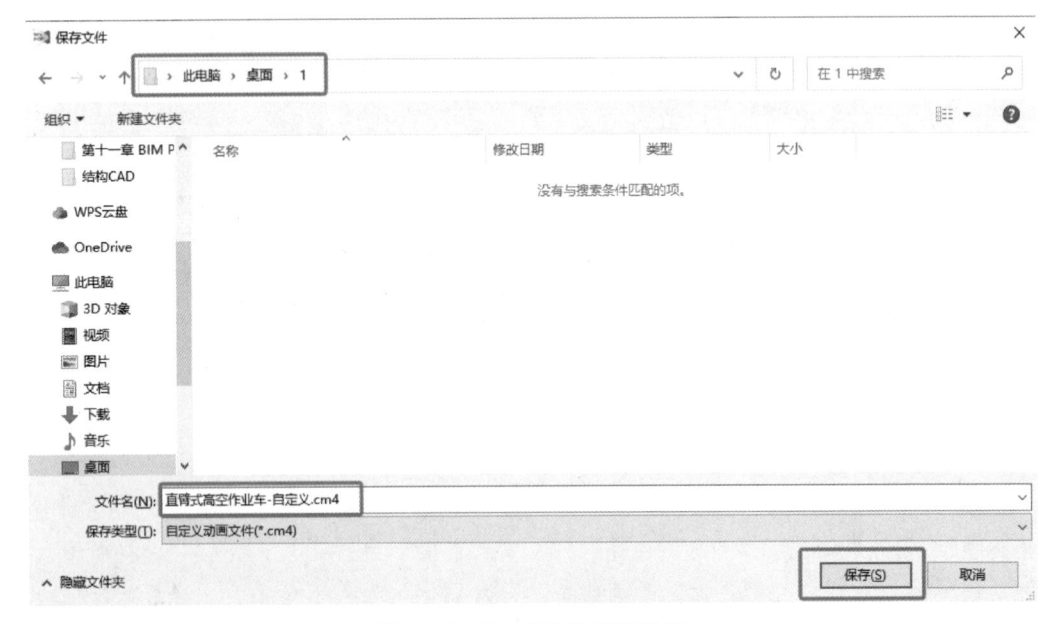

图 11.4-14 选择导出

图 11.4-15 保存自定义动画

11.5 精细化视频制作

11.5.1 重点解析

精细化视频是通过创建 logo、字幕和片头片尾，将要输出的视频做更加精细化的处理。对于 logo、字幕和片头片尾可利用软件库中的模型进行布置。

logo 能够更好地将品牌宣传出去，尤其对于创建生动的标志能够增强企业的文化价值，将更好的元素传达出去，有助于提升企业的品牌形象，表达艺术的内涵元素，增强宣传能力和渲染能力。在渲染图片和输出照片时，可以保留制作者一些相关的信息。

字幕可以在当前输出相关视频时，设置解说文字，这样能够实现视频动画和字幕的一一对应。

扫码，看视频教程

精细化视频

11.5.2 步骤说明

1. logo 和字幕的打开方式

❶ 第一种打开方式：新建一个场景，单击"成果输出"界面按钮，找到对应"logo"和"字幕"的相关命令，如图 11.5-1 所示。切换当前模式为"播放器播放"模式，对当前的动画进行播放，如图 11.5-2 所示。

❷ 第二种打开方式：单击"播放器播放"按钮，在播放的同时对当前视频进行"暂停"，在右下角找到"设置"图标，单击后弹出"logo 设置"和"字幕设置"界面，如图 11.5-3～图 11.5-6 所示。

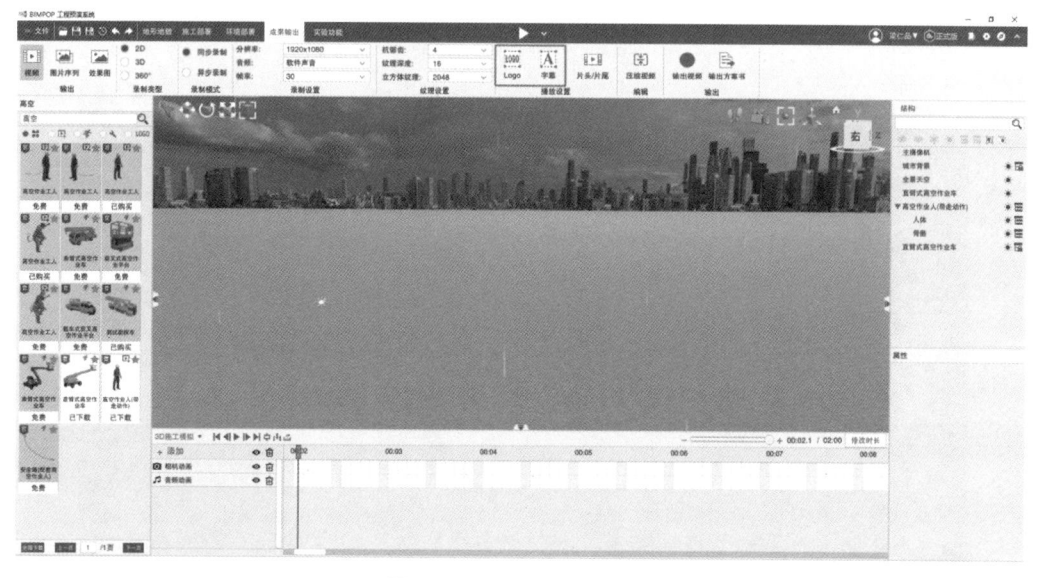

图 11.5-1 打开设置页面

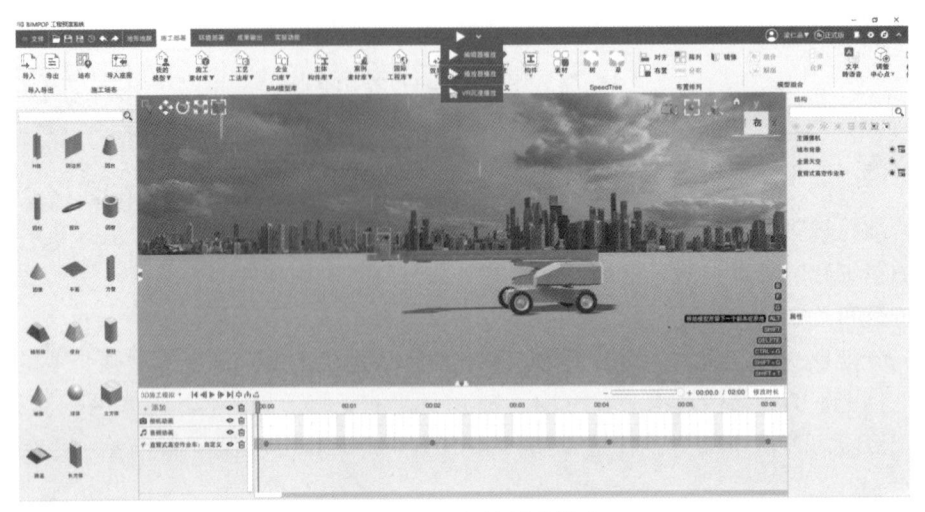

图 11.5-2　切换播放模式

图 11.5-3　播放演示

图 11.5-4　单击暂停按钮并选择设置

图 11.5-5　logo 参数设置

图 11.5-6　字幕参数设置

2. logo 的使用及流程

❶ 在"logo 设置"选项卡里,单击"替换图片"命令,浏览想要替换文件的路径,找到替换的图片,单击"确定"按钮完成当前 logo 的替换,如图 11.5-7 所示。

提示: 在替换 logo 图片时,图片格式必须为".png"格式,宽度小于 324 像素,高度小于 126 像素,logo 图片的大小不能超过 1MB。

❷ logo 替换完成后,可以根据需要,设定输出的 logo 所显示的位置,软件中提供了四种 logo 所在位置的设定即分别为"左上角"、"右上角"、"左下角"和"右下角"四个位置,若当前输出不显示 logo,可以勾选"隐藏 logo"命令,如图 11.5-8 所示。

265

图 11.5-7　logo 切换

图 11.5-8　logo 位置确定

3. 字幕的使用流程

①　单击"字幕设置"选项卡,在弹出的窗口里,对当前"字体"样式、"对齐"方式、"字号"大小、字体"样式"等相关内容进行修改,如图 11.5-9 所示。

②　可以调整当前字幕所在的位置,滚动条居左,字幕在下,滚动条居右,布置完成后,单击"确定"按钮,如图 11.5-10 所示。

③　单击"添加"图标→选择"字幕动画",在时间轴上双击鼠标左键添加关键帧,在帧属性中输入字幕文字并设置时间,单击"确定"按钮,如图 11.5-11 所示。

图 11.5-9　字幕参数设置

图 11.5-10　调整字幕位置

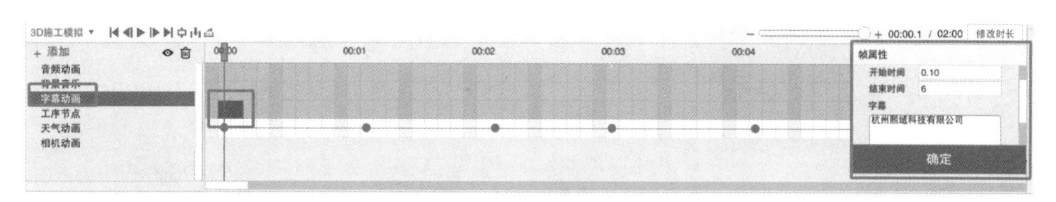

图 11.5-11　插入字幕

267

4. 添加片头片尾

1 单击"成果输出"模块，选择"输出视频"命令，单击"设置"按钮分别设置片头和片尾，在弹窗中选择合适的模板，单击"开始生成"按钮，将片头"保存"，最后单击"确定"按钮，如图 11.5-12～图 11.5-15 所示。

图 11.5-12 选择片头片尾

图 11.5-13 生成模板

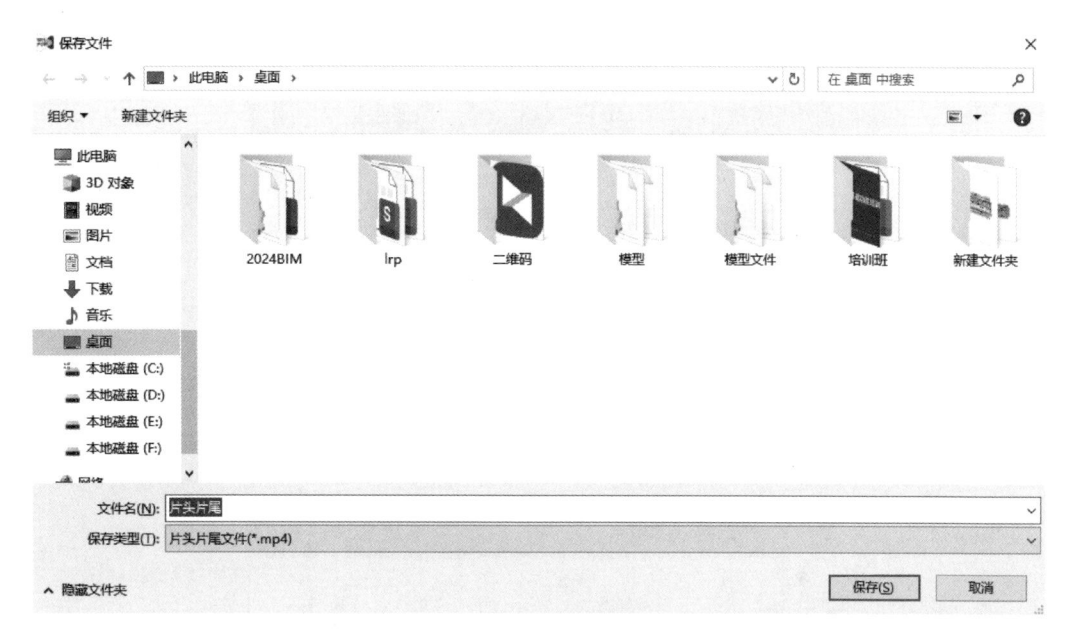

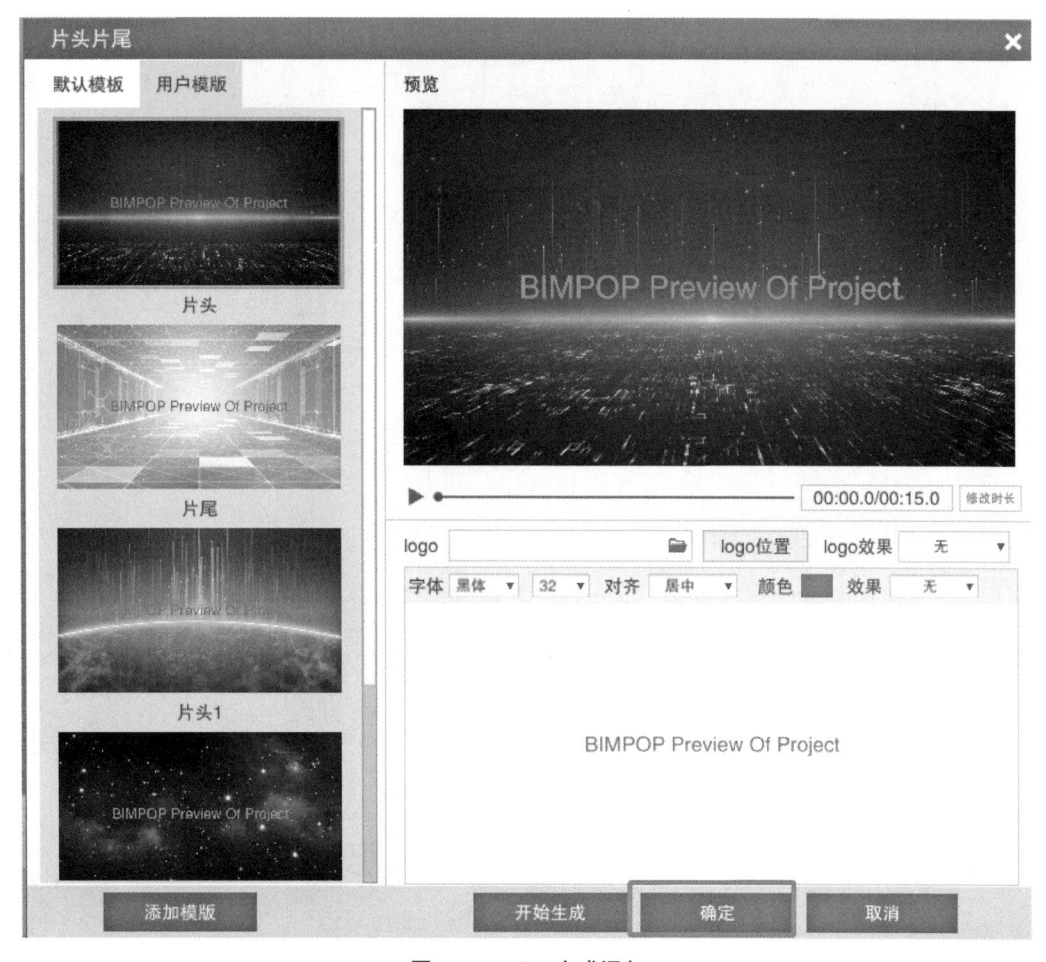

图 11.5 - 14　保存模板

图 11.5 - 15　完成添加

❷ 单击"确定"按钮输出视频，如图 11.5-16、图 11.5-17 所示。

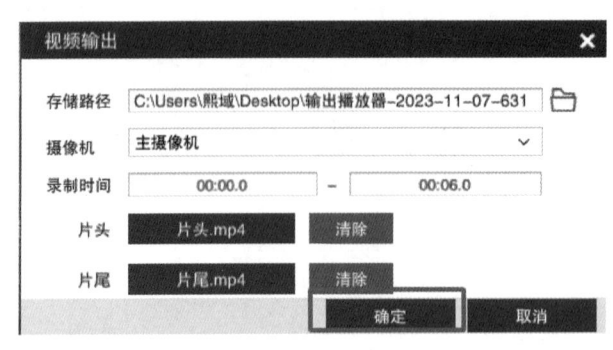

图 11.5-16　输出设置

图 11.5-17　合成完成

附录 A

2023 年金砖国家职业技能大赛-建筑信息建模（BIM）赛项真题

模块一： CDE 设置及结构建模

扫一扫，下载

真题资源包

根据以下要求和"住院楼图纸"文件夹中的住院楼结构专业施工图文件（见"结构专业图纸"文件夹），以及 BIM 执行计划（简称 BEP），使用 Allplan 2023 软件创建名称为"住院楼_结构"的项目文件，若没按上述要求命名，该模块为零分；并根据结构专业施工图完成结构专业 BIM 模型及其设计成果。当 BEP 文件要求与试题要求冲突时以试题为准，图纸信息出现冲突时，以标注为准。（30 分）

1. 创建标高和楼层（3 分）

1.1 根据结构施工图创建所有标高。

1.2 根据结构专业施工图，地上部分的楼层名称按"S_F1_－0.800"规则命名，屋面层按"S_屋面层_40.730"规则命名、机房层按"S_机房层_45.600"规则命名、构架层按"S_构架层_50.600"规则命名。

1.3 根据结构专业施工图，地下部分的楼层名称按"S_B1_－5.600"规则命名。

1.4 根据 BEP 分配项目属性信息，BEP 内未提供的信息无须填写。

2. 创建轴网（1 分）

2.1 根据结构施工图创建轴网。

2.2 每个楼层分配一个轴网即可。

2.3 参照结构专业施工图，对轴网间距进行尺寸标注。

2.4 将轴网样式设为双端点，颜色为绿色，轴号带有外圆，x 轴为数字，y 轴为英文大写字母。

2.5 文本高度参照 BEP 文件。

3. 创建结构柱模型（4 分）

3.1 根据结构专业施工图，创建住院楼 F1 层至 F3 层的所有结构柱模型。

3.2 结构柱的名称、截面尺寸及标高详见结构专业施工图。

3.3 结构柱需要分配到相应的楼层视图中。

3.4 各楼层的结构柱材质皆为"现场浇筑混凝土-混凝土强度等级"。

3.5 对每根柱进行名称标记。

3.6 命名要求和文本参照 BEP 文件。

4. 创建结构墙模型（1分）

4.1　根据结构专业施工图，创建住院楼F1层至F3层的结构墙模型。

4.2　结构墙的名称、规格及标高详见结构专业施工图。

4.3　结构墙需要分配到相应的楼层视图中。

4.4　各楼层结构墙的材质皆为"现场浇筑混凝土-混凝土强度等级"。

5. 创建结构梁模型（5分）

5.1　根据结构专业施工图，创建住院楼F1层、F2层和F3层的结构梁模型。

5.2　结构梁的名称、截面尺寸及标高详见结构专业施工图。

5.3　结构梁需要分配到相应的楼层视图中。

5.4　结构梁材质为"现场浇筑混凝土—混凝土强度等级"。

5.5　无须对每根结构梁进行名称标记。

6. 创建结构楼板模型（2分）

6.1　根据结构专业施工图，创建住院楼F1层、F2层和F3层的结构楼板模型。

6.2　结构楼板的名称、截面尺寸及标高详见结构专业施工图。

6.3　结构楼板需要分配到相应的楼层视图中。

6.4　F1层结构楼板材质为"现场浇筑混凝土-C35"。

6.5　F1层以外结构楼板材质为"现场浇筑混凝土-C30"。

7. 创建楼板高程点（1分）

7.1　参照结构专业施工图，为F1层、F2层和F3层结构板创建高程点标注。

7.2　同种类型楼板不用重复设置。

7.3　高程点符号颜色为"绿色"，字体为"红色"，文字大小为"3.5mm"。

7.4　命名要求和文本参照BEP文件。

8. 创建结构楼梯模型（4分）

8.1　根据结构专业施工图，创建住院楼F1层和F2层的所有结构楼梯模型。

8.2　设置楼梯类型为"整体浇筑"，楼梯各部分尺寸、标高详见结构专业施工图。

8.3　结构楼梯需要分配到相应的楼层视图中。

8.4　结构楼梯各部分材质为"现场浇筑混凝土-C35"。

8.5　对结构楼梯进行名称标记。

8.6　命名要求和文本参照BEP文件。

9. 结构模型扣减规则（3分）

9.1　结构柱剪切结构墙、结构梁、结构板、楼梯平台模型。

9.2　结构梁剪切结构墙、结构板、楼梯平台模型。

9.3　结构楼板剪切结构墙模型。

10. 创建洞口模型（1 分）

10.1 根据结构专业施工图，绘制洞口符号。

10.2 根据结构专业施工图，创建 F1 层、F2 层和 F3 层的所有洞口模型，不含电梯间、楼梯间。

10.3 创建洞口模型需绑定相应的洞口符号。

10.4 不含电梯间、楼梯间。

11. 创建明细表（2 分）

11.1 在 F1 层和 F2 层的相应楼层平面中创建结构柱、结构梁、结构墙、结构楼板的明细表。

11.2 明细表的字段包含项目名称、时间、截面、长度、高度、宽度、面积、体积、合计等字段。

11.3 明细表需保存在楼层平面视图当中，不需要进行导出操作。

11.4 无要求部分按系统默认即可。

12. 创建柱布置平面图（3 分）

12.1 在平面布局中，设置页面格式为 A0，并命名为"S_F1 结构柱布置"，此视图需显示轴网间尺寸标注。

12.2 为结构柱填充图案设置为 147。

12.3 需包括结构柱的标记。

12.4 需包含柱明细表。

模块二： 建筑建模

根据以下要求和"住院楼图纸"文件夹中的住院楼建筑专业施工图文件（见"建筑专业图纸"文件夹），以及 BIM 执行计划（简称 BEP），使用 Allplan 2023 软件创建名称为"住院楼_建筑"的项目文件，若没按上述要求命名，该模块为零分；并根据结构专业施工图完成结构专业 BIM 模型及其设计成果。当 BEP 文件要求与试题要求冲突时以试题为准，图纸信息出现冲突时，以标注为准。(35 分)

1. 创建标高和楼层（2 分）

1.1 根据建筑施工图创建全部标高。

1.2 根据建筑施工图，地上部分的楼层名称按"A_F1"规则命名，屋顶层按"A_RF"规则命名，室外地坪按"A_G"规则命名。

1.3 根据建筑专业施工图，地下部分的楼层名称按"A_B1"规则命名。

1.4 根据 BEP 分配项目属性信息，BEP 内未提供的信息无须填写。

2. 创建轴网（1 分）

2.1 根据建筑施工图创建轴网。

2.2 每个楼层创建一个轴网即可。

2.3 参照建筑专业施工图，对轴网间距进行尺寸标注。

2.4 将轴网样式设为双端点，颜色为绿色，轴号带有外圆，x 轴为数字，y 轴为英文大写字母。

2.5 文本高度参照 BEP 文件。

3. 调用结构模型（1 分）

3.1 从"住院楼_结构"项目文件中调用住院楼结构模型。

3.2 调用的 BIM 模型中需包括已创建的住院楼的柱、梁、墙和楼板等结构构件。

4. 创建墙体模型（3 分）

4.1 根据建筑专业施工图，创建住院楼 F1 层、F2 层和 F3 层的建筑墙模型。

4.2 包括内墙和外墙，名称、厚度、标高详见建筑专业施工图。

4.3 建筑墙体模型需要分配到相应的楼层视图中。

4.4 墙体的材料根据施工说明进行修改。

4.5 将墙体颜色定义为 3 号颜色。

5. 创建楼板面层模型（3 分）

5.1 根据建筑专业施工图，为住院楼 F2 和 F3 层的房间创建楼板面层模型。

5.2 楼板面层模型需要分配到相应的楼层视图中。

5.3 楼板面层模型的面层，从结构楼板往上，分别为"砂浆"和"木制地板"。

5.4 "砂浆"材质自定义，厚度为 20mm；"木制地板"材质自定义，厚度为 10mm。

5.5 文本要求参照 BEP 文件。

6. 创建幕墙模型（5 分）

6.1 根据建筑专业施工图，为住院楼 F1 层、F2 层和 F3 层创建南立面和东立面的幕墙模型，包括玻璃嵌板、竖梃等，幕墙网格划分须准确。

6.2 幕墙模型需要分配到相应的楼层视图中。

6.3 根据建筑专业施工图，创建幕墙竖梃，截面为矩形，宽为 50mm，长为 80mm。

7. 创建门模型（2 分）

7.1 根据建筑专业施工图，为住院楼 F1 层、F2 层和 F3 层创建门模型，不包括电梯门，材质可不做设置。

7.2 门模型需要分配到相应的楼层视图中。

7.3 门的样式从软件提供的库中选取合适即可。

7.4 须对每扇门进行名称标记。

7.5 文本高度参照 BEP 文件。

8. 创建窗模型（2 分）

8.1 根据建筑专业施工图，为住院楼 F1 层、F2 层和 F3 层创建窗模型，包括百叶窗，材质可不做设置。

8.2 窗模型需要分配到相应的楼层视图中。

8.3 窗样式从软件提供的系统库中选取合适即可。

8.4 须对每扇窗进行名称标记。

8.5 文本高度参照 BEP 文件。

9. 创建外立面装饰构件模型（4 分）

9.1 根据建筑专业施工图，为住院楼 F1 层、F2 层和 F3 层的 4 个立面，创建外墙装饰构件模型。

9.2 对立面装饰构件修改属性，设置其属性为"外部构件"，材料设置为"铝板"。

10. 建筑模型扣减规则（2 分）

10.1 结构柱剪切建筑墙模型。

10.2 结构柱剪切楼板面层模型。

10.3 结构梁剪切建筑墙模型。

10.4 建筑墙剪切楼板面层模型。

11. 创建房间模型及楼层图例视图（2 分）

11.1 根据建筑专业施工图，为住院楼 F1 层和 F2 层的房间创建"房间"模型，建筑专业施工图中未标注房间名称的可不放置"房间"。

11.2 房间标记须标明房间名称、面积和体积。

11.3 文本高度参照 BEP 文件。

12. 创建窗的图例（1 分）

12.1 创建窗的图例。

12.2 窗的图例包括轮廓、数量、材质、尺寸。

13. 布置房间（2 分）

13.1 在 F1 层和 F2 层的房间中布置家具。

13.2 房间布置方案可自行设计，必须包含衣柜、办公桌、沙发等。

13.3 家具从软件提供的系统库中选取合适即可。

13.4 设备无须进行布置。

14. 创建场地模型（5 分）

14.1 场地模型须包括道路、路灯、树木和交通工具等模型。

14.2 自行设计布置方案。

14.3 智能构件从软件提供的系统库中选取合适即可。

模块三： 施工深化

一、根据以下要求和"住院楼图纸"文件夹中的住院楼结构专业施工图文件（见"结构专业图纸"文件夹），以及 BIM 执行计划（简称 BEP），使用 Allplan 2023 软件创建名称为"住院楼_施工深化"的项目文件，若没按上述要求命名，该模块为零分；并根据结构专业施工图完成施工深化成果，当 BEP 文件要求与试题要求冲突时以试题为准，图纸信息出现冲突时，以标注为准。(30 分)

1. 调用结构模型（2 分）

1.1 根据结构施工图创建所有标高，地上部分的楼层名称按"A_F1"规则命名，屋顶层按"A_RF"规则命名，室外地坪按"A_G"规则命名。地下部分的楼层名称按"A_B1"规则命名。

1.2 从给定的"住院楼_结构"项目文件中调用住院楼 F1 层至 F3 层结构柱、约束边缘构件、构造边缘构件模型，禁止直接使用给定的项目文件创建模型。

2. 创建 F1 层结构柱、约束边缘构件、构造边缘构件钢筋（4 分）

2.1 新建 F1 层钢筋布置图，命名为"F1 层钢筋布置图"，需仅包含结构柱、约束边缘构件、构造边缘构件模型。

2.2 根据结构专业施工图，创建 F1 层结构柱、约束边缘构件、构造边缘构件的钢筋。

2.3 无须考虑钢筋锚固与搭接。

3. 创建 F2 层结构柱、约束边缘构件、构造边缘构件钢筋（4 分）

3.1 新建 F2 层钢筋布置图，命名为"F2 层钢筋布置图"，需仅包含结构柱、约束边缘构件、构造边缘构件模型。

3.2 根据结构专业施工图，创建 F2 层结构柱、约束边缘构件、构造边缘构件的钢筋。

3.3 无须考虑钢筋锚固与搭接。

4. 创建 F3 层结构柱、约束边缘构件、构造边缘构件钢筋（4 分）

4.1 新建 F3 层钢筋布置图，命名为"F3 层钢筋布置图"，需仅包含结构柱、约束边缘构件、构造边缘构件模型。

4.2 根据结构专业施工图，创建 F3 层结构柱、约束边缘构件、构造边缘构件的钢筋。

4.3 无须考虑钢筋锚固与搭接。

5. 创建钢筋工程量（2 分）

5.1 创建 F1 层至 F3 层全部结构柱、约束边缘构件、构造边缘构件钢筋的钢筋列表。

5.2 钢筋列表中需包含数量、直径、单根长度、钢筋强度等级、弯折（非比例尺）、总长度、重量。

5.3 钢筋列表需保存在相应的楼层平面当中，不需要进行导出操作。

5.4 无要求部分选择系统默认即可。

6. 创建节点结构构件模型（4分）

6.1 根据结构专业施工图所标识的区域（F1层的1轴到6轴与A轴到B轴），创建"节点①"的全部模型。

6.2 节点的模型需分配到相应的楼层视图中。

7. 创建节点钢筋模型（6分）

7.1 根据结构专业施工图所标识的区域（F1层的1轴到6轴与A轴到B轴），根据节点大样图创建"节点①"的钢筋模型。

7.2 无须考虑钢筋锚固与搭接。

7.3 节点配筋模型需分配到原有节点模型所在的楼层视图中。

7.4 根据结构专业施工图所标识的区域（F1层的1轴到6轴与A轴到B轴），创建名称为"节点①"的节点三维详图。

8. 添加尺寸标注和钢筋标签（2分）

8.1 在F1层结构柱、约束边缘构件、构造边缘构件和"节点①"的楼层视图中对轴网间距进行尺寸标注。

8.2 为F1层全部结构柱、约束边缘构件、构造边缘构件和"节点①"的钢筋添加标签，标签样式使用默认即可。

8.3 钢筋标签中包含"钢筋直径（diameter）"、"钢筋等级（steelgrade）"和"钢筋间距（spacing）"。

9. 创建结构配筋图纸（2分）

9.1 创建A0图纸，并命名为"结构配筋图"图纸。

9.2 "结构配筋图"图纸包含"F1、F3层钢筋布置图"、"F1、F3层钢筋列表"和"节点①钢筋"。

二、结构4D施工进度模拟（5分）

1. 打开BIMPOP软件，单击离线版登录，使用打开文件功能，打开大赛提供的"住院楼_4D进度模拟.bfm4"模型文件，按照以下要求，完成结构4D施工进度模拟任务。

2. 施工场地布置

2.1 选择基本体→平面功能，为结构模型创建施工场地。

2.2 选择场布→线性道路功能，在场地四周创建道路。

2.3 选择场布→大门功能，在合适位置创建工地大门。

2.4 选择场布→围墙功能，在道路内侧建立围墙。

3. 材料堆场布置

3.1 在施工场地合适位置，用场布→安全防护功能，摆放钢筋加工棚及木工加工棚。

3.2 在加工棚周围合适位置，用场布→材料堆场功能，布置木方堆场及钢筋堆场，尺寸为 12m×7m。

3.3 在施工场地合适位置，用场布→机械设备功能，布置 2 台塔吊，塔吊作业半径为 60m。

4. 4D 进度计划创建

4.1 切换至 4D 进度模拟形式，设置项目开始时间为 2023.06.01，结束时间为自行计算并设置。

4.2 创建结构施工进度计划，每楼层施工时间为 15 天，柱、梁、板、屋面各施工 5 天。

5. 施工进度计划创建完毕后，处理结构模型，将结构模型与对应进度计划进行关联。

6. 成果输出

6.1 在时间轴上添加相机动画，并合理设置相机视角

6.2 选择成果输出→4D 显示设置，勾选显示 4D 时间轴及显示进度，完成设置。

6.3 保存工程源文件，命名为"住院楼_4D 进度模拟"，文件格式为".bfm4"。

附录 B

软件常用命令快捷键

表 B-1　Allplan 操作快捷键

快捷键	说明
F	文件
Ctrl+Shift+O	新项目，打开…
Alt+O	在指定项目基础上打开…
Ctrl+R	项目试验
Ctrl+N	新建
Ctrl+O	打开
Ctrl+S	保存
Alt+F4	退出
Ctrl+E	重做
Ctrl+C	复制
Ctrl+V	粘贴
Ctrl+Shift+G	镜像
Ctrl+Shift+D	旋转
Ctrl+Shift+P	拉伸实体
Ctrl+Shift+E	托盘设置
F4	动画视窗
Alt+1	1 视口
Alt+2	2+1 动画视窗
Alt+3	3 视口
Ctrl+Alt+M	测量
Ctrl+L	线
Ctrl+W	墙
Ctrl+M	标注线
Ctrl+K	圆
Ctrl+B	矩形
Ctrl+Shift+C	复制格式
Ctrl+Shift+1	匹配
Ctrl+4	选择，设置图层
F5	刷新
Shift+F5	将所有内容集中到一个视窗内
F6	缩放剖面
F7	平移
F8	重新生成
Ctrl+G	全屏幕

279

表 B-2　BIMPOP 操作快捷键

快捷键	说明
Ctrl＋O	打开
Ctrl＋N	新建
Ctrl＋S	保存
Ctrl＋Shift＋S	另存为
Ctrl＋鼠标左键单击/拖动	删除地形地貌下全部类型的草（或树）
Shift＋鼠标左键单击/拖动	删除地形地貌下当前类型的草（或树），施工部署中为面吸附功能
Alt＋F4	强制退出
Ctrl＋Z	撤销
Ctrl＋Y	恢复
Ctrl＋H	最近文件
Ctrl＋C	复制
Ctrl＋V	粘贴
Delete	删除
鼠标右键＋W/A/S/D	漫游场景调整镜头（相机动画）
F10	开始录像
F11	停止录像
Alt＋Enter	全屏
F	定位视角到鼠标位置（选中物体时视角定位到物体）
G	模型下落至地面
Ctrl＋G	相对落地
Alt＋鼠标拖动物体	移动模型并留下一个副本在原地
Shift＋鼠标单击首末素材	结构列表中连续选中模型
Ctrl＋鼠标单击多个素材	场景或结构列表中多选物体
B	布置
X	使模型以自身 x 轴正向旋转 90°
Y	使模型以自身 y 轴正向旋转 90°
Z	使模型以自身 z 轴正向旋转 90°